Das Berater-Buch – Für Consultants, Trainer und Coachs

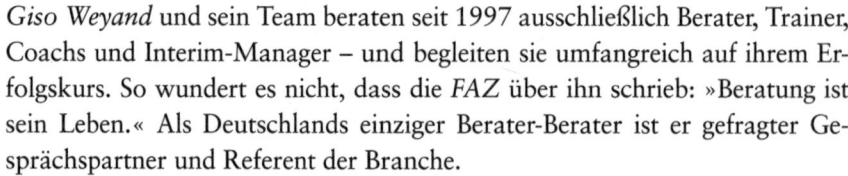

Giso Weyand und sein Team beraten seit 1997 ausschließlich Berater, Trainer, Coachs und Interim-Manager – und begleiten sie umfangreich auf ihrem Erfolgskurs. So wundert es nicht, dass die *FAZ* über ihn schrieb: »Beratung ist sein Leben.« Als Deutschlands einziger Berater-Berater ist er gefragter Gesprächspartner und Referent der Branche.

Mit 15 Jahren gründete Giso Weyand sein erstes Beratungsunternehmen und war seinerzeit einer der jüngsten Unternehmer Deutschlands. Hierin liegen die Wurzeln des Teams Giso Weyand. Parallel studierte er Soziale Verhaltenswissenschaften, Rechtswissenschaften und Geschichte und absolvierte eine dreijährige Ausbildung zum systemischen Berater (SG) am renommierten Institut für systemische Theorie und Praxis Frankfurt. Heute ist er Gastdozent verschiedener Hochschulen, unter anderem im Interim Executive Programm der European Business School. Der gebürtige Hesse lebt mit seiner Frau und seinem Sohn auf dem Land in Oberfranken und hat Büros in Bayreuth und Hamburg.

www.teamgisoweyand.de

Giso Weyand

Das Berater-Buch –
Für Consultants, Trainer
und Coachs

Strategien, Lösungen und Insider-Wissen
für Ihren Erfolg

Mit Illustrationen von Mitja Kurzendörfer

Campus Verlag
Frankfurt / New York

ISBN 978-3-593-39942-3

Umschlaggestaltung: Anne Strasser, Hamburg
Satz: Publikations-Atelier, Dreieich
Gesetzt aus der Sabon, der Frutiger und der Didot
Redaktionelle Mitarbeit: Christian Deutsch, Heidelberg
Druck und Bindung: Beltz Bad Langensalza
Printed in Germany

Dieses Buch ist auch als E-Book erschienen.
www.campus.de

Für meinen Bub

INHALT

VORWORT

Denken Sie an die vergangenen zwei Jahrzehnte der Beratungsbranche – was für eine Zeit das war! Von den goldenen Jahren der Beratung Mitte der Neunzigerjahre bis zum Platzen der New-Economy-Blase. Die Zeit der Wirtschaftskrise 2008/2009 und ihre Auswirkungen auf unsere Branche. Die Entwicklung des deutschsprachigen Coachingmarkts. Mit den Höhen und Tiefen der Wirtschaft bewegte sich auch unsere Branche: mal steil bergauf wie die Entwicklung der Strategieberater, mal steil bergab wie die der Personalberater nach der letzten Wirtschaftskrise.

Wirklich tief greifend hat sich seit etwa 2010 eines geändert: das Entscheidungsverhalten der Beratungskunden. Wurde früher auf Entscheiderebene schnell gehandelt, nehmen heute standardisierte Auswahlverfahren großen Raum ein – und recht häufig darf der Einkäufer mitreden oder sogar final entscheiden. Der Umgang mit Beratern wird härter, verbindliche Vereinbarungen sind immer schwieriger zu bekommen. Projektlaufzeiten sind im Schnitt immer kürzer, Projekte müssen mit weniger Manntagen auskommen. Wo früher innerhalb einiger Wochen entschieden wurde, dauert es heute oft Monate, bis die Entscheidung für eine Projektvergabe fällt. Das beherzte Ja zur Beratung weicht immer häufiger einem unentschlossenen Jein.

Auf diese veränderte Situation reagiert *Das Berater-Buch*: Während der Berater früher ein planbares Sogmarketing einsetzen konnte, muss er heute ein umfassendes System aus Positionierung, Markenaufbau, Vertrieb, Werbung und PR etablieren. Das Buch soll Einzelkämpfern wie kleinen und mittelständischen Beratungsunternehmen dabei helfen, genau dieses System zu etablieren. Es soll sie dabei unterstützen, schnell eine beträchtliche Kontaktzahl aufzubauen und diese *systematisch* zu bearbeiten. Es soll sie dazu ermutigen, den alten Planungszyklus über Bord zu werfen und durch ein System permanenten Feintunings zu ersetzen. Das klingt ungeheuer anstrengend – und das ist es auch!

Deshalb verlassen sich viele Anbieter immer noch auf ihre über Jahre entstandenen Netzwerke und Empfehlungen. Nach dem Motto: »Es läuft doch gut – warum sollte ich etwas ändern?« Aus meiner Sicht ist das ein fataler Fehler: Wer als Einzelkämpfer und kleines Beratungshaus heute nicht beginnt, seine Strategie- und Marketingprozesse zu systematisieren und auszubauen, wird in zwei bis drei Jahren große Probleme bekommen. Jetzt, da es noch gut läuft und Sie von den Kontaktreserven der Vergangenheit zehren können – jetzt müssen Sie umdenken!

Ihre Mühen werden sicher belohnt! Wurden noch vor einigen Jahren viele Projekte aus Vorsicht und Imagegründen kaum an kleine Beratungsunternehmen vergeben, pitchen heute 10-Mann-Häuser um Projekte von einigen Millionen Euro Volumen. Dazu kommt: Ein Großteil der Konkurrenz schläft. Wer jetzt schnell, intelligent und wendig ist, kann seinen Vorsprung klar ausbauen. Wie heißt es so schön: »Schwierige Zeiten sind die Sternstunden guter Unternehmer.« Die Frage, wer nicht nur Berater, sondern auch Unternehmer ist, werden die Entwicklungen der nächsten Jahre klar beantworten.

Das Berater-Buch soll Ihnen ein umfassender Orientierungshelfer sein in allen wichtigen Fragen für Beratungsunternehmen und Einzelkämpfer. Es geht vor allem da in die Tiefe, wo es um branchenspezifisches Wissen und die Veränderung klassischer Herangehensweisen geht. Es verzichtet weitestgehend auf allgemeine Regeln, die in jedem anderen Ratgeber stehen könnten. Tipps zur Gestaltung einer Stellenanzeige, die präzisen Regeln für ein Mailing, einen Musterbusinessplan für die Bank und eine detaillierte Anleitung zur Jahreszielplanung – das finden Sie gut erklärt in anderen Büchern.

Im Fokus des *Berater-Buchs* steht ausschließlich die systematische Marktbearbeitung, denn genau das ist Ihre Chance: den Markt nicht zufällig, nicht partiell, sondern systematisch zu bearbeiten. So liefert dieses Buch, immer aus Sicht unserer Branche, Fixpunkte für die Gestaltung eines solchen Systems.

Ich wünsche Ihnen gutes Gelingen!

Herzlich

Giso Weyand

November 2013

Kapitel 1

Das persönliche Motiv

Was Berater antreibt

Drei Berater – drei Entwürfe

Drei erfahrene Führungskräfte haben sich als Organisationsberater selbstständig gemacht. Sie stehen noch am Anfang, denken über die Entwicklung ihres jeweiligen Unternehmens nach und fragen sich: »Wo stehe ich in fünf Jahren?«

Berater 1 möchte sein eigener Herr sein, er will sich nicht mit einem Partner oder Mitberater herumärgern. Deshalb sieht er sich in fünf Jahren als Einzelkämpfer, unterstützt von einer tüchtigen Sekretärin. Er ist so erfolgreich, dass er sich seine Kunden aussuchen kann. Zwei Dinge sind ihm besonders wichtig: Unabhängigkeit und Freiheit. Er will sich Wahlmöglichkeiten offenhalten, daher achtet er darauf, nicht von einigen wenigen Großkunden abhängig zu werden. Auch sonst gilt er als unabhängiger und kritischer Kopf: So sehr er die Wünsche seiner Kunden ernst nimmt, sucht er stets Impulse von außen und scheut sich nicht, seinen Kunden auch mal unbequeme Ratschläge zu erteilen – wenn es sein muss.

Berater 2 malt das Bild eines expandierenden Unternehmens, das in fünf Jahren rund 50 angestellte Berater beschäftigt und im wahrsten Sinne des Wortes Grenzen sprengt: Das Beraterteam konzentriert sich auf international tätige Kunden, denen es mit ins Ausland folgt. So entstehen schon in den ersten Jahren mehrere Niederlassungen in Europa; weitere Büros in Indien, China und den USA sollen folgen. Der Berater will als Unternehmer ein großes Werk schaffen. Konsequent arbeitet er daher an der Entwicklung seines Unternehmens: Er spürt Wachstumsfelder auf, entwirft Expansionsstrategien, sorgt für solide Finanzierungskonzepte und legt großen Wert darauf, geeignete Mitarbeiter zu finden und einzustellen.

Berater 3 geht fast schon wissenschaftlich an seinen Fünfjahresplan heran. Als Organisationsberater interessiert er sich schließlich für die Handhabung besonders komplexer Strukturen – das hat ihn schon immer begeistert. Als Selbstständiger ergreift er nun die Chance, noch tiefer in die Materie einzusteigen. Ihn treiben Neugierde und inhaltliches Interesse. Sein Ziel ist es, neue Möglichkeiten zu entdecken, ungewöhnliche Verknüpfungen zu schaffen und daraus Geschäftsideen zu entwickeln. Das schlägt sich in seiner Strategie und Arbeitsweise sowie in der Entwicklung der Beratungsprodukte nieder. Das Unternehmen ist vom Forscher- und Entwicklergeist seines Gründers durchdrungen, die Mitberater dürfen stets neue Ideen einbringen. Selbst die Kunden bezieht der Berater ein – in von ihm persönlich moderierten Workshops. Marketing betreibt er mit Elan, sieht er darin doch einen Weg, seine Erkenntnisse zu publizieren. Mit Erfolg, wie die Resonanz bei Verlagen und Redaktionen zeigt: Sie wissen seine inhaltliche Kompetenz zu schätzen.

Drei Berater, drei vergleichbare Ausgangspositionen, drei vielversprechende Strategien – doch die Vorstellungen und Zukunftspläne könnten kaum konträrer sein. Das Denken und Handeln der Berater wird von ihren individuellen Motiven und Werten bestimmt: Der Erste strebt nach Freiheit und tut alles, um seine Unabhängigkeit zu sichern. Der Zweite hat den Drang, etwas Großes aufzubauen, er ist durch und durch Unternehmer. Und der Dritte ist der Neugierige, den das Interesse an der Sache treibt. So kommt es zu drei ganz unterschiedlichen Unternehmensentwürfen – geprägt von der Persönlichkeit des jeweiligen Gründers.

Die Selbstständigkeit als Berater bringt einen weitaus größeren Nutzen als hohes Einkommen und Absicherung. Sie bringt persönliche Sinnerfüllung – sofern der Berater als Unternehmer seine Gestaltungsfreiheiten nutzt. Doch allzu oft ist das nicht der Fall: Zu Beginn der Tätigkeit ist es der wirtschaftliche Zwang, aufgrund dessen er zunächst auch Aufträge annimmt, die nicht gerade seinem Idealbild entsprechen oder persönlich befriedigend sind. Dann entwickelt sich ein Projekt aus dem anderen, der Berater ist froh über die konstante Auftragslage und denkt nicht weiter über seine Rolle als Unternehmer nach. Leider. Denn Jahre später folgt oft genug die Ernüchterung: »Der Laden hängt immer noch von mir alleine ab. Was passiert, wenn ich ausfalle?« Oder: »Ich bin es leid, so viel zu reisen – aber die Projekte zwingen mich dazu!« Oder: »Diese Art von Projekten ist ermüdend. Hätte ich doch rechtzeitig etwas anderes aufgebaut!«

Glücklich werden als Berater oder Beratungsunternehmer – wie geht das? Auf vielen Wegen, je nachdem, was Sie antreibt, was Sie erreichen wollen und was nicht. Voraussetzung: Ihre Motive als Unternehmer müssen zur Grundlage Ihrer unternehmerischen Planung werden. Erst dann folgen Marktüberlegungen, Marketing, PR und Vertrieb. Dieses Kapitel befasst sich daher näher mit unseren Motiven als Motor (Abschnitt 1.1 und 1.2) und zeigt dann Wege, wie Sie Ihre eigenen Motive und Werte aufspüren (Abschnitt 1.3) und mit Ihrer Strategie verknüpfen (Abschnitt 1.4).

1.1 Motive und Werte

Hinterfragt man die Gründe, warum sich Berater selbstständig machen und wovon sie sich in ihrem Handeln leiten lassen, stößt man auf ganz unterschiedliche Motive und Werte. Hierzu zählen insbesondere:

- Freiheit/Unabhängigkeit
- Interesse/Neugierde/inhaltliches Wachstum
- Status/Anerkennung
- Geld
- Unternehmertum
- Abwechslung
- Helfen/andere weiterbringen
- Kontakt zu anderen
- Machtstreben

Das Handeln eines Menschen wird immer von einer Kombination verschiedener Motive und Werte bestimmt. Bei Beratern lässt sich jedoch beobachten, dass häufig einer der eben aufgezählten Aspekte deutlich im Vordergrund steht. Daraus lassen sich die folgenden Unternehmertypen ableiten. Wie jedes Modell ist auch dieses stark vereinfacht, es soll Ihnen dabei helfen, sich grundlegende Gedanken zum Ihrem eigenen Antrieb zu machen.

Typ 1: Der Gestalter

Der *Gestalter* strebt nach Freiheit und Unabhängigkeit – eine häufige Motivation für die Selbstständigkeit. Lange genug hat er sich einem Chef untergeordnet. Nun ist er froh, den Zwängen der Hierarchie zu entkommen. Er macht sich selbstständig, weil er sein eigener Herr sein will und selbst gestalten möchte. Auch die Menschen, mit denen er zusammenarbeitet, will er selbst aussuchen.

Ein Gestalter kann danach streben, ein eigenes Unternehmen aufzubauen, etwa mit dem Ziel, dass es irgendwann unabhängig von ihm arbeitet. Häufig begegnet uns der Gestalter aber auch als Einzelkämpfer, der seine Freiheit darin findet, mit einem eigenen Thema auf den Markt zu gehen, sich die Kunden auszusuchen und einen persönlichen Arbeitsrhythmus zu leben.

Typ 2: Der Neugierige

Neugierde, Interesse an Themen, das Streben nach Innovation und inhaltlichem Wachstum treibt den *Neugierigen* an. Er möchte sich mit Inhalten auseinandersetzen. Macht er sich als Einzelkämpfer selbstständig, ist die Strategie vorgezeichnet: Er positioniert sich als Experte. Das Inhaltliche ist dann seine besondere Stärke, mit der er sich im Markt profilieren kann.

Der Aufbau eines Unternehmens birgt für den Neugierigen ein spezielles Risiko: Seine Freude an der inhaltlichen Arbeit steht im Zwiespalt zum Unternehmertum. Denn er neigt dazu, das Unternehmerische zu vernachlässigen, weil er sich zu sehr für die inhaltlichen Aspekte seiner Beratungsleistungen interessiert. Eine Lösung besteht darin, einem Mitgeschäftsführer die organisatorischen und unternehmerischen Aufgaben zu übertragen, selbst dagegen die Rolle eines Trendscouts einzunehmen, der für die Kunden immer wieder Themen aufspürt, aus denen er neue Produkte entwickelt.

Typ 3: Der Statusorientierte

Der *Statusorientierte* strebt nach Prestige und Anerkennung. Er legt Wert darauf, dass andere gut finden, was er macht. Zu den Statusorientierten kann zum Beispiel der pressebekannte Turnaround-Berater zählen, der sich immer wieder gerne als Retter der Unternehmen inszeniert. Oder der Trainer, dessen Methode Furore macht und der deshalb Dauergast in Fernseh-Talkshows wird.

In der Regel bewegen sich die Honorare, die der Statusorientierte berechnet, im Premium-Segment. Typischerweise berät er besonders renommierte Kunden, arbeitet zum Beispiel für DAX-Unternehmen. Nebenbei publiziert er gerne oder übernimmt Lehraufträge, die ihm Status und Anerkennung bringen. Als Unternehmer neigt er dazu, sich in den Mittelpunkt zu stellen und immer dann präsent zu sein, wenn Erfolge gefeiert werden und Lorbeeren einzusammeln sind – was ihn bei seinen Mitarbeitern schnell unbeliebt machen kann.

Typ 4: Der Geldorientierte

Bei manchen ist es der Wunsch nach Luxus, die Freude, sich einen bestimmten Lebensstil zu erfüllen. Andere wollen sich finanziell absichern, wieder andere der eigenen Familie besondere Möglichkeiten bieten: Hinter dem Wunsch nach Geld stehen ganz unterschiedliche Motive und Werte. In jedem Fall wird sich der *Geldorientierte* damit auseinandersetzen, welche Strategie ihm auf lange Sicht das meiste Geld bringt. Will er als Einzelkämpfer möglichst viel selbst verdienen? Will er durch ein Unternehmen viel Geld verdienen, also über die Leistungen der Mitarbeiter? Oder über Produkte, also unabhängig von unmittelbar bezahlter Dienstleistung?

Typ 5: Der Grenzensprenger

Der *Grenzensprenger* verkörpert das Unternehmertum. Er agiert, weil er Chancen erkennt und nutzen möchte. Er will ein Unternehmen aufbauen und immer weiter nach vorne bringen – einfach deshalb, weil es möglich ist. Das Motto des Grenzensprengers lautet: »Man könnte mehr daraus machen, und das will ich unbedingt!« Der Grenzensprenger legt seine Strategie darauf aus, neue, wachstumsträchtige Trends zu erkennen und zu nutzen. Gleichzeitig reizt er in den bestehenden Geschäftsfeldern die Potenziale der Stammkunden aus und treibt die Neukundenakquise voran. Weil er expandieren möchte, ist die Mitarbeitergewinnung ein großes Thema. Durch ein aussagefähiges Controlling stellt er sicher, dass sein Unternehmen wirtschaftlich gesund bleibt. Kurzum: Er nutzt alle Möglichkeiten, um das Unternehmertum zu forcieren.

Auf der anderen Seite kann diese enorme Energie schnell zu unnötigen Risiken verleiten – wenn der Grenzensprenger überzeugt vom Erfolg ist, die Vorzeichen jedoch eher negativ sind – oder die eigene Beratungsorganisation durch permanentes Vorantreiben überfordern, wenn Unternehmer und Mitarbeiter ein anderes Entwicklungstempo haben.

Typ 6: Der Hansdampf in allen Gassen

Der *Hansdampf in allen Gassen* sucht ständig nur eines: Abwechslung. Er legt sein Geschäft so an, dass er ständig neue Themen angehen und neue Kunden gewinnen kann. Die Vorstellung, sich in einer Nische zu positionieren, in der Kunden und Abläufe immer dieselben bleiben, widerstrebt ihm. Deshalb definiert er zwar grobe Positionierungsgrenzen, verschafft sich aber innerhalb dieser Grenzen stets Abwechslung.

Seine Stärke liegt darin, flexibel und innovativ zu agieren. Er kann sich schnell auf neue Kundenwünsche einstellen. Er sprüht vor Ideen und versteht es, Chancen zu entdecken und zu nutzen. Die große Gefahr liegt jedoch darin, dass er zu viele Blumen am Wegrand pflückt, sich also in der Vielfalt seiner Aktivitäten verzettelt.

Typ 7: Der Helfer

Für den *Helfer* ist vor allem eines wichtig: Seine Beratungsleistungen müssen für den Kunden einen Nutzen haben. Er legt Wert darauf, dass seine Konzepte tatsächlich umgesetzt werden. Ihm geht es um den bestmöglichen Hebel, der das Anliegen des Kunden wirklich löst. Hier unterscheidet sich der Helfer vom Typ des Geldorientierten. Diesem reicht es nämlich, ein gutes Konzept zu entwickeln, das der Kunde für viel Geld kauft. Ob und wie es dann umgesetzt wird und ob sich in dessen Unternehmen tatsächlich etwas verbessert, interessiert ihn weniger.

Weil ihn das Helfen antreibt, fallen diesem Typen Preisverhandlungen oft schwer – er möchte etwas bewirken und fühlt sich in geschäftlichen Dingen oft unsicher.

Typ 8: Der Netzwerker

Der *Netzwerker* ist kontaktfreudig. Er fühlt sich unwohl, wenn er allein im »stillen Kämmerlein« arbeiten muss. Ein Einzelkämpferdasein ohne Kollegen liegt ihm nicht. Auch als angestellter Berater, der vorwiegend im Hintergrund arbeitet, fühlt er sich unwohl. Um zufrieden zu sein, braucht er ein großes Netzwerk, das ihm den ständigen Austausch mit Kollegen und Kunden ermöglicht.

Der Netzwerker sucht nach einer Arbeitsform, bei der er mit anderen Menschen in Kontakt steht. Er wird sich kaum wochenlang in Klausur zurückziehen, um ein Buch zu schreiben und dann auf Anfragen zu warten. Stattdessen sucht er den direkten Kontakt zu seiner Zielgruppe. Vielleicht begeistert er sich für eine Web-2.0-Marketingstrategie, die es ihm ermöglicht, über Facebook, LinkedIn oder XING mit seinen Kunden zu kommunizieren.

Typ 9: Der Machtbewusste

Der *Machtbewusste* strebt nach Einfluss. Er will zeigen, dass er etwas bewegt. Häufig sind damit die Motive Status und Anerkennung verbunden. Machtbewusstsein drückt sich zum Beispiel bei einem Restrukturierungsberater darin aus, dass er mit seinem Spezialwissen über Erfolg und Nichterfolg eines Unternehmens bestimmt – das gefällt ihm. An seiner Expertise entscheidet sich das Wohl des Kunden. Manchmal sichert er sich auch formale Machtbefugnisse, indem er etwa als Geschäftsführer auf Zeit oder Interim-Manager das Kommando übernimmt.

Der Machtbewusste kann sich überlegen, ob er sein Bedürfnis außen im Projekt befriedigt oder innen im eigenen Unternehmen. Im zweiten Fall lebt er sein Machtmotiv aus, indem er ein eigenes Unternehmen aufbaut und Chef von möglichst vielen Mitarbeitern wird.

1.2 Das Streben nach Wohlgefühl

Wie die Skizzen der neun Beratertypen zeigen, führen unterschiedliche Motive zu ganz eigenen Entscheidungen und Wegen. Der eine ist glücklich, wenn er im Kundenunternehmen ein Problem löst; der andere geht darin auf, Chef eines eigenen Unternehmens zu sein. Neurowissenschaftler sprechen davon, dass Menschen über unterschiedliche *Motivationspotenziale* verfügen. In ihnen schlummert zum Beispiel Streben nach Ordnung oder Flexibilität, nach Sieg oder dem Ausgleich von Interessen, nach Hilfsbereitschaft oder Durchsetzung eigener Interessen, nach Status oder Natürlichkeit, nach Abwechslung oder Routine, nach Distanz oder Kontakt, nach Einbindung in Gemeinschaften oder Selbstbestimmung.

Diese Motivationspotenziale liegen jedoch brach, solange sie nicht angesprochen werden. Erst in bestimmten Situationen, durch den richtigen Anreiz, kommt Bewegung in die Sache: Es entsteht Motivation, Energie wird frei und ein angenehm empfundenes Verhalten wird ausgelöst. Stefan Lapenat, Experte für motivorientierte Beratung in Freiburg, verdeutlicht diesen Zusammenhang gerne am Bild einer Brennkammer: Ein großes Motivationspotenzial ist vergleichbar mit einem großen Hubraum. Dieser existiert zunächst nur, ist einfach da. Es braucht immer einen Zündfunken, damit das Gasgemisch gezündet wird und Energie entsteht.

Der zündende Funke

Es kommt also darauf an, Situationen herbeizuführen, in denen unsere individuellen Brennkammern zünden. Andernfalls bleiben unsere Motivationspotenziale ungenutzt und wir können die in uns schlummernde Energie nicht nutzen. Deutlich wird das am Beispiel eines sehr bodenständigen Beraters, der nach Gewissheit strebt, also ein hohes Motivationspotenzial im Bereich Vorsicht hat.

Dieser Berater sitzt nun am Tisch mit den Gründern eines Start-ups, die ihm begeistert von ihrer neu entwickelten Smartphone-App erzählen, einer wahren Revolution, die es sofort anzupacken gelte. Die jungen Erfinder sprühen vor Tatendrang, doch der Funke springt nicht über. Die Brennkammer des Beraters zündet nicht, sein Motivationspotenzial »Vorsicht« wird nicht aktiviert. Der Berater fühlt sich bei dem Gespräch unwohl, aber auch die verrückten Start-up-Leute haben den Eindruck, dass etwas nicht stimmt, der Berater irgendwie »nicht gut drauf ist«.

Ganz anders, wenn derselbe Berater einem schwäbischen Familienunternehmer gegenübersitzt. Dieser möchte in ein neues Geschäftsfeld investieren, ohne dabei die Zukunft des Unternehmens aufs Spiel zu setzen. Nun ist der Berater in seinem Element, das Motiv »Vorsicht« erwacht in ihm – die Brennkammer zündet. Schon im ersten Gespräch identifiziert er die größten Risiken des Vorhabens und legt dar, welche Marktdaten noch erhoben werden müssen, um ein ordentliches Risikomanagement aufzustellen.

Entscheidend ist also der Kontext, in dem ein Mensch sich bewegt. Ist es ein Umfeld, in dem der Funke häufig überspringt, entsteht Zufriedenheit – »psychobiologisches Wohlbefinden«. Für einen Unternehmer empfiehlt es sich deshalb, seine Strategie so anzulegen, dass er möglichst viel mit Menschen und Situationen zu tun bekommt, die seine Motivationspotenziale aktivieren.

Bei der konkreten Ausgestaltung der Strategie spielen zudem die persönlichen Werte des Beraters eine bestimmende Rolle – denn Motivationspotenziale wirken stets zusammen mit Werten. Erst ein bestimmter Wert gibt einem Motiv seine Richtung und bestimmt damit das Verhalten eines Menschen, wie sich an einem Beispiel leicht verdeutlichen lässt: Je nachdem, ob ein machtbewusster Berater sein Dominanzstreben mit Rücksichtslosigkeit oder mit Fairness koppelt, resultieren hieraus völlig unterschiedliche Verhaltensweisen und es entsteht am Ende eine ganz andere Unternehmenskultur (siehe Interview am Ende des Kapitels).

Verpasste Chance: Die Gefahr liegt im Erfolg

Wenn Sie sich als Berater selbstständig machen, bringen Sie Ihre persönlichen Motivationspotenziale und Werte mit. Nun bietet sich die Möglichkeit, ein Umfeld zu schaffen, das mit Ihren Werten im Einklang steht und Ihre Motivationspotenziale aktiviert. Schade nur, dass diese Chance häufig ungenutzt bleibt: Die meisten Berater starten ihr Geschäft, ohne ernsthaft über Werte und Motive nachzudenken. So paradox es klingt, doch die große Gefahr liegt dann im Erfolg. Entweder Ihr Unternehmen entwickelt sich eher zufällig, ein Auftrag ergibt den anderen. Das operative Geschäft nimmt Sie in Beschlag – und erst nach Jahren wachen Sie auf und merken, dass Sie in einer Tätigkeit, bei einer Kundengruppe oder in einer Honorarklasse gelandet sind, die Sie so eigentlich gar nicht wollten. Oder Sie überlassen die Entwicklung nicht dem Zufall und schieben nach den ersten erfolgreichen Projekten die dazu passende Strategie nach. Systematisch definieren Sie Geschäftsfelder und planen Marketing, PR und Vertrieb. Es gelingt Ihnen, Ihr Unternehmen erfolgreich zu positionieren, die Geschäfte laufen gut – doch wirklich zufrieden sind Sie nicht. Denn weder Thema noch Kunden sprechen Ihr Motivationspotenzial wirklich an.

Manchmal verleitet auch eine gemeinsame Gründungsidee dazu, Werte und Motive zu ignorieren – mit fatalen Folgen. Das zeigt der Fall eines Beraters, der sich gemeinsam mit einem Programmierer selbstständig machte, um eine neuartige Controlling-Software zu entwickeln. Beide waren von der Idee begeistert und darauf fixiert, diese Software auf den Markt zu bringen. Über unterschiedliche Motive und Werte wurde zunächst hinweggesehen: Dem Berater war es während dieser Pionierphase vollkommen egal, dass der Programmierer nur nachts arbeitete und erst gegen Mittag unrasiert ins Büro kam. Der große gemeinsame Wert, nämlich dieses sensationelle Produkt zu entwickeln, überstrahlte alles. Das änderte sich jedoch schlagartig, als die beiden Gründer nach zwei Jahren ihr Ziel erreicht hatten und mit ihrer Software tatsächlich erfolgreich waren. Die Pionierphase wich normaler Arbeitsroutine – und nun brachen die Unterschiede auf: »Warum bin ich eigentlich jeden Morgen um acht Uhr auf den Beinen«, ärgerte sich der Berater, »während sich mein Partner um elf Uhr ins Büro schleppt?« Die unterschiedlichen Motive und Werte der beiden führten zu ständigen Konflikten und stürzten das junge, erfolgreiche Unternehmen in eine Existenzkrise.

Daher ist es ratsam, erst die persönlichen Motive und Werte zu klären und sich dann mit Strategie, Positionierung und Marketing zu befassen. Wenn Sie diese Reihenfolge beachten, können Sie ein Unternehmen aufbauen, das zu Ihren individuellen Motivationspotenzialen und Werten passt.

Dann können Sie die Mitarbeiter einstellen, die zu diesem Wertesystem passen, und die Themen und Kunden auswählen, mit denen Sie sich wohlfühlen. Nur dann können Sie sich bewusst für ein Umfeld entscheiden, das zu Ihnen passt – für das Büro im modernen Industriekomplex oder in einer Gründerzeitvilla mit Stuck an den Decken.

Doch auch wenn das Unternehmen schon existiert und Sie mehrere Mitarbeiter, vielleicht auch einen Mitgeschäftsführer oder Mitgesellschafter haben, ist es sinnvoll, sich mit den Motiven und Werten der Beteiligten auseinanderzusetzen. Nur wenn mögliche Unterschiede bekannt sind, kann man mit ihnen umgehen und Übereinkünfte treffen.

Übliche Zielsetzungen wie »Wir möchten in fünf Jahren 300 000 Euro Umsatz erzielen« oder »Wir wollen wachsen« bergen die Gefahr, dass die grundlegenden Motive verborgen bleiben. Warum wollen Sie wachsen? Weil Sie damit andere beeindrucken möchten, weil Sie der Größte auf Ihrem Gebiet sein wollen? Oder weil Sie einen bestimmten Konkurrenten schlagen möchten, mit dem Sie sich schon lange einmal messen wollten? Oder weil Sie als Unternehmer das Maximum aus einer Idee herausholen möchten? Oder möchten Sie neue Kundengruppen gewinnen, um Ihr Unternehmen stabiler aufzustellen? Oder wollen Sie wachsen, weil Sie sich davon ein höheres Einkommen versprechen? Entscheidend ist nicht das bloße Ziel, wachsen zu wollen und in fünf Jahren 300 000 Euro Umsatz zu erzielen, sondern das dahinterstehende Motiv – also die Antwort auf die Frage, was Sie als Unternehmer antreibt.

1.3 Wie Sie Ihre Motive und Werte identifizieren

Angenommen, Sie besuchen einen Kollegen, der in einer topsanierten Altbauvilla residiert. »Ein Mann, der nach Status strebt«, würden Sie vermutlich denken. Im Gespräch merken Sie dann aber, dass Sie sich getäuscht haben. Eigentlich ist dieser Berater ein ganz bescheidener Mensch. Er trägt eine normale Uhr, normale Kleider – alles ganz normal. Wie passen dazu die stuckverzierten Decken, das riesige Vorzimmer, der gewaltige Schreibtisch? »Wissen Sie«, erklärt der Berater, als Sie ihn darauf ansprechen, »ich brauche das alles nicht. Aber meine Kunden mögen es.« Nicht das Streben nach Status ist also der Grund für das edle Ambiente, sondern ein ganz anderes Motiv, nämlich ein hohes Maß an Zweckorientierung. Der Berater leistet sich dieses Büro, weil er weiß, dass seinen Kunden diese Umgebung wichtig ist.

Sie sehen: Motive und Werte herauszufinden ist nicht einfach. Die Schwierigkeit liegt vor allem darin, dass man aus dem Verhalten eines Menschen

nicht eindeutig auf einen bestimmten Wert oder ein bestimmtes Motiv schlie-
ßen kann. Aber jetzt geht es um Sie: Was treibt Sie dazu, als selbstständiger
Berater tätig zu sein? Und was ist Ihnen dabei besonders wichtig? Gehen Sie
Ihren Motiven und Werten auf den Grund.

Es gibt verschiedene psychologische Messverfahren, mit denen sich die
Ausprägung der persönlichen Motive und Werte feststellen lässt. Alternativ
hierzu können Sie ihnen auch auf die Spur kommen, indem Sie Ihr Leben,
Ihre Entscheidungen und Ihr Verhalten reflektieren. Daraus ergeben sich
zwar keine genauen Prozentwerte, aber doch recht zuverlässige Hinweise
auf Ihre entscheidenden Motive und Werte. Als Hilfsmittel haben sich drei
einfache Methoden bewährt: die Zeitstrahl-Methode, die Zukunftsreise und
das Lieblingskunden-Treffen.

Zeitstrahl-Methode

Für die Zeitstrahl-Methode brauchen Sie zwei Zeitachsen. Die erste umfasst
Ihr bisheriges Leben, die zweite, als vergrößerter Ausschnitt, die Zeit Ihrer
bisherigen Selbstständigkeit (siehe Abbildung 1.1).

Abbildung 1.1:
Zeitstrahl-Methode: Motive und Werte aufspüren

Schritt 1: Zeichnen Sie auf dem Zeitstrahl die wichtigsten Entscheidungen ein.
Schritt 2: Überlegen Sie, *warum* Sie jeweils so entschieden haben.

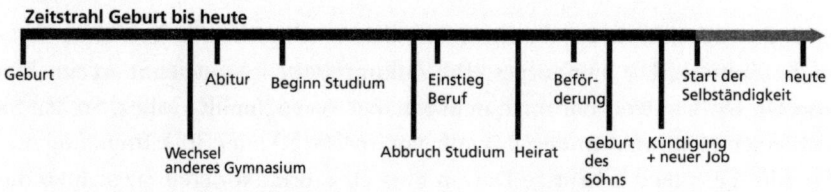

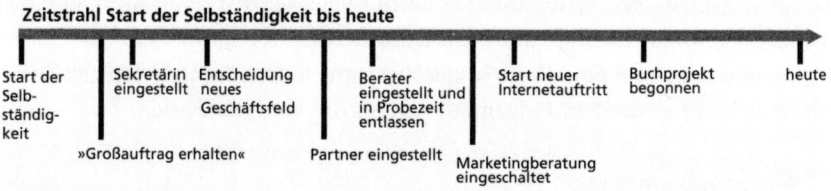

Der erste Zeitstrahl reicht von der Geburt bis heute. Zeichnen Sie die wichtigsten Stationen und Entscheidungen Ihres Lebens ein – zum Beispiel Abitur, Studium, Abbruch des Studiums, erste Stelle, Heirat, Beförderung, Geburt des Sohnes, Kündigung, neuer Job, Start in die Selbstständigkeit. Notieren Sie im zweiten Schritt zu jedem Punkt einige erklärende Sätze: Warum haben Sie das Studium abgebrochen? Wie kam es zum ersten Job? Wie zur Beförderung?

Auf gleiche Weise gehen Sie nun beim zweiten Zeitstrahl vor. Tragen Sie die Stationen Ihrer bisherigen Selbstständigkeit ein, zum Beispiel: Sekretärin eingestellt, Entscheidung für ein neues Geschäftsfeld, Auftrag abgelehnt, Entscheidung für einen Partner, Marketingberatung eingeschaltet, Buchprojekt begonnen. Dann fragen Sie auch hier nach dem Warum: Wie kam es zu diesen Ereignissen? Warum haben Sie jeweils so entschieden?

Führen Sie diese Arbeit in Ruhe durch. Die Warum-Frage bringt Sie dem auf die Spur, was Sie antreibt (Motive) und was Ihnen wichtig ist (Werte). Indem Sie die Stationen und Entscheidungen Ihres bisherigen Lebens kritisch reflektieren, entdecken Sie relativ schnell Ihre Kernmotive und wichtigsten Werte. Warum haben Sie zum Beispiel den Job gewechselt? Vielleicht weil die Tätigkeit langweilig geworden ist. Sie fanden die Tätigkeit Ihrer Kunden viel interessanter und haben sich deshalb entschieden, eine Stelle bei dem Kundenunternehmen anzunehmen. Oder kam es zum Jobwechsel eher aus Neugierde, weil Sie die Materie so interessant fanden? Oder waren Sie auf Abwechslung aus? Gehen Sie auf diese Weise alle Ereignisse auf dem Zeitstrahl durch. Rekonstruieren Sie, wie es dazu kam, suchen Sie nach der ehrlichen Antwort.

Die Zukunftsreise

Statt dem Rückblick auf die Ereignisse bis heute werfen Sie jetzt einen Blick in die Zukunft. Die hier vorgestellte Zukunftsreise ist angelehnt an eine Idee von Dr. Dr. Cay von Fournier, dem Inhaber von Schmidt-Colleg. Stellen Sie sich einen Zeitpunkt in der Zukunft vor, in 10, 20 oder 30 Jahren. Nehmen Sie zum Beispiel das heutige Datum plus 20 Jahre. Notieren Sie sich zu diesem Tag Ihr Alter, gegebenenfalls auch das Ihres Partners und Ihrer Kinder. Rechnen Sie aus, wie viele Jahre Sie mittlerweile selbstständig sind. So bauen Sie einen gewissen Bezug zu diesem Datum auf.

Beginnen Sie nun eine Reise in die Zukunft, indem Sie sich den gewählten Tag im Detail ausmalen. Folgende Fragen können dabei helfen:

- Was ist mir wichtig?
- Welche Arbeit mache ich?

- In welchen Räumen arbeite ich?
- Wie lebe ich privat?
- Mit welchen Kunden arbeite ich?
- Wie gewinne ich neue Kunden?
- Zu welchen Themen arbeite ich?
- Habe ich ein Unternehmen oder bin ich Einzelkämpfer?
- Welches ist meine Rolle in meinem eigenen Unternehmen?
- Welches ist meine Rolle in der Familie?
- Wie stehe ich wirtschaftlich da?
- Welches Auto fahre ich?
- Welche Absicherung habe ich?

Schreiben Sie in Stichworten auf, was Ihnen zu diesen Fragen einfällt. So bekommen Sie ein anschauliches Bild davon, wie Sie sich die Zukunft in 20 Jahren vorstellen. Überlegen Sie nun, welche Aspekte Ihnen besonders wichtig sind. Suchen Sie nach den Indizien, die auf Werte und Motive hinweisen. Was löst bei Ihnen zum Beispiel ein besonders positives Gefühl aus? Welche Aspekte wiederholen sich in Ihren Antworten immer wieder?

Das Lieblingskunden-Treffen

Die dritte Methode spielt sich ebenfalls in der Zukunft ab, zum Beispiel in sieben Jahren. Als Geschäftsführer Ihres Beratungsunternehmens laden Sie Ihre Lieblingskunden zu einem festlichen Treffen ein. Sofern vorhanden, sind auch Ihre Lieblingsmitarbeiter oder Lieblingspartner anwesend. Insgesamt ein Kreis von etwa zehn Gästen. Beschreiben Sie nun dieses Treffen in allen Details. Die Idee basiert auf einer einfachen Erkenntnis: Was die Erfüllung ihrer Werte angeht, ist es für Selbstständige essenziell, mit wem sie zusammenarbeiten.

Überlegen Sie zunächst, an welchem Ort und in welcher Atmosphäre dieses Treffen stattfindet. Wie sieht das Rahmenprogramm aus, was wird gegessen, worüber redet man? Schildern Sie dann, mit welchen Menschen Sie sich umgeben, wer genau also Ihre fünf Lieblingskunden und fünf Lieblingsmitarbeiter oder auch Lieblingspartner sind. Beschreiben Sie jede einzelne Person: Was macht sie, wie tickt sie, wie geht sie, wie kleidet sie sich, wie verhält sie sich, worüber redet sie, was ist ihr wichtig?

Nun nehmen Sie die Liste der häufigsten Motive und Werte aus Abschnitt 1.1 zur Hand: Unabhängigkeit, Neugierde, Status, Geld, Unternehmertum, Abwechslung, Hilfsbereitschaft, Kontaktfreude, Macht. Überlegen Sie nun: Welche Aspekte spiegeln sich in Ihrer Veranstaltung wider?

Vier Beispiele:

- Sie sehen fünf Kunden und fünf Mitarbeiter vor sich, bunt zusammengewürfelt. Das spricht dafür, dass Abwechslung, das Streben nach immer neuen Erfahrungen für Sie ein wichtiges Motiv ist.
- Die Vorstandsvorsitzenden von fünf DAX-Unternehmen beherrschen das Treffen. Die Herren unterhalten sich mit fünf hochkarätigen Beratern, die Sie alle Ihren härtesten Konkurrenten abgeworben haben. Dahinter stünde vermutlich das Motiv Status und Anerkennung. Oder Macht.
- Anwesend sind fünf Unternehmer, die alle eine schwierige Unternehmenssituation bewältigt haben. Sie sind Ihnen sehr dankbar, weil Ihre Beratung ihnen wirklich geholfen hat. Eine solche Konstellation lässt vermuten, dass das Motiv Hilfsbereitschaft, also das Streben danach, für andere von Nutzen zu sein, für Sie eine wichtige Rolle spielt.
- Zum Lieblingskunden-Treffen sind durchweg alte Bekannte gekommen – Leute, mit denen Sie auch privat Kontakt halten und zum Beispiel regelmäßig Golf spielen. Das spricht für ein starkes Kontaktmotiv; der Austausch mit anderen Menschen bereitet Ihnen Freude.

1.4 Die strategische Stoßrichtung festlegen

Jeder Mensch hat zahlreiche Motive und Werte, doch nur einige wenige sind wirklich prägend. Sie zu identifizieren ist die Aufgabe von Verfahren wie Zeitstrahl-Methode, Zukunftsreise oder Lieblingskunden-Treffen. Nun kommt es darauf an, die ermittelten Hauptmotive und Hauptwerte mit der Unternehmensstrategie zu verknüpfen.

Motive und Strategie verknüpfen

Je nach persönlicher Motiv-Werte-Kombination ergibt sich eine andere unternehmerische Stoßrichtung. Wenn etwa Freiheit das treibende Motiv ist, stehen Sie strategisch vor der Frage, ob Sie überhaupt wachsen wollen oder ob Sie als Kleinunternehmer nicht doch größere Freiheitsgrade erreichen können. Das Streben nach Selbstbestimmung bestimmt Ihre Entscheidungen.

Andere Strategien ergeben sich, wenn Sie vor allem viel Geld verdienen wollen. Dann stellt sich die Frage, ob Sie dieses Ziel als Einzelkämpfer oder durch den Aufbau eines größeren Unternehmens erreichen wollen. Angenommen, Sie haben zehn Mitarbeiter, verdienen Sie dann wirklich mehr? Oder, was sehr oft der Fall ist, genauso viel wie vorher? Zu bedenken ist auch, dass Honorareinnahmen früher oder später an ein Limit stoßen. Mehr als 100 oder 150 bezahlte Tage im Jahr sind für einen einzelnen Berater kaum möglich. Also könnten Sie überlegen, ob sich mit einer anderen Dienstleistung oder Zielgruppe ein höheres Honorar durchsetzen lässt. Oder Sie spielen mit ganz anderen Gedanken: Gibt es vielleicht Möglichkeiten, personenunabhängig Geld zu verdienen – etwa über Produkte, Hörbücher, CDs oder E-Books?

Wiederum andere Gedankenspiele werden Sie anstellen, wenn der Wunsch nach Status Sie antreibt. Es liegt nahe, dass Sie sich dann im oberen Preissegment bewegen möchten. Auch wenn es sehr teuer ist, leisten Sie sich vermutlich von Anfang an ein repräsentatives Büro in Toplage. Das schmälert zwar zunächst Ihren Gewinn – doch nicht das Geld, sondern der Status ist ja Ihr treibendes Motiv.

Den eigenen Motiven Geltung verschaffen

Wie die Praxis zeigt, verlangt es am Anfang viel Disziplin, um die Strategie tatsächlich an den Motiven auszurichten. Typisches Beispiel ist ein Geschäftsführer, der zusammen mit zwei Partnern ein sehr erfolgreiches Beratungsunternehmen aufgebaut hat. Er hat ein ausgeprägtes »Neugier-Motiv«, findet also viel Freude daran, Themen intellektuell zu durchdringen. Hierfür jedoch fehlt ihm die Zeit, weil er wie seine beiden Mitberater bis über beide Ohren im Tagesgeschäft steckt.

Dem Geschäftsführer ist das Problem bewusst. Gemeinsam mit seinen Partnern sucht er nach einem Weg, um die Situation zu ändern. »Freiraum bekommen wir«, so glauben die drei Partner, »wenn wir wachsen und Mitarbeiter einstellen, um Arbeit delegieren zu können.« Sie entwerfen einen Fünfjahresplan, der eine Unternehmensgröße mit 15 Mitarbeitern anpeilt. Nach fünf Jahren ist dieses Ziel erreicht – und der Geschäftsführer nach wie vor zu 100 Prozent operativ tätig. Resigniert stellt er fest: »Wir sind unternehmerisch erfolgreich, meine intellektuellen Wünsche kommen aber immer noch zu kurz.«

Wo lag der Fehler? Der Geschäftsführer hätte sein Neugier-Motiv direkt in seine Planung einbeziehen müssen. Um seinem intellektuellen Interesse den gewünschten Raum zu geben, hätte er seine Firma von vornherein anders strukturieren, sich zumindest Nischen verschaffen sollen. Zum Beispiel hätte er einen Beschluss herbeiführen können, dass er und seine Partner künftig alle drei Jahre ein Buch veröffentlichen – mit dem Zusatz, dass dieses

Projekt Chefsache ist und er daher selbst für die inhaltliche Entwicklung und Umsetzung der Bücher verantwortlich ist. So hätte sich der Geschäftsführer von Zeit zu Zeit zurückziehen und sein Neugier-Motiv befriedigen können. Einen Kundenauftrag abzulehnen, weil man mehr Zeit für sich selbst haben will, ist kaum möglich. Eine Woche Buchklausur wird dagegen schon eher als Grund akzeptiert.

Es kommt also darauf an, den eigenen Motiven und Werten Geltung zu verschaffen. Vor allem wenn Sie weitere Partner mit an Bord holen wollen, sollten die Motive gleich zu Anfang offen auf den Tisch. Wenn um den Kurs gestritten wird und man sich uneins ist, wohin die Reise geht, liegt das fast immer an unterschiedlichen Motiven und Wertvorstellungen. Der eine will sein intellektuelles Interesse befriedigen, der andere ein Maximum an Geld verdienen, dem Dritten geht es um Status. Eine offene Diskussion schafft hier die notwendige Klarheit: Entweder Sie verzichten auf den einen oder anderen Partner – oder Sie finden eine Regelung, die alle Partner akzeptieren.

»Entscheidend ist ein Umfeld, das unser Motivationspotenzial anspricht«

Interview mit Stefan Lapenat, *Die Wachstumsschmiede,*
Experte für motivorientierte Beratung, Freiburg/Breisgau

Motivationsexperten unterscheiden zwischen Motiven und Werten, die beide unser Verhalten bestimmen. Worin liegt der Unterschied?
Werte treten immer in Kontexten auf, Motive sind dagegen kontextunabhängig. Zum Beispiel ist Pünktlichkeit ein Wert. Man kann ihn im beruflichen Kontext für wichtig halten, am Wochenende im privaten Umfeld jedoch für unwichtig. Oder Fairness: Es gibt Menschen, die sind im Beruf fair und loyal, auf dem Fußballplatz hingegen grob und rücksichtslos. Auf der anderen Seite ist zum Beispiel »Ordnung« ein Motiv: Wer nach geordnetem Vorgehen strebt, handelt im Beruf strukturiert und hat auch zu Hause in der Küche einen großen Familienplaner hängen. Der Hang nach Strukturiertheit zeigt sich überall, ist also kontextübergreifend.

Wie hängen Motiv und Wert zusammen?
Die Werte geben einem Motiv erst seine Richtung. Wenn zum Beispiel jemand das Motiv »Dominanz« hat, also gewinnen möchte, dann sagt das

noch wenig darüber aus, wie er sich verhält. Denkbar ist, dass er sich als rücksichtsloser Rüpel geriert. Wenn dem Motiv »Gewinnen« jedoch der Wert »Fairness« zur Seite tritt, möchte er anständig gewinnen und hält sich an die Spielregeln. Ein anderes Beispiel: Bei einem Unternehmer ist etwa das Motiv »Einfluss« stark ausgeprägt – er strebt nach Verantwortung und Gestaltung. Wie er jedoch handelt, hängt von der Kombination mit weiteren Motiven oder Werten zusammen. Kommt etwa der Aspekt »Vorsicht« hinzu, kann man davon ausgehen, dass er umsichtig handelt. Strebt er dagegen nach Nervenkitzel, besteht die Gefahr, dass er den tollkühnen Helden spielt.

Bleiben wir bei den Motiven. Ein Mensch fühlt sich zufrieden, wenn er seine Motive ausleben kann. Wie gelingt ihm das?
Motive sind unterschiedlich stark in uns angelegt – in der Motivationspsychologie spricht man von Motivationspotenzial. Entscheidend ist nun, dass wir uns in Kontexten bewegen, die unser Motivationspotenzial ansprechen. Angenommen, Sie sind ein strukturierter Mensch, streben also nach Struktur und Ordnung. Wenn Sie morgens in ein Seminar kommen, das fünf Minuten zu spät anfängt, das keine Agenda hat, bei dem die Pausenzeiten nicht geklärt sind und der Typ da vorne ein totaler Chaot ist – dann geht es Ihnen einfach nicht gut. Der Kontext ist schlicht nicht in der Lage, Ihr Motivationspotenzial, das nach Struktur und Ordnung strebt, zu aktivieren. Das macht Sie unzufrieden, Sie haben keinen Bock mehr auf die Veranstaltung – Ihre Lernwilligkeit bricht ein.

Nun kann man einem Seminar ausweichen. Man muss ja nicht hingehen. Was macht ein Berater aber, wenn sein Kunde ganz anders tickt als er selbst? Soll er dann wirklich auf den Auftrag verzichten?
Natürlich kann er ihn annehmen. Doch sollte er sich der unterschiedlichen Motivationspotenziale bewusst sein. Wer als ordnungsliebender Berater ein chaotisches Berliner Start-up berät, muss sich klarmachen, wie verschieden die Motivationspotenziale und damit auch die Stärken sind. Sonst besteht die Gefahr, dass er auf »diesen unstrukturierten Chaotenhaufen« herabschaut – was die Zusammenarbeit schnell negativ beeinflussen würde. Aber warum nicht: Wenn ein Berater ganz bewusst seine Stärke, Strukturen zu schaffen, einsetzt, um bei kreativen Start-ups Ordnung ins Chaos zu bringen, kann das sogar eine Geschäftsstrategie sein. Ihm muss nur klar sein, dass seine Kunden mit dem Chaos gut leben können und bis zu einem gewissen Grad das Chaos auch brauchen. Das zu akzeptieren kann für einen ordnungsliebenden Berater sehr anstrengend sein.

Welche Rolle spielen Motive und Werte mit Blick auf die Mitarbeiter?
Sollten sie mit den eigenen Motiven und Werten möglichst übereinstimmen?
Die Zusammenarbeit klappt umso besser, je mehr sich die Werte überlappen. Ein Berater sollte sich Mitarbeiter aussuchen, die seine Werte teilen, zumindest jedoch akzeptieren. Bei den Motiven ist das anders. Da kann es für ein Unternehmen sinnvoll sein, Mitarbeiter mit verschiedenen Motivationspotenzialen zu beschäftigen. Das kann zum Beispiel der Fall sein, wenn ein Beratungsunternehmen wachsen will und neue, anders tickende Kundengruppen erschließen möchte. Oder eine Strategieberatung bietet ihren Kunden einen Gesamtprozess an: Dann braucht sie am Anfang eher den Chaoten, der bestehende Strukturen kreativ aufbricht, später den mehr strukturiert denkenden Mitarbeiter, der aus den Einzelteilen wieder einen ordentlichen Prozess baut.

Angenommen, zwei oder mehr Partner wollen sich zusammentun, um eine Beratung zu gründen. Kann das funktionieren, wenn ihre Werte und Motivationspotenziale sehr unterschiedlich sind?
Kaum. Das habe ich gerade bei einer sehr erfolgreichen Agentur erlebt. Sie beschäftigt etwa ein Dutzend Mitarbeiter. Zwei der vier Geschäftsführer, die das Unternehmen gemeinsam gegründet hatten, haben das Unternehmen vor wenigen Wochen verlassen. Folgendes ist passiert: Die vier sind ganz unterschiedliche Menschen, doch in den ersten Jahren störte das nicht. Da gab es den Programmierfreak im Keller, zwei Kontaktfreudige und einen knallharten Vertriebler. Ein super Gespann, das perfekt funktioniert hat. Was die vier zusammenhielt, war die gemeinsame Idee, ein Unternehmen hochzuziehen. Das war der große gemeinsame Wert, das gemeinsame Ziel. Im vergangenen Jahr stellten sie nun fest: »Wir haben es geschafft, die Agentur läuft.« Plötzlich war das Verbindende weg. Das ist wie beim Besteigen eines Bergs: In der Klettercrew lispelt einer, der andere hinkt ein bisschen. Das beachtet keiner, solange der gemeinsame Traum besteht, den Gipfel zu bezwingen. Nun stehen sie oben, entspannen sich, sehen sich um – und plötzlich wird ihnen bewusst, dass der eine lispelt und der andere hinkt. Genau das ist in dem Unternehmen passiert. Als das Ziel erreicht war, brachen die unterschiedlichen Vorstellungen auf. Die vier Geschäftsführer gerieten in einen Wertekonflikt.

Und was passierte dann?
Wir haben eine Analyse der Motivationspotenziale und der Wertestruktur gemacht. Da zeigte sich, dass zwei der vier Geschäftsführer hervorragend zusammenpassen. Bei ihnen besteht eine große Übereinstimmung in dem, was sie antreibt, welche Situationen sie anregend empfinden, was ihnen wichtig ist. Die Konsequenz war, dass diese Geschäftsführer das Unterneh-

men weiterführen, die anderen es verlassen haben. Insgesamt ist die Agentur damit wieder gut aufgestellt.

Was haben die Geschäftsführer daraus gelernt?
Ihnen ist jetzt klar: Damit so etwas nicht wieder passiert, achten sie künftig auf Motivationspotenziale und Werte. Entscheidend ist dabei das gemeinsame Wertedach, für das die beiden Geschäftsführer stehen. Dieses Wertedach müssen alle Mitarbeiter zumindest grundsätzlich teilen. Derzeit sucht das Unternehmen wieder einen Vertriebsmitarbeiter. Die Geschäftsführer sind sich einig, dass er die elementaren Werte des Unternehmens haben sollte, aber andere Motivationspotenziale braucht als sie selbst.

Was heißt das konkret? Welches Motivationspotenzial soll der künftige Vertriebsmitarbeiter haben?
Bei den Geschäftsführern sind die Kontaktfreude und das Streben nach Fremdanerkennung stark ausgeprägt. Kontaktfreude ist natürlich auch für den Vertriebler wichtig, doch sollte der Wunsch nach Anerkennung weniger ausgeprägt sein – schließlich muss er ja auch mit Absagen zurechtkommen. Dominanz hingegen, also das Streben nach dem Gewinnen, kann für einen Vertriebsmitarbeiter nützlich sein.

Zusammenfassung

Wenn Berater ein Unternehmen gründen, lassen sie sich gerne von äußeren Umständen leiten. Weil die Umsätze erst einmal in Gang kommen müssen, freuen sie sich über jeden Auftrag. Chancen werden genutzt, eins ergibt das andere – und oft scheint ihnen der Erfolg auch recht zu geben.

Was die wenigsten beachten: Diese ersten Erfolge bergen eine große Gefahr. Es kann leicht passieren, dass sich das Unternehmen in eine Richtung entwickelt, die mit den persönlichen Motiven und Werten des Gründers nicht im Einklang steht. Das operative Geschäft nimmt den Unternehmer so sehr in Beschlag, dass er in die falsche Richtung weiterläuft – und vielleicht erst nach Jahren merkt, dass er in eine Tätigkeit geraten ist, die er so gar nicht wollte.

Für die langfristige Unternehmensentwicklung ist diese Erkenntnis eine Katastrophe: Motive und Werte sind vergleichbar mit einem Motor, der den Unternehmer bei seinem Vorhaben antreibt. Steht das Unternehmen im Widerspruch zu diesem Motor, erlahmt die Triebkraft. Auch Wachstum entsteht dauerhaft nur, wenn es für die Unternehmer der Beratung sinnerfüllend ist – also den Werten und Motiven entspricht.

Kapitel 2

Strategische Planung

Wie sich ein Beratungsunternehmen systematisch entwickelt

Planerisches Tohuwabohu

Wie jeden Herbst steht wieder ein Tag auf einer Berghütte an. Strategietag nennen sie es. Dort treffen sich der Geschäftsführer, seine fünf Mitberater und die Assistentin – ein eingeschworenes Team. Alle sprühen vor Ideen. Sie planen, dass ihr kleines Beratungsunternehmen wachsen soll. Deutlich. Das Problem ist nur: Diesen Plan haben sie nun schon seit über fünf Jahren.

Der Strategictag beginnt mit einer Bestandsaufnahme. Man unterhält sich darüber, wie das Jahr gelaufen ist, jeder möchte seine Gedanken loswerden. Da wird über einen großen Kunden diskutiert, der zur Konkurrenz gewechselt ist. Woran lag das? Dann kommt man auf das Thema Neukundengewinnung, auf Werbung, PR, Vertrieb, dann auf den Umgang mit Anfragen. »Und was ist mit den Interessenten, die wir schon in unserer Datenbank haben?«, wirft einer der Berater ein. »Sollten wir die nicht öfter kontaktieren?« So springt die Diskussion von einem Thema zum nächsten, mit immer gleichem Tenor: Hier müssten wir etwas machen, da sollten wir dieses tun, dort jenes. Die Assistentin schreibt eifrig mit und der Vormittag vergeht wie im Flug.

Nach dem Mittagessen bringt der Geschäftsführer das Gespräch auf einen Punkt, der alle bewegt und auch etwas ratlos macht: Wo stehen wir in fünf Jahren? Zunächst gibt er einen Rückblick zur Entwicklung des Unternehmens. Vor drei Jahren gab es einen Schub, die Zeichen standen auf Expansion, drei neue Berater wurden eingestellt. Dann verschlechterte sich die Projektlage wieder, sodass man vor einem Jahr zwei dieser Mitarbeiter wieder entlassen musste. Womit man nicht gerechnet hatte: Anfang des laufenden Jahres kündigte ein Kollege, weil er ein attraktives Angebot bei einem Kundenunternehmen bekam. Sein Abgang schmerzt noch immer!

Der Geschäftsführer hat sich gut vorbereitet. Anhand einer Grafik zeigt er die Umsatzentwicklung der vergangenen fünf Jahre. Im Grunde ging es nicht voran, sondern immer hin und her. Vor zwei Jahren zum Beispiel brachen zwei größere Kunden weg, ein mittlerer kam hinzu. Daraufhin hatte man verschiedene Maßnahmen ergriffen, sodass der Umsatz im Jahr darauf wieder stieg – um dann wieder einzubrechen. »Wir wollen wachsen, kommen aber über ein bestimmtes Limit nicht hinaus«, schließt der Geschäftsführer seine Ausführungen. »Etwas hält uns bei sieben Mitarbeitern fest.«

Sieben – eine magische Zahl? Der Gedanke bringt die Runde zum Schmunzeln. Man ist sich einig, dass man die Vorstellung vom Wachstum deswegen nicht begraben wird. Und so kommt die Diskussion nun erst recht in Gang. Anders als am Vormittag bewegen jetzt strategische Fragen die Gemüter. Es geht um Ziele, Leistungen und Zielgruppen. »Sollten wir nicht in ein anderes Marktsegment gehen, wenn es so schwierig ist, bei der bestehenden Zielgruppe mit unserem Honorar Fuß zu fassen?«, fragt einer der Teilnehmer. Eigentlich wäre das sinnvoll, stimmen die anderen zu. Andererseits sei man doch im bisherigen Segment wirklich schon Experte, habe sich hier einen Namen gemacht. Zwei Mitarbeiter seien ja extra hierfür eingestellt worden.

So ergibt eins das andere. Jeder Vorschlag führt zu neuen Überlegungen, Konsequenzen, die wiederum Änderungen zur Folge haben. Wie am Vormittag springt die Diskussion von einem Punkt zum anderen, wieder schreibt die Assistentin eifrig mit. Am Ende bleibt vom Strategietag vor allem eines übrig: eine lange Liste.

Chaotisch und planlos – so würde ein Außenstehender das Geschehen auf der Berghütte beurteilen. Die Mitarbeiter indessen kehren mit frischer Kraft in den Alltag zurück. Dieses kreative Chaos lieben sie, der Tag auf der Berghütte zählt eindeutig zu den Highlights ihres Beraterlebens. Man hat sich über alles unterhalten, viele Ideen ausgetauscht und sich wieder eine Menge vorgenommen. Einzig der Geschäftsführer ist nachdenklich. Kann das so weitergehen? Sein Unternehmen geht ins sechste Jahr, ohne dass eine Weiterentwicklung erkennbar wäre. Sicher, der Strategietag war für das Team ein tolles Erlebnis, richtig motivierend und schon deshalb ein Erfolg. Auch gute Vorschläge wurden gemacht. Doch reicht das, um das Unternehmen voranzubringen? Drei Viertel des Maßnahmenplans versanden. Nur die wirklich dringenden Vorhaben werden realisiert. Hinzu kommen noch einige Maßnahmen, die dem einen oder anderen Berater besonders am Herzen liegen. Letztlich entscheidet der Zufall, welche Punkte am Ende des Jahres abgehakt sind.

Wie ist dieses unbefriedigende Ergebnis zu erklären? Es liegt jedenfalls nicht am fehlenden Willen, denn das Team ist nach wie vor motiviert, engagiert und zu allen Taten bereit. Das Problem liegt vielmehr darin, dass die Berater keinen Bezugspunkt haben und sich deshalb in der Fülle der möglichen Maßnahmen verlieren – erst recht im vollen Tagesgeschäft! Deshalb wird nur das umgesetzt, was drängt oder nach den Diskussionen des Strategietags emotional hängen geblieben ist. Was aber fehlt, ist eine Struktur mit klaren Perioden- und Jahreszielen, an denen sich die einzelnen Maßnahmen ausrichten. Aufgabe des Geschäftsführers wäre es jetzt, diese Struktur vorzugeben. Andernfalls wird sich im nächsten Herbst auf der Berghütte dieselbe Prozedur wie jedes Jahr abspielen: ein totales planerisches Tohuwabohu.

Viele Beratungsunternehmen versuchen das nahezu Unmögliche. Wie im geschilderten Beispiel wollen sie ohne Orientierung und Halt nach oben steigen. Dass sie so nicht vorankommen, kann nicht verwundern. Im Grunde ist es wie beim Klettern: Das Kletterteam muss zunächst wissen, welchen Gipfel es besteigen will – und braucht dann einen Klettersteig, um tatsächlich oben anzukommen. Genau darum geht es in diesem Kapitel: Sie erhalten das Rüstzeug, um den richtigen Gipfel zu identifizieren und dann einen Klettersteig zu bauen, auf dem Sie mit Ihrem Team diesen Gipfel sicher erreichen können. Hierzu lernen Sie ein einfaches Modell kennen, das dabei hilft, klare Ziele zu setzen und auch im Tagesgeschäft die Orientierung zu behalten (Abschnitt 2.1). Anhand eines Checkups können Sie feststellen, wo Ihr Unternehmen derzeit steht (Abschnitt 2.2). Davon ausgehend lassen sich die einzelnen Modellbausteine dazu nutzen, das Unternehmen strategisch auszurichten und die Prioritäten für eine effektive Weiterentwickelung festzulegen (Abschnitte 2.3 und 2.4).

2.1 Das Strategiemodell: Kopf und Lebensadern

Um ein Beratungsunternehmen strategisch zu entwickeln und zu führen, können wir auf ein Modell zurückgreifen, das einem Organismus nachempfunden ist: Wie beim menschlichen Organismus gibt es auch im Unternehmen einen Kopf, in dem bewusst geplant wird, und Lebensadern, die es am Leben erhalten. Aus diesem Gedanken ergibt sich ein Strategiemodell für Beratungsunternehmen (siehe Abbildung 2.1).

Abbildung 2.1:
Kopf und Lebensadern: Modell für die strategische Planung
von Beratungsunternehmen

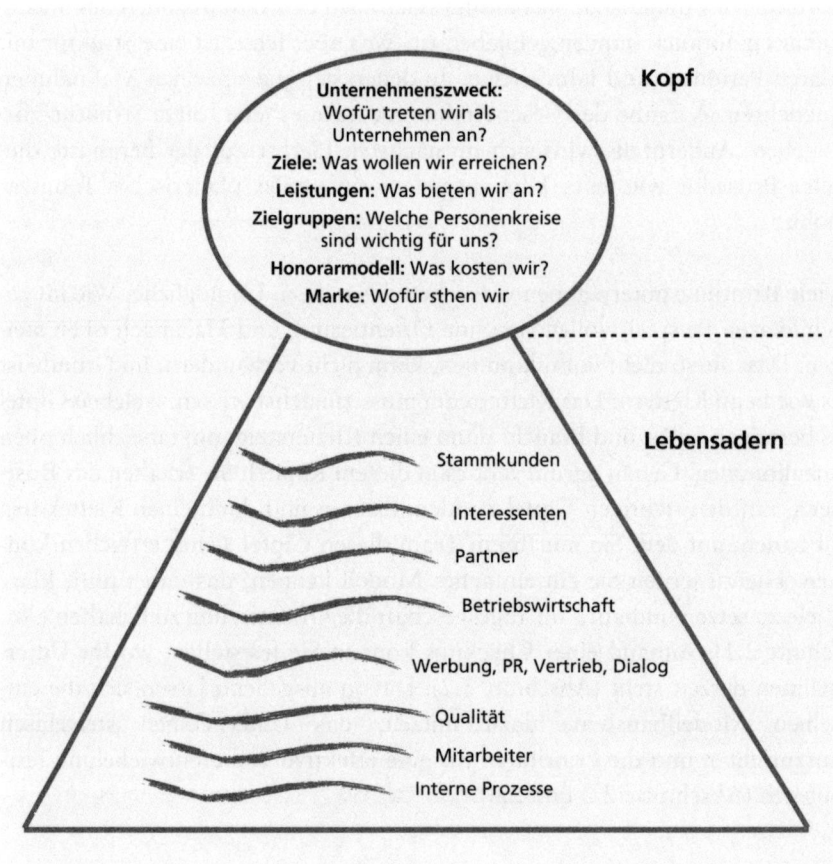

Der Kopf enthält die Modellbestandteile, die verhältnismäßig stabil sind. Aus ihnen setzt sich die Gesamtstrategie des Unternehmens zusammen. Sie werden in der Regel auf einen Zeithorizont von fünf oder sieben Jahren hin geplant und jährlich überprüft, gegebenenfalls auch überarbeitet. Dieser Kopfteil des Modells besteht aus folgenden sechs Bausteinen:

- *Unternehmenszweck.* Hinter den Angeboten eines erfolgreichen Unternehmens verbirgt sich in der Regel ein tieferer Beweggrund: der Unternehmenszweck. Das kann zum Beispiel eine Idee sein, wie das Unternehmen einer Zielgruppe einen besonderen Nutzen oder etwas ganz anderes und Besseres als die Konkurrenz anbietet. Der Unternehmenszweck gibt dem unternehmerischen Handeln Orientierung und Antrieb – er gibt Antwort auf die Frage: »Wofür treten wir als Unternehmen an?«
- *Ziele.* Strategische Planung heißt auch, die Ziele des Unternehmens festzulegen – sowohl Periodenziele mit einem Horizont von fünf bis sieben Jahren als auch kurzfristige Jahresziele. Dieser Strategiebaustein gibt Antwort auf die Frage: »Was wollen wir erreichen?«
- *Leistungen.* Ein strategisches Kernelement liegt in der Definition der Leistungen, mit denen das Unternehmen an den Markt geht. Um die eigenen Angebote präzise zu beschreiben, hilft es auch, sie von Leistungen abzugrenzen, die nicht mehr zum eigenen Portfolio gehören. Dieser Strategiebaustein gibt somit Antwort auf die Frage: »Was bieten wir an – und was nicht?«
- *Zielgruppen.* Ein strategisch ausgerichtetes Unternehmen kennt seine Zielgruppen. Zu ihnen zählen nicht nur die Entscheider, die über die Auftragsvergabe befinden, sondern auch weitere Personenkreise wie Mittler, Multiplikatoren und öffentliche Zielgruppen. Dieser Strategiebaustein gibt Antwort auf die Frage: »Welche Personenkreise sind wichtig für uns?«
- *Honorarmodell.* Zu den strategischen »Kopfbestandteilen« gehört ein schlüssiges Honorarsystem. Es legt eine Honorarspanne fest und definiert unter anderem klare Bedingungen für Rabatte oder Erfolgsbeteiligungen. Dieser Strategiebaustein gibt Antwort auf die Frage: »Was kosten wir?«
- *Marke.* Eine Marke verbindet eine klare inhaltliche Positionierung mit einer emotionalen Botschaft – und wird damit zum entscheidenden Differenzierungsmerkmal auf dem Beratermarkt. Dieser Strategiebaustein gibt Antwort auf die Frage: »Wofür stehen wir?«

Bei den Lebensadern handelt es um die Modellbestandteile, die vergleichbar mit dem Blutkreislauf ständig im Fluss sind. Wie das Blut in den Adern pulsieren sie und halten den Organismus am Leben. In einem Beratungsunternehmen gibt es acht solcher essenzieller Lebensadern:

- *Stammkunden.* Neukunden zu akquirieren ist teuer. Schon deshalb sind zufriedene Stammkunden eine wichtige Lebensader. Andererseits gilt es, die Abhängigkeit von einigen wenigen großen Stammkunden zu vermeiden. Hier die richtige Balance zu finden ist eine Herausforderung.

- *Interessenten.* Nur wenn ständig genügend Interessenten »zufließen«, erhält das Unternehmen die Neukunden, die es für seine Entwicklung benötigt.
- *Partner.* Beratungsunternehmen arbeiten häufig mit Partnern zusammen, zum Beispiel mit freien Mitarbeitern oder mit Beratungsfirmen, die komplementäre Leistungen anbieten. Wenn diese Partner zufrieden sind, wenn sie sich entfalten und entwickeln können, pulsiert diese Lebensader.
- *Betriebswirtschaft.* Die finanziellen Ströme stellen die wirtschaftliche Gesundheit des Unternehmens sicher, die sich anhand betriebswirtschaftlicher Kennzahlen kontrollieren und steuern lässt.
- *Werbung, PR, Vertrieb, Dialog.* Eine entscheidende Rolle für den Zufluss an Interessenten, Anfragen und Aufträgen spielt diese Lebensader. Hier kommt es darauf an, regelmäßig die richtigen Maßnahmen versiert einzusetzen.
- *Qualität.* Die Qualität der Arbeit zählt zu den Kernkompetenzen eines Beratungsunternehmens. Sicherstellen lässt sie sich etwa durch Instrumente des Qualitätsmanagements oder einen systematischen Wissenstransfer unter den Mitarbeitern.
- *Mitarbeiter.* Mitarbeiter sind das wichtigste Kapital im Beratungsunternehmen. Um diese Lebensader am Pulsieren zu halten, kommt es auf den ständigen Einsatz von Maßnahmen an, um geeignete Mitarbeiter zu gewinnen und langfristig an das Unternehmen zu binden.
- *Interne Prozesse.* Eine häufig unterschätzte und daher auch vernachlässigte Lebensader sind interne Prozesse – angefangen bei der Entgegennahme von Anrufen über die Erstellung von Angeboten und Rechnungen bis hin zu einer ordentlichen Projektdokumentation.

Wie lässt sich dieses Modell für Ihre strategische Planung nutzen? Zunächst bietet es sich an, eine Standortbestimmung (Abschnitt 2.2) vorzunehmen. Im nächsten Schritt können Sie dann tiefer einsteigen (Abschnitt 2.3) und Ihre Planung da, wo es sinnvoll erscheint, ergänzen oder ausbauen (Abschnitt 2.4). Nehmen Sie dann von Zeit zu Zeit die Modellskizze (Abbildung 2.1) zur Hand – und durchdenken Sie Kopf und Lebensadern Ihres Unternehmens. Vor allem als Vorbereitung auf die Jahresstrategieklausur hat sich dieses Vorgehen sehr gut bewährt.

2.2 Standortbestimmung: Wo steht das Unternehmen?

Verschaffen Sie sich Überblick: Anhand des folgenden Checkups können Sie feststellen, welche strategischen Anforderungen Sie in Ihrem Unternehmen bereits erfüllen und wo gegebenenfalls noch Handlungsbedarf besteht. Dabei kann es durchaus vorkommen, dass bestimmte Lebensadern für Sie – derzeit – kein Thema oder von untergeordneter Priorität sind.

Checkup (Teil 1): Kontrollfragen für den Kopf des Unternehmens

Unternehmenszweck

1. Haben Sie definiert, was Sie inhaltlich für Ihre Kunden besser machen als andere Anbieter?
   Beispiele: »Wir sind der einzige Fullservice-Anbieter.« – »Wir bieten messbare Erfolge, die schriftlich nachgewiesen werden.«

2. Haben Sie definiert, was Sie Ihrem Kunden emotional bringen?
   Beispiele: Rücken freihalten, Freiheit schaffen, mehr Kontrolle ermöglichen, mehr Sicherheit bieten.

3. Besteht Übereinkunft bei der Geschäftsleitung über den Unternehmenszweck?

4. Kennen die Mitarbeiter den Unternehmenszweck und können sie sich damit identifizieren?

5. Finden Sie den Unternehmenszweck ungeheuer motivierend?
   Der Gedanke an den Unternehmenszweck sollte Sie als Unternehmer freudig erregen: »Ja, das ist der Grund, warum ich das mache! Dafür trete ich an.«

Ziele

1. Kennen Sie Ihre Periodenziele?
   Der Zeithorizont der Periodenziele beträgt fünf oder sieben Jahre. Entscheidend ist, diese Ziele smart, also vor allem mess- und überprüfbar

festzulegen – gemäß der SMART-Formel: spezifisch, messbar, akzeptiert, realistisch und terminiert.

Überprüfen Sie konkret folgende Periodenziele:

Wissen Sie,
- wie viel Umsatz Sie in fünf bis sieben Jahren machen wollen?
- wie viel Gewinn Sie in fünf bis sieben Jahren machen wollen?
- welche Mitarbeiterzahl Sie dann brauchen, um diese Ergebnisse zu erwirtschaften?
- welches Image Sie bei allen relevanten Zielgruppen haben wollen?
- wie Sie am Markt im Vergleich zu Ihrer Konkurrenz dastehen wollen?
- für welche Kunden und für wie viele Kunden Sie welche Leistungen erbringen wollen?
- in welcher Umgebung Sie arbeiten wollen?
- welche Qualität Ihre Arbeit in fünf bis sieben Jahren konkret haben soll?

2. Haben Sie festgelegt, welche Rolle die Geschäftsleitung in fünf oder sieben Jahren spielt?
   Überlegen Sie, wie Ihre Rolle als Geschäftsführer aussehen soll, zum Beispiel: »Maximal 30 Prozent Mitarbeit im operativen Geschäft.«

3. Erscheinen alle Periodenziele in einem verbindlichen Jahreszielplan, in dem sie auf das nächste Jahr heruntergebrochen sind?

4. Haben Sie eine Stärken-Schwächen-Analyse (SWOT-Analyse) für die Erreichung dieser Ziele gemacht?

Leistungen

1. Haben Sie definiert, welche Leistungen Sie anbieten?

2. Haben Sie abgegrenzt, welche Leistungen Sie *nicht* anbieten?
   Die Gratwanderung, was noch zum Leistungsspektrum gehört und was nicht mehr, ist mit Blick auf eine klare Positionierung eine zentrale strategische Frage.

3. Haben Sie die Leistungen, die Sie anbieten, detailliert mit allen Teilbereichen beschrieben?

Zielgruppen

1. Sind alle entscheidenden Zielgruppen konkret definiert?
   Neben den Entscheidern in den Kundenunternehmen zählen hierzu auch Mittler, Gegner, Multiplikatoren und öffentliche Zielgruppen.

2. Haben Sie beschrieben, wie diese Personen denken und handeln?

3. Kennen alle Mitarbeiter Ihres Unternehmens die Zielgruppendefinitionen und haben eine konkrete Vorstellung von den Zielgruppen?
   Kann Ihnen zum Beispiel der Junior-Consultant erklären, wer genau die Mittler sind und wie diese ticken?

Honorarmodell

1. Ist der Honorarkorridor (Ober- und Untergrenze) definiert, in dem Ihr Unternehmen tätig ist?

2. Gibt es klare Regeln, welche Honorare wo gelten?
   Ist zum Beispiel festgelegt, unter welchen Bedingungen Sie Rabatte gewähren, wann Sie Ausnahmen machen, und welche Untergrenze auf keinen Fall unterschritten wird?

3. Ist die Honorarstruktur verständlich und für den Kunden logisch nachvollziehbar?

4. Enthält das Honorarmodell eine Entwicklungsperspektive für die nächsten fünf bis sieben Jahre?
   Haben Sie also festgelegt, wie sich die Honorare entwickeln sollen? Ist diese Entwicklung in Ihrem Marktsegment realistisch?

Marke

1. Ist Ihre Positionierung definiert?

2. Ist Ihr Markenkern definiert?

3. Können Sie anhand von Stichproben aus dem Gesamtmaterial Ihres Marktauftritts belegen, dass die Marke klar kommuniziert wird?
   Werfen Sie hierzu einen Blick auf wichtige Bestandteile Ihres Marktauftritts (Webseite, Unternehmenspräsentation, Angebote et cetera) und prüfen Sie, ob sie die Markenbotschaft vermitteln.

Checkup (Teil 2): Kontrollfragen für die Lebensadern

Im Unterschied zu den strategischen Bausteinen, die über die Jahre relativ stabil sind, gilt es die Lebensadern ständig zu überprüfen und anzupassen. Anhand der folgenden Kontrollfragen können Sie feststellen, ob Sie die Lebensadern in Ihrem Unternehmen tatsächlich effektiv steuern und am Laufen halten.

Stammkunden

1. Messen Sie, wie viele Stammkunden Sie haben?

2. Dokumentieren Sie, mit welchen Entscheidern, Mittlern und Multiplikatoren die Aufträge zustande gekommen sind?

3. Kennen Sie Ihren Stammkunden-Umsatzanteil?
   Der Stammkunden-Umsatzanteil zeigt den Umsatzanteil eines Stammkunden am Gesamtumsatz. Die Definition eines Stammkunden hängt von der jeweiligen betrieblichen Situation ab. Eine Lean-Management-Beratung mit Projekten im Volumen von 50 000 bis 500 000 Euro kann zum Beispiel festlegen, dass alle Kunden, mit denen in den letzten drei Jahren mindestens 100 000 Euro Umsatz erzielt wurden, zu den Stammkunden zählen.

4. Erheben Sie, wie viel Umsatz auf die sieben größten Stammkunden entfallen (einzeln und kumuliert)?
   Anhand dieser Kennzahlen können Sie zum Beispiel feststellen, dass auf Ihre drei größten Kunden 80 Prozent des Gesamtumsatzes entfallen – was ein klares Alarmzeichen wäre, weil Sie zu sehr von den Aufträgen dieser Kunden abhängig sind.

5. Messen Sie die Zufriedenheit der Stammkunden?
   Wünsche und Beschwerden der Stammkunden werden durch Umfragen und Gespräche systematisch erfasst.

Interessenten

1. Kennen Sie die Zahl der Interessenten, die durchschnittlich pro Monat auf irgendeinem Weg Kontakt zu Ihrem Unternehmen aufnehmen?

2. Wissen Sie, wie diese Interessenten-Kontakte zustande kommen?

3. Gibt es eine feste Klassifizierung nach A-, B- und C-Kontakten und sind alle Kontakte in diese Kategorien eingeordnet?

4. Ist festgelegt, wie diese A-, B- und C-Kontakte regelmäßig angesprochen werden?

5. Kennen Sie die Zahl der Kontakte, die Sie pro Jahr mit den Interessenten haben?
   Bei qualitativ hochwertigen Kontakten (zum Beispiel potenziellen Ideal-kunden) sollte mindestens drei bis vier Mal im Jahr ein Kontakt stattfinden.

6. Gibt es einen fest definierten Prozess, wie mit potenziellen Kunden in der Datenbank umgegangen wird?

7. Wird dieser feste Prozess jederzeit von jedem Mitarbeiter eingehalten?

8. Gibt es Kostentransparenz beim Umgang mit potenziellen Kunden?
   Die Summe der Werbungs-, PR- und Vertriebskosten geteilt durch die Anzahl der generierten Kontakte ergibt die Kosten pro Kontakt.

Partner

1. Gibt es regelmäßig Gespräche mit Partnern und freien Mitarbeitern zu Arbeitsthemen, aber auch zur Zufriedenheit mit der Zusammenarbeit?

2. Fragen Sie Ihre Partner und freien Mitarbeiter aktiv nach Verbesserungs-vorschlägen für Ihr Unternehmen?

3. Gibt es gemeinsame Aktivitäten, zum Beispiel ein jährliches gemeinsames Fest?

4. Gibt es Kennzahlen, anhand derer Sie die Effektivität der Zusammenarbeit mit jedem einzelnen Partner beurteilen können?
   Beispiele: Umsatz, der durch freien Mitarbeiter erzielt wurde; Zahl der Vermittlungen, die durch einen Partner erfolgt sind.

Betriebswirtschaft

1. Existiert ein aussagefähiges Controlling, bei dem die Kennzahlen viertel-jährlich vorliegen?

2. Kennen Sie die Umsatzrentabilität Ihres Unternehmens?

3. Kennen Sie den Gewinn pro Berater?

4. Kennen Sie die Eigenkapitalquote Ihres Unternehmens?

5. Kennen Sie die Liquidität ersten, zweiten und dritten Grades?

6. Kennen Sie den Cashflow Ihres Unternehmens?

7. Kennen Sie die Debitorenlaufzeit, das heißt die Zeit, die es im Durchschnitt dauert, bis die Kunden ihre Rechnungen bezahlen?

Werbung, PR, Vertrieb, Dialog

1. Gibt es ein detailliertes Dreijahreskonzept für die Werbe-, PR-, Vertriebs- und Dialogarbeit?

2. Gibt es eine detaillierte Jahresplanung mit Detailbudgets für die Werbe-, PR-, Vertriebs- und Dialogarbeit?

3. Entspricht das Budget für die Werbe-, PR-, Vertriebs- und Dialogarbeit ungefähr fünf bis zehn Prozent des Jahresumsatzes?

Qualität

1. Gibt es eine Regelkommunikation zur Sicherung und Verbesserung der Qualität (zum Beispiel Feedbackgespräche, Supervision)?

2. Wird das Wissen, das in Projekten entsteht, konsequent weitergegeben?

3. Gibt es in den Projektreportings einen Punkt »Lerneffekte«, der für das Unternehmen genutzt wird?

4. Wird die Qualität gemessen und regelmäßig nachgehalten?

Mitarbeiter

1. Gibt es ein Konzept zur kontinuierlichen Mitarbeitersuche?
   Für ein kleines Beratungsunternehmen ist es schwer, Mitarbeiter zu fin-

den. Daher ist es ratsam, kontinuierlich zu suchen – und nicht erst dann, wenn ein akuter Bedarf besteht.

2. Wird die Mitarbeiterzufriedenheit gemessen und gibt es regelmäßige Gespräche zur Mitarbeiterzufriedenheit?

3. Gibt es informelle Möglichkeiten des Austauschs?

4. Gibt es regelmäßig strukturierte Mitarbeitergespräche und Entwicklungsgespräche?

5. Gibt es für Mitarbeiter eine Perspektive im Unternehmen?

6. Was bieten Sie Ihren Mitarbeitern, damit sie in Ihrem Unternehmen gerne und gut arbeiten?

Interne Prozesse

Sind die Kernprozesse Ihres Unternehmens schriftlich fixiert? Und zwar mindestens folgende Prozesse:

- Anfragen: Wie sind die Abläufe geregelt, wenn eine Anfrage eingeht?
- Angebote: Wie wird ein Angebot erstellt? Wie wird nach Abgabe eines Angebots verfahren?
- Projektreporting: Wie werden Projekte dokumentiert?
- Wissensmanagement: Wie werden Informationen im Unternehmen verteilt?
- Marketing: Wie ist der Prozess für Werbung, PR, Vertrieb und Dialog organisiert?

2.3 Strukturiert planen: Die Bestandteile der Strategieentwicklung

Nachdem Sie den Checkup durchgeführt haben, haben Sie einen Eindruck davon gewonnen, in welchen Bereichen Ihr Unternehmen »gesund« ist und auf welchen Feldern Sie nachbessern, verbessern und sich fit machen müssen. Sicher stehen Sie auch noch Fragen der Strategieentwicklung gegenüber, auf die Sie keine Antwort haben. Dabei sollen Ihnen die folgenden Abschnitte helfen.

Unternehmenszweck:
Wofür treten wir als Unternehmen an?

Wenn es um den Unternehmenszweck geht, könnte man von Vision und Mission sprechen. Das sind die klassischen Begriffe, um auszudrücken, welche Zukunftsvorstellung ein Unternehmen hat (Vision) und welchen Auftrag es daraus ableitet (Mission). Im Grunde genügt es jedoch, eine pragmatische Antwort auf eine ebenso pragmatische Frage zu geben: »Wofür treten wir als Unternehmen an?«

Viele Beratungsunternehmen beantworten diese Frage, indem sie ihr Angebot darstellen – greifen damit jedoch zu kurz. Nicht die Frage »Was bieten wir an?« steht hinter dem Unternehmenszweck, sondern eher: »Was machen wir bei unseren Kunden besser? Welchen Mehrwert stiften wir ihnen?« Anstatt Leistungen zu beschreiben, könnte die Antwort dann lauten: »Wir bringen unsere Kunden spürbar und messbar voran.« Oder: »Wir erleichtern die Arbeit unserer Kunden.« Oder: »Wir bieten einen Fullservice an.«

Die Antwort auf die Frage nach dem Unternehmenszweck ist in der Regel konkreter als eine Vision, aber emotionaler als eine nüchterne Leistungsbeschreibung. Der Unternehmenszweck darf durchaus Gefühle wecken, schließlich steht hinter ihm der Beweggrund, warum Sie Unternehmer geworden sind – und das ist sicher auch eine emotionale Angelegenheit.

Was heißt das konkret? Wie formulieren Sie den Unternehmenszweck? Drei Beispiele:

- Formulieren Sie nicht: »Wir stiften Mehrwert, indem wir Change-Prozesse optimieren und für das Erreichen der Projektziele sorgen.« Sondern eher: »Wir erleichtern unseren Kunden das Leben, indem wir dafür sorgen, dass die Turbulenzen bei Change-Projekten gering gehalten werden. So ermöglichen wir es, dass unsere Kunden auch bei laufendem Change-Prozess ihrer täglichen Arbeit nachgehen können.« Dem Kunden die Situation zu erleichtern ist hier der besondere Akzent.
- Formulieren Sie nicht: »Wir bieten Produktionsoptimierung nach dem Prinzip Lean Management an.« Sondern eher: »Wir sorgen dafür, dass unsere Kunden durch Lean Management einen Wettbewerbsvorsprung erhalten.« Der Unternehmenszweck liegt also nicht darin, Lean Management anzubieten, sondern dem Kunden im harten Verdrängungswettbewerb einen Vorteil zu verschaffen, indem er durch das Lean-Management-Prinzip die Kosten im Blick hat und ständig an der Verbesserung seiner Prozesse arbeiten kann.

- Formulieren Sie nicht: »Als IT-Beratung etablieren wir reibungslose Prozesse zwischen den internen Auftraggebern und der IT-Abteilung.« Sondern eher: »Wir sorgen dafür, dass die IT-Abteilung als echter Sparringspartner im Unternehmen ernst genommen wird – und dass alles, was damit zusammenhängt, reibungslos funktioniert.« Der Fokus richtet sich darauf, dass die IT-Abteilung »ernst genommen« wird, also zum Beispiel bei größeren Projekten als Businesspartner angesehen wird und von vornherein mit am Tisch sitzt.

Es reicht aus, den Unternehmenszweck in ein oder zwei Sätzen zu formulieren. Entscheidend ist: Er stellt nicht direkt auf Leistung und Nutzen ab, sondern auf das, was den Kunden in seinem unternehmerischen Tun voranbringt. Der Nutzen eines Angebots kann darin liegen, dass die Prozesse reibungslos laufen. Was den Kunden jedoch voranbringt, sind nicht die reibungslosen Prozesse, sondern die damit verbundenen Kosten- und Wettbewerbsvorteile.

Ziele: Was wollen wir erreichen?

Ausgehend vom Unternehmenszweck stellt sich nun eine spannende Frage: »Was wollen wir bis in fünf oder sieben Jahren erreichen?« Indem Sie hierzu mess- und überprüfbare Periodenziele formulieren, überführen Sie den Unternehmenszweck auf eine operationale Ebene. Sie legen also zum Beispiel fest, wie viel Umsatz und Gewinn Sie in fünf oder sieben Jahren machen, wie viele Mitarbeiter das Unternehmen hat – aber auch Kriterien für qualitative Ziele wie die Qualität der Arbeit oder die Umgebung, in der Sie arbeiten wollen.

Achten Sie auch auf Konsequenzen und Abhängigkeiten der Ziele untereinander. Angenommen, Sie möchten in fünf Jahren 600 000 Euro Gewinn erzielen: Wie viele Manntage zu welchen Honoraren müssen Sie dann verkaufen? Wie viele Mitarbeiter benötigen Sie? Wie verändern sich die fixen und variablen Kosten? Hier kann es durchaus böse Überraschungen geben, etwa wenn Sie feststellen, dass Sie zwar den Umsatz verdreifachen, der Gewinn aber gleich bleibt – oder womöglich sogar sinkt. Solche Gedankenspiele und Rechnungen zeigen, inwieweit ein Umsatzziel sinnvoll und realistisch ist. Dabei ist es keineswegs ausgemacht, dass der Gewinn proportional zum Umsatz steigt. Je nach Beratungsfeld und Kostensituation können die Ergebnisse sehr unterschiedlich ausfallen. Um ein Gefühl für die jeweiligen Zusammenhänge und finanziellen Folgen zu bekommen, lohnt es sich, den Fünfjahresplan möglichst konkret durchzuspielen.

Zur Zielplanung gehört neben den längerfristigen Periodenzielen auch eine kurzfristige Planung. Sie orientiert sich an den Periodenzielen und ist auf ein Jahr ausgelegt. Diese *Jahreszielplanung* können Sie allein in der Geschäftsleitung erarbeiten oder gemeinsam mit Mitarbeitern. Sie besteht aus folgenden Teilen:

- *Überprüfung sämtlicher Periodenziele.* In der Regel enthält der Jahreszielplan einen einleitenden Teil, der die Periodenziele dokumentiert. Wenn eine neue Jahreszielplanung ansteht, überprüfen Sie diese Ziele und passen sie gegebenenfalls an.
- *Bestandsaufnahme sämtlicher Lebensadern.* Gehen Sie mithilfe des Checkups aus Abschnitt 2.2 die einzelnen Lebensadern durch. Diskutieren Sie kurz über die einzelnen Punkte und halten Sie fest, was Ihnen dazu einfällt. Meist ergibt sich dann schon eine erste Liste anstehender Maßnahmen.
- *Ausführliche SWOT-Analyse.* Analysieren Sie eingehend Stärken, Schwächen, Chancen und Risiken. Empfehlenswert sind hierzu drei getrennte SWOT-Analysen:
  - Analyse der inhaltlichen Arbeit, das heißt der Beratungsqualität
  - Analyse der internen Abläufe, das heißt der Zusammenarbeit, Prozesse und Schnittstellen
  - Analyse des Prozesses für Werbung, PR, Vertrieb, Dialog
- *SWOT-Analyse der Mitarbeiter.* Zudem hat es sich bewährt, wenn Geschäftsleitung und Mitarbeiter getrennte SWOT-Analysen erstellen. Die Berater an der Front haben in manchen Punkten eine eigene Sicht der Dinge. Es kann sich daher lohnen, sich von den Mitarbeitern eine separate Stärken-Schwächen-Analyse präsentieren zu lassen und die Ergebnisse dann in die Gesamtanalyse der Geschäftsleitung zu integrieren.
- *Rollen und Aufgaben der Geschäftsleitung.* Legen Sie die Rollen und Aufgaben fest, die Sie als Geschäftsführer (und gegebenenfalls die anderen Mitglieder der Geschäftsleitung) im kommenden Jahr übernehmen. Dazu kann die Auszeit für ein Buchprojekt, die Leitung eines »Pionierprojekts« oder die Übernahme eines Lehrauftrags ebenso gehören wie die Festlegung, dass Sie künftig nur noch zu 30 Prozent im operativen Geschäft tätig sind.
- *Regelkommunikation.* Halten Sie mit Blick auf das kommende Jahr fest, welche Regelkommunikation stattfindet. Wann werden zum Beispiel Befragungen zur Kundenzufriedenheit durchgeführt? Wann bekommt die Bank eine Information? Wann finden Mitarbeiterbesprechungen statt?

- *Betriebswirtschaftliche Ziele.* Ein Kernstück des Jahreszielplans sind die betriebswirtschaftlichen Ziele, die vierteljährlich nachverfolgt werden. Definieren Sie hierzu einige aussagefähige Kennzahlen, für die Sie jeweils einen Sollwert festlegen. Die folgende Tabelle zeigt ein solches Kennzahlenset, das sich für die Steuerung eines Beratungsunternehmens eignet.

Tabelle 1

Kennzahl	Beschreibung
Umsatz	Erlöse aus den Honoraren
Gewinn	Differenz zwischen Erlösen und Aufwand
Gewinn pro Berater	Die Kennziffer beschreibt die Mitarbeiterproduktivität: Sie informiert, welcher Gewinn pro Berater erzielt wurde.
Eigenkapital-quote	Die Eigenkapitalquote zeigt, wie hoch der Anteil des Eigenkapitals am Gesamtkapital ist. Je höher die Eigenkapitalquote, umso höher ist die finanzielle Stabilität des Unternehmens und die Unabhängigkeit gegenüber Fremdkapitalgebern.
Cashflow	Der Cashflow ist die Differenz zwischen den Einzahlungen und Auszahlungen einer Periode – und zeigt damit an, in welchem Umfang im betrachteten Zeitraum die laufende Betriebstätigkeit zu Einnahmeüberschüssen führt. Der Cashflow drückt damit die Finanzkraft des Unternehmens aus.
Debitorenlaufzeit	Die Debitorenlaufzeit gibt an, wie lange es im Durchschnitt dauert, bis die Kunden (Debitoren) ihre Rechnung bezahlen.

- *Ziele- und Maßnahmenplan.* Gehen Sie die einzelnen Lebensadern durch: Was soll verändert werden? Listen Sie für jede Lebensader die Ziele auf, definieren Sie zu jedem Ziel konkrete Maßnahmen und bestimmen Sie einen Verantwortlichen. Zum Beispiel: Bei der Debitorenlaufzeit liegt der Sollwert bei 30 Tagen, aktuell dauert es jedoch durchschnittlich 40 Tage, bis die Kunden zahlen. Also beschließen Sie, dass im nächsten Jahr das Sollziel erreicht werden soll – und legen Maßnahmen fest, um den Mahnprozess zu verbessern. Als Verantwortliche für die Umsetzung bestimmen Sie Ihre Assistentin.

Bewährt hat es sich, für die Lebensader »Werbung, PR, Vertrieb, Dialog« einen eigenen Ziele- und Maßnahmenplan zu erstellen – einfach weil dieses Feld sehr umfangreich ist. Hier kann der Plan leicht einen Umfang von fünf oder sechs Seiten bekommen, bei den anderen Lebensadern genügt meist eine halbe bis eine Seite.

- *Jahresbudgetplanung.* Erstellen Sie schließlich eine verbindliche Jahresbudgetplanung, indem Sie den einzelnen Zielen und Maßnahmen ein Budget zuweisen.

Bis in welche Details Sie gegenüber Ihren Mitarbeitern die Jahreszielplanung offenlegen, bleibt natürlich Ihnen überlassen. In Grundzügen sollte jedoch jeder Mitarbeiter den Jahreszielplan und die überarbeiteten Periodenziele kennen – denn nur wenn alle an einem Strang ziehen, kann sich das Unternehmen kontinuierlich und zielgerichtet weiterentwickeln. Bewährt hat es sich, einmal im Jahr eine Besprechung einzuberufen, bei der die Geschäftsleitung den neuen Jahreszielplan präsentiert und jedem Mitarbeiter ein Exemplar überreicht.

Die jährliche Zielplanung beansprucht erfahrungsgemäß mindestens zwei bis drei Tage, für die das Team sich vom Alltag abschotten und zum Beispiel in besagte Berghütte zurückziehen sollte. Ebenso kann sich ein Einzelberater ein bis zwei Tage Zeit nehmen, um abseits vom Alltagsgeschäft seine Jahresplanung vorzunehmen. Vielleicht holt er sich einen Sparringspartner hinzu, etwa einen befreundeten Branchenspezialisten oder Berater, mit dem er über seine Themen und Ziele offen sprechen kann.

Leistungen: Was bieten wir an?

Generell besteht die Gefahr, dass ein Beratungsunternehmen sich durch mehr oder weniger zufällige Aufträge ungeplant weiterentwickelt. Dadurch verwischen die Positionierungsgrenzen; das klare Profil, mit dem das Unternehmen ursprünglich angetreten ist und sich vom Wettbewerb differenzieren wollte, geht verloren. Dieser fatalen Entwicklung lässt sich begegnen, indem das Beratungsunternehmen seine Leistungen sehr klar definiert – und deshalb genau weiß, welche Kundenanfrage nicht mehr ins eigene Leistungsangebot fällt.

Es kommt also vor allem darauf an, die Grenzen des eigenen Leistungsspektrums festzulegen: Was zählt noch zum Angebot, was nicht mehr? Bis zu welchem Punkt soll sich zum Beispiel ein Organisationsberater an der Umsetzung eines Konzepts beteiligen? Zählen Auswahl und Schulung von Mitarbeitern dazu, wenn in einer neuen Organisationsstruktur die Schlüsselpositionen zu besetzen sind? Die Erarbeitung von Stellenprofilen zählt noch dazu, nicht mehr jedoch die Besetzung der Positionen – so könnte hier die Abgrenzung lauten. Ein anderes Beispiel: Ein Projektmanagement-Berater begleitet Unternehmen bei großen Projekten; er bietet Beratung und Konzeption an, macht aber keine Einstiegsworkshops für Projektmanagement. Auch das ist eine mögliche Abgrenzung.

Um die Leistungen und ihre Grenzen präzise zu beschreiben, hat es sich bewährt, systematisch in die Details zu gehen. Hierzu teilt man die Kernleistung immer weiter in Unterkategorien auf – bis hin zu den einzelnen Beratungsmaßnahmen. Nehmen wir als Beispiel ein Beratungsunternehmen, dessen Kernleistung Organisationsberatung für kleinere Unternehmen ist (siehe Abbildung 2.2).

Abbildung 2.2:
Vom Kernangebot zur Einzelleistung:
Systematische Leistungsbeschreibung einer Organisationsberatung

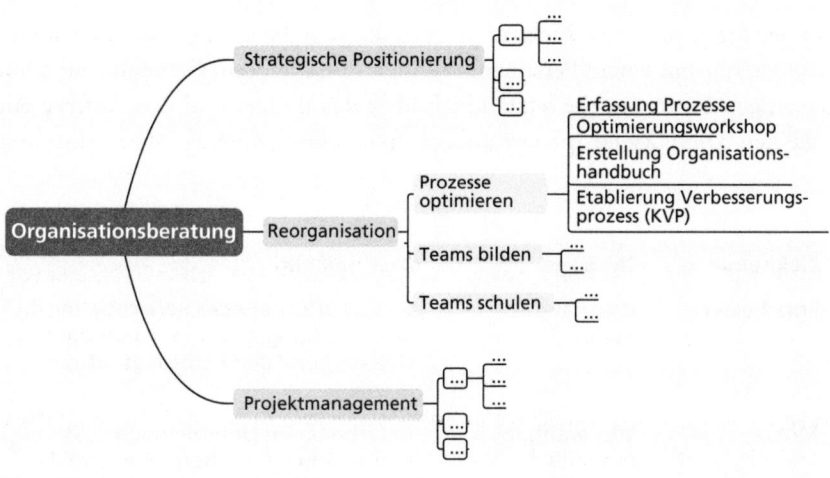

Das Angebot dieser Organisationsberatung gliedert sich in drei große Felder: eine Strategieberatung für die Geschäftsleitung (»strategische Positionierung«), die Etablierung effizienter Organisationsstrukturen (»Reorganisation«) sowie die Vermittlung von Projektmanagement-Wissen, um damit bei Bedarf die Umsetzung der Reorganisationsprojekte zu flankieren (»Projektmanagement«). Jedes der drei Beratungsfelder ist wiederum in Teilleistungen untergliedert, im Falle des Beratungsfelds »Reorganisation« in die drei Teilleistungen Prozesse optimieren, Teams bilden, Teams schulen. Diese Teilleistungen verästeln sich schließlich weiter in konkrete Einzelleistungen. Die Teilleistung »Prozesse optimieren« fächert sich zum Beispiel auf in vier Einzelleistungen: Erfassung der Prozesse, Optimierungsworkshop, Erstellung des Organisationshandbuchs, Etablierung des kontinuierlichen Verbesserungsprozesses.

Wenn Sie Ihr Angebot auf diese Weise von der Kernleistung bis zu den Einzelleistungen herunterbrechen, stoßen Sie zwangsläufig auf Detailfragen, die nun geklärt werden – etwa in der Art: Sollen wir diese Leistung noch anbieten oder eher nicht? Wie weit gehen wir an welcher Stelle? Diese Diskussion um scheinbare Kleinigkeiten hat letztlich eine große strategische Bedeutung, weil sie dazu anhält, die Positionierungsgrenzen klar zu ziehen und auch einzuhalten.

Zielgruppen: Welche Personenkreise sind für uns wichtig?

Bei der Frage nach der Zielgruppe befassen sich die meisten Beratungsunternehmen nur mit einem Personenkreis: den Entscheidern. Gemeint sind damit diejenigen Personen, die letztendlich über das Budget und den Auftrag entscheiden. Diese Zielgruppe ist unbestritten »entscheidend«, aber keineswegs

Tabelle 2

Zielgruppe	Leitfrage	Beschreibung
Entscheider	Wer hat das Budget?	Geschäftsführer oder Bereichsleiter, die über das Budget verfügen (»Budget-Holder«) und den Beratungsauftrag erteilen.
Mittler	Wer wählt mich mit aus?	Mitarbeiter im Unternehmen (z. B. Personalchefs), die Berater auswählen und empfehlen, aber nicht selbst über die Beauftragung entscheiden.
Gegner	Wer hat etwas gegen mich?	Mitarbeiter im Unternehmen (z. B. Betroffene einer Restrukturierung), die das geplante Projekt ablehnen.
Multiplikatoren	Wer empfiehlt mich vielen Entscheidern und Mittlern?	Einflussreiche Personen (Banker, Vertreter von Verbänden, Politiker etc.), die das Beratungsunternehmen bei Entscheidern und Mittlern empfehlen können.
Öffentliche Zielgruppen	Wer beeinflusst maßgeblich die öffentliche Meinung über mich?	Meinungsbildner (Medien, Journalisten, öffentlich auftretende Persönlichkeiten), die die öffentliche Meinung über das Beratungsunternehmen beeinflussen.

die einzige, um die sich ein Beratungsunternehmen kümmern sollte. Auch Mittler, Gegner, Multiplikatoren und öffentliche Zielgruppen können das Geschäft beeinflussen – positiv wie negativ.

Tabelle 2 gibt einen Überblick über die Personenkreise, die für ein Beratungsunternehmen wichtig sein können.

Entscheider: Wer hat das Budget?

Die Entscheider sind die Budget-Holder, also diejenigen, die über das Budget verfügen und über die Beauftragung entscheiden. Selbst wenn Sie in erster Linie mit anderen Ansprechpartnern im Unternehmen zu tun haben, bleibt der Entscheider, der die Beratungsleistung einkauft, letztlich maßgeblich für den Erfolg. Damit ist klar: Die Marketingkommunikation gilt es so anzulegen, dass sie in jedem Fall die Entscheider anspricht.

Für eine effektive Ansprache benötigen Sie und Ihre Mitberater eine präzise Vorstellung von dieser Zielgruppe. Es genügt nicht, festzustellen: »Unsere Entscheider sind Geschäftsführer mittelständischer Unternehmen« – das wäre zu pauschal. Um in Werbung, PR und Vertrieb erfolgreich zu agieren, ist ein sehr viel konkreteres Bild erforderlich. Welcher Branche gehören diese Mittelständler an? Sind es die Inhaber oder angestellte Geschäftsführer? Wie denken und handeln diese Personen? Das sind Fragen, die Sie sich stellen sollten.

Steigen Sie also in die Details ein. Denken Sie hierzu an ein Wunschunternehmen und stellen Sie sich den Entscheider als konkrete Person vor. Um den Eigenschaften dieser Person auf die Spur zu kommen, können Sie das Gedankenspiel »Lieblingskunden-Treffen« nutzen (siehe Abschnitt 1.3) – nur dass diesmal der Fokus auf den Eigenschaften des typischen Entscheiders liegt. Malen Sie sich das Treffen aus: Wo findet es statt? Wie lautet das Rahmenprogramm? Wird Musik gespielt? Was gibt es zu essen und zu trinken? Was passiert inhaltlich? Wer wird kommen?

Gehen Sie gedanklich die Gäste durch: Welche Position und Funktion haben sie? Wie alt sind sie? Was interessiert sie? Worüber werden sie sich wohl unterhalten? Die Übung gibt Ihnen ein gutes Gefühl dafür, welche Eigenschaften Ihre Lieblingskunden auszeichnen. Wählen Sie aus der Gruppe einen typischen Entscheider aus und porträtieren Sie ihn. Notieren Sie seine Position, seine Funktion und seinen beruflichen Werdegang – und gehen Sie dann in die Details: Welches Alter hat er? Welches Lebensmotto? Welches Temperament? Welche Wertvorstellungen? Welche Leidensdruckthemen treiben ihn? Welche privaten Aktivitäten begeistern ihn? Wie kleidet er sich? Wie geht er? Wie spricht er? Welche Umgangsformen pflegt er, welche Gewohnheiten? Der porträtierte Entscheider steht mit seinem Denken und Handeln stellvertretend für die Zielgruppe und deren wesentliche Eigenschaften.

Mittler: Wer wählt mich mit aus?

Es gibt Berater, die ihre Aufträge fast immer über einen Mittler erhalten. Zum Beispiel führen Verkaufsberater ihre ersten Gespräche häufig mit dem Verkaufsleiter, der den Auftrag selbst nicht erteilen kann, sondern hierfür dann den zuständigen Entscheider gewinnen muss. In solchen Fällen ist klar: Die Mittler sind eine zentrale Zielgruppe, die in das Marketingkonzept einbezogen gehören.

Doch nicht immer liegen die Dinge so eindeutig. Oft spielen Mittler eine wichtige Rolle, ohne dass dem Beratungsunternehmen dies bewusst ist. Typisches Beispiel: Ein großes mittelständisches Unternehmen plant eine umfassende Reorganisation. Der Geschäftsführer ist der Entscheider, bittet jedoch seinen Personalchef, sich um die Auswahl eines geeigneten Beraters zu kümmern. Der Personalchef wird damit zum Mittler.

In kleinen oder mittelgroßen Unternehmen ist oft der Geschäftsführer der Entscheider, wenn es um den Einkauf von Beratungsleistungen geht. Hat er hierfür keine Zeit, delegiert er diese Aufgabe gerne auch an seinen Assistenten oder seine Sekretärin. Kommt dies häufig vor, werden Assistent beziehungsweise Sekretärin zum Mittler – und damit für Beratungsunternehmen ein wichtiger Ansprechpartner. Je größer das Unternehmen ist, desto seltener hat die Chefsekretärin die Rolle des Mittlers, übernimmt dann jedoch häufig die Funktion eines Gatekeepers – sprich: Sie reguliert den Zugang zum Chef.

Aus strategischem Blickwinkel kommt es darauf an, solche Mittlerzielgruppen zu erkennen und neben den Entscheidern ebenfalls in die Marketingkommunikation einzubeziehen. Dabei sind auch unterschiedliche Interessenlagen zu berücksichtigen. Angenommen, ein Entscheider sucht einen Organisationsberater und beauftragt seinen Personalleiter mit der Suche: Dann liegt es nahe, dass der Entscheider mithilfe des Beraters die Marktstellung des Unternehmens verbessern will, während dem Personalleiter vor allem ein gutes Betriebsklima am Herzen liegt. In dieser Konstellation liegt für den Berater die Herausforderung darin, seinen Marktauftritt auf die Zielgruppe der Entscheider hin auszurichten, gleichzeitig aber auch den Anliegen der Personalleiter gerecht zu werden.

Überlegen Sie also, wer Ihre Mittlerzielgruppen sind: Wer ruft Sie in 95 Prozent der Fälle an, wenn es um neue Aufträge geht? Ist es der Geschäftsführer, also der Entscheider, oder eine andere Person, zum Beispiel der Personalchef, der Verkaufsleiter oder die Chefsekretärin? Wenn eine Mittlerzielgruppe dominiert, können Sie überlegen, ob das in Zukunft so bleiben soll. Wenn ja, richten Sie das Marketing in erster Linie auf diese Mittlerzielgruppe hin aus. Sollen dagegen in Zukunft verstärkt die Entscheider selbst erreicht werden, kommt es darauf an, Webseite, Broschüren und Produktbeschreibungen gezielt auf die Entscheiderzielgruppe zuzuschneiden – ohne dabei jedoch die Mittlerzielgruppe vor den Kopf zu stoßen.

Deutlich wird: An dieser Stelle fallen wichtige Entscheidungen, die sich auf den gesamten Marktauftritt auswirken. Deshalb ist es strategisch so bedeutsam, sich mit den Mittlerzielgruppen intensiv auseinanderzusetzen und sich von ihnen ein ebenso detailliertes Bild zu machen wie von den Entscheidern.

Gegner: Wer hat etwas gegen mich?

Nur wenige Berater machen sich hierüber systematisch Gedanken, dabei ist die Frage strategisch höchst interessant: »Wer sind für meine Themen Gegner im Unternehmen?« Wenn etwa eine Restrukturierungsberatung dafür bekannt ist, dass sie schnell und konsequent Personal abbaut, wird sie zumindest beim Betriebsrat und bei der Personalentwicklung keine Begeisterung auslösen. Ein anderes Beispiel: Eine Vertriebsberatung in der Pharmabranche geht davon aus, dass der heute noch starke Außendienst in den nächsten 10 bis 20 Jahren weitgehend überflüssig wird. Diese Kernbotschaft steht hinter dem Beratungskonzept, mit dem sie am Markt auftritt. Es liegt auf der Hand, dass diese Beratung sich die Verkaufs- und Außendienstleiter zum Gegner macht. Deshalb muss sie überlegen, wie sie mit diesen Gruppen umgeht.

Warum das so wichtig ist, liegt auf der Hand. Gegner können ein Projekt sabotieren und so den Geschäftserfolg des Beratungsunternehmens gefährden. Für die strategische Zielgruppendefinition können sie deshalb ebenfalls eine relevante Zielgruppe sein. Ähnlich wie bei den Entscheidern und Mittlern kommt es darauf an, sich von ihnen ein möglichst konkretes Bild zu machen. Denn nur wer seinen Gegner wirklich kennt, kann ihn effektiv ansprechen und gegebenenfalls überzeugen.

Multiplikatoren: Wer empfiehlt mich vielen Entscheidern und Mittlern?

Multiplikatoren agieren im Hintergrund, können aber mit einer Empfehlung beziehungsweise einem negativen Urteil den Erfolg eines Beratungsunternehmens erheblich beeinflussen. Multiplikatoren kann man als »Zielgruppenbesitzer« bezeichnen, die auf eine Entscheider- oder Mittlerzielgruppe einwirken können. Da ist zum Beispiel der Banker, der seinen mittelständischen Kunden ein bestimmtes Beratungsunternehmen empfiehlt – oder von ihm abrät. Ebenso gibt es den Verbandspräsidenten, der im vertraulichen Unternehmergespräch eine Beratung »ganz toll« findet – oder eben meint, dass man von ihr »eher Schlechtes« höre und »nicht so ganz zufrieden« sei.

Zu den Multiplikatoren zählen Hausbanken, weil sie regelmäßig mit Geschäftsführern mittelständischer Unternehmer sprechen. Auch Private-Equity-Gesellschaften haben häufig Kontakt zu Unternehmen mit großem Beratungsbedarf – und können deshalb Multiplikator sein. Ebenso spielen Repräsentanten von Verbänden immer wieder Multiplikatorrollen: Ein Unternehmerverband beeinflusst Entscheider, ein Projektmanagement-Verband kann Multiplikator für Projektleiter sein, ein Personalverband für die Entscheider- oder Mittlergruppe der Personalleiter und Personalentwickler. Auch Steuerberater oder Rechtsanwaltskanzleien zählen häufig zu den Multiplikatoren.

Überlegen Sie deshalb, wer Ihr Unternehmen bei vielen Entscheidern und Mittlern empfiehlt. Beschreiben Sie diese Multiplikatorgruppen dann möglichst genau, um sie im Marketing explizit berücksichtigen zu können.

Öffentliche Zielgruppen: Wer beeinflusst maßgeblich die öffentliche Meinung über mich?

Es dürfte Sie kaum kaltlassen, wie unter Kunden über Ihr Beratungsunternehmen gesprochen wird. Schließlich können vorherrschende Urteile und Überzeugungen Ihr Image und damit den langfristigen Erfolg maßgeblich beeinflussen. Es lohnt sich also, danach zu fragen, wer genau diese »öffentliche Meinung« über Ihr Unternehmen erzeugt und beeinflusst.

Meinungsbildner sind zunächst die Medien. Hierzu zählen nicht nur große Medien wie Fernsehen, Wirtschaftsmagazine oder Tageszeitungen, sondern auch Fachzeitschriften oder Online-Plattformen. Meist gibt es in einer Branche ein Leitmedium, das die öffentliche Meinung prägt – für die Automotive-Branche ist es die *Automobilwoche*, für die Textilbranche die *Textilwirtschaft*. Auch einzelne Journalisten, die sich auf ein Thema oder eine Branche spezialisiert haben, können die öffentliche Meinung in einer bestimmten Szene mitbestimmen. Doch nicht nur Medien, auch Personen des öffentlichen Lebens prägen manchmal die Meinung über ein Beratungsunternehmen. Das können bekannte Experten, Politiker oder Branchenvertreter sein, die sich bei einer Veranstaltung, in einem Fachartikel oder auf anderem Wege öffentlich über das Beratungsunternehmen äußern.

Überlegen Sie also: Wer beeinflusst die öffentliche Meinung bei den Kunden? Welche Redakteure, Journalisten, Wissenschaftler, Politiker oder Unternehmer sind das?

Honorarmodell: Was kosten wir?

Viele Beratungsunternehmen neigen dazu, Honorare mehr oder weniger spontan festzulegen. Da sorgt man sich zum Beispiel, dass die für das laufende Jahr erwarteten Aufträge ausbleiben – und schon werden Nachlässe gewährt. Das Risiko, mit der Zeit in eine willkürliche Preisgestaltung abzudriften, ist groß und kann eine kontinuierliche Unternehmensentwicklung gefährden. Dieser Gefahr lässt sich mit einem Honorarmodell begegnen, das eine transparente und verlässliche Preispolitik sicherstellt. Um es zu entwickeln, kommt es auf vier wesentliche Aspekte an:

Entscheidung für ein Preissegment. Im ersten Schritt entscheiden Sie sich für ein Preissegment. Ein Beratungsunternehmen bedient je nach Zielgruppe und Thema ein bestimmtes, klar umgrenztes Marktfeld. In aller Regel lässt sich dieser Teilmarkt in drei Segmente einteilen: in ein Niedrigpreis-, ein Mittelpreis- und ein Hochpreissegment.

An der Wahl des Preissegments hängen grundsätzliche strategische Überlegungen: Wollen Sie Ihre Dienstleistung als Low-Budget-Produkt vermarkten, nach dem Motto »Viele Kunden für ein geringeres Honorar«? Oder sehen Sie Ihr Angebot eher in einem mittelpreisigen Segment? Oder vermarkten Sie es als Premium-Produkt, mit dem Sie wenige Kunden für ein hohes Honorar ansprechen? Die Antwort hängt nicht zuletzt von der Markenbotschaft und Positionierung Ihres Unternehmens ab (mehr dazu in Kapitel 3).

Festlegung des Honorarsystems. Im nächsten Schritt entscheiden Sie über die Form der Honorierung. Grundsätzlich sind vier Varianten möglich:

- Beim *reinen Zeithonorar* wird die tatsächlich aufgewandte Zeit vergütet. Dies geschieht in der Regel anhand eines Tagessatzes.
- Die zweite Möglichkeit liegt darin, dass der Kunde eine bestimmte Leistung zu einem *Pauschalhonorar* erhält. Meistens wird das Honorar zwar ebenfalls anhand von Tagessätzen kalkuliert, dem Kunden dann jedoch als Festpreis garantiert.
- Im Falle eines *Erfolgshonorars* hängt die Honorierung vom Erfolg der Beratungsleistung ab – was natürlich voraussetzt, dass der Erfolg auch messbar ist. Eine erfolgsbezogene Vergütung kann zum Beispiel für eine Einkaufsberatung, die mit ihren Leistungen unmittelbare und nachweisbare Einspareffekte erzielt, ein attraktives Modell sein.

- Die vierte Variante besteht in der Möglichkeit eines *Beteiligungshonorars*. In diesem Fall erhält der Berater als Entgelt für seine Leistungen eine Beteiligung am beratenen Kundenunternehmen – wird also künftig am Erfolg des Unternehmens beteiligt.

Mit dem Honorarsystem legen Sie für Ihr Beratungsunternehmen fest, welche dieser Varianten bei welcher Konstellation und in welcher Kombination gelten sollen.

Festlegung möglicher Rabatte. Nun bestimmen Sie, ob und unter welchen Voraussetzungen Ihr Unternehmen Rabatte gewährt. Definieren Sie klare Kriterien und Grenzen – etwa in der Art:

- Rabatte von mehr als 20 Prozent werden nicht gewährt.
- Ein Rabatt ist möglich, wenn ein Kunde mehr als 50 Manntage im Jahr bucht.
- Wenn ein Kunde als Referenz besonders wichtig ist, gewähren wir einen Nachlass bis zu 20 Prozent, um den Auftrag zu erhalten.
- Wir gewähren bis zu 10 Prozent Rabatt, wenn ein Kunde mit uns einen Rahmenvertrag von mindestens einem Jahr abschließt.

Festlegung einer Honoraruntergrenze. Definieren Sie schließlich eine Honoraruntergrenze. In der Konsequenz heißt das, dass Sie auch bei schlechter Auftragslage ein bestimmtes Honorarniveau nicht unterschreiten. An dieser Stelle konsequent zu sein ist vor allem mit Blick auf die Positionierung wichtig: Wer sich bei seiner Zielgruppe im Hochpreissegment positioniert hat, riskiert seine Glaubwürdigkeit, wenn er seine Leistungen zu billig anbietet.

Marke: Wofür stehen wir?

Eine Marke hat den Zweck, sich vom Wettbewerb zu differenzieren und dem Kunden eine ganz eigene, auch emotional aufgeladene Botschaft zu vermitteln. Gerade für Beratungsunternehmen, deren Leistungen sich meistens nur wenig unterscheiden, ist der Aufbau einer Marke ein bedeutsames strategisches Ziel. Die Marke verbindet eine klare inhaltliche Positionierung mit einer emotionalen Botschaft – und gibt damit Antwort auf die Frage: »Wofür stehen wir?« Entscheidend ist, dass der gesamte Marktauftritt sich an der Marke ausrichtet und die Markenbotschaft über lange Zeit permanent auf allen wichtigen Marketingkanälen kommuniziert wird. Mehr hierzu in Kapitel 3.

Lebensader 1: Stammkunden

Neue Kunden zu gewinnen ist ein mühsamer und langwieriger Prozess – zumindest solange das Sogmarketing noch nicht greift und die Anfragen nicht von selbst kommen. Im Normalfall kostet die Neukundengewinnung ein Vielfaches dessen, was investiert werden muss, um vorhandene Kunden zufriedenzustellen und zu halten. Hinzu kommt, dass ein zufriedener Stammkunde das Unternehmen weiterempfiehlt und damit kostenlos neue Kunden beschafft.

Andererseits birgt die Konzentration auf Stammkunden auch Risiken – nämlich dann, wenn eine Abhängigkeit von wenigen großen Stammkunden entsteht. Entfallen zum Beispiel auf die drei größten Kunden 80 Prozent des Gesamtumsatzes, ist das ein klares Alarmzeichen. Ein solcher Zustand mag zwar komfortabel sein und über Jahre gut gehen. Tatsächlich ist das Beratungsunternehmen aber von den Vorgaben der Großkunden abhängig, kann seine Ziele nicht mehr frei verwirklichen – und stürzt in die Krise, wenn einer der Großkunden eines Tages abspringt.

Es kommt also darauf an, die richtige Balance zu finden. Einerseits ist es wichtig, genügend Stammkunden zu gewinnen und zu binden. Andererseits gilt es, eine Abhängigkeit zu vermeiden – und deshalb für einen kontinuierlichen Zufluss an Neukunden zu sorgen.

Lebensader 2: Interessenten

Interessenten am Unternehmen sind potenzielle Kunden, deren Zustrom vor allem über Maßnahmen in Werbung, PR und Vertrieb generiert wird. Um diesen Zustrom zu kontrollieren und zu steuern, hat sich eine einfache Kennzahl bewährt: die Zahl der neuen Interessenten, die monatlich in der Kontakte-Datenbank aufgenommen werden sollen. Legen Sie diese Kennzahl für Ihr Unternehmen fest und behalten Sie im Auge, wie viele Interessenten dann tatsächlich Monat für Monat hinzukommen.

Nun genügt es nicht, Interessenten durch Marketingmaßnahmen nur anzulocken. Um aus ihnen Kunden zu machen, gilt es, die Kontakte warmzuhalten – sich bei den Interessenten also immer wieder in Erinnerung zu rufen. Ziel ist es, im Bewusstsein der Interessenten präsent zu bleiben, um in die engere Auswahl zu kommen, sobald bei ihnen ein Beratungsbedarf entsteht. Als Faustregel gilt, dass ein Interessent drei bis vier Mal im Jahr kontaktiert werden muss (mehr dazu in Kapitel 7).

Lebensader 3: Partner

Viele Beratungsunternehmen erweitern oder ergänzen ihr Angebot, indem sie mit freien Mitarbeitern oder spezialisierten Dienstleistern zusammenarbeiten. Die Lebensader »Partner« lebt und pulsiert sicher nicht, wenn die Namen der Partner nur dekorativ auf der Internetseite stehen. Vielmehr kommt es darauf an, Umsätze miteinander zu erzielen, sich gegenseitig zu empfehlen und einander zu vermitteln, Projekte zu verknüpfen oder gemeinsame Angebote abzugeben. Es wird miteinander gearbeitet, diskutiert, konzipiert, aber auch abgestimmt, kontrolliert und ordentlich abgerechnet.

Die Lebensader »Partner« verlangt Maßnahmen auf organisatorischer und persönlicher Ebene. Zum organisatorischen Rahmen gehören Vereinbarungen für die Zusammenarbeit ebenso wie festgelegte Abläufe, die von der Auftragsvergabe über die Termin- und Qualitätskontrolle bis hin zur Abrechnung reichen. Auf der persönlicher Ebene gilt es, Kontakt zu halten und die Partner zum Beispiel durch regelmäßige informelle Treffen einzubinden.

Überprüfen Sie aber auch von Zeit zu Zeit, was die Zusammenarbeit mit einem Partner konkret bringt – möglichst anhand von klaren Kriterien oder Kennzahlen. Das kann zum Beispiel der Umsatz sein, der durch einen freien Mitarbeiter erzielt wird, oder die Zahl der Vermittlungen, die Sie einem Partner zu verdanken haben. Prüfen Sie auch, ob Sie das Potenzial der Partner tatsächlich ausschöpfen. Ist es vielleicht sinnvoll, den einen oder anderen Partner bei Teamklausuren hinzuzuziehen, damit er dort seine Ideen einbringt? Auch das sind Überlegungen, die dazu führen können, dass die Lebensader »Partner« noch stärker pulsiert.

Lebensader 4: Betriebswirtschaft

Die wirtschaftliche Gesundheit des Unternehmens sicherstellen – das ist das Ziel der Lebensader »Betriebswirtschaft«. Sie lässt sich anhand betriebswirtschaftlicher Kennzahlen kontrollieren und steuern, die wir im Checkup und im Abschnitt über die Ziele kennengelernt haben (siehe Kapitel 2.2). Richten Sie hierzu ein Controlling ein, das mindestens vierteljährlich aktuelle Daten liefert.

Lebensader 5: Werbung, PR, Vertrieb, Dialog

Ohne regelmäßigen Zufluss an Aufträgen kann ein Unternehmen nicht existieren. Genau hierfür sorgt die Lebensader »Werbung, PR, Vertrieb, Dialog« – sofern Sie regelmäßig die richtigen Maßnahmen ergreifen und handwerklich richtig umsetzen. Werbung und PR umfassen den Einsatz eines Instrumentenbündels, das von der Medienarbeit über das eigene Buch und den Auftritt bei Messen bis hin zur Nutzung von Social-Media-Plattformen wie Facebook oder Twitter reicht (siehe Kapitel 5). Im Vertrieb geht es darum, durch gezielte Akquise Kontakte zu gewinnen (siehe Kapitel 6), während der Dialogprozess die Funktion hat, diese Kontakte zu pflegen und in Aufträge umzuwandeln (siehe Kapitel 7).

Lebensader 6: Qualität

Die Qualität, insbesondere die Beratungsqualität, berührt die Kernkompetenz eines Beraters und ist damit ein Thema, mit dem er sich permanent beschäftigt. Aus strategischer Sicht kommt es darauf an, Instrumente zu bestimmen und Regeln festzulegen, um die Beratungsqualität zu messen, abzusichern und kontinuierlich zu verbessern. Beispiele hierfür sind

- regelmäßige Feedbackgespräche, die Sie als Geschäftsführer mit den Mitberatern führen,
- regelmäßige Manöverkritik nach Abschluss eines Projekts,
- Fort- und Weiterbildung sowie ein effektiver Wissenstransfer innerhalb des Unternehmens,
- der konstruktive Umgang mit Fehlern und Reklamationen.

Lebensader 7: Mitarbeiter

Ein Unternehmen lebt durch seine Mitarbeiter. Doch gerade kleine und mittlere Beratungsunternehmen tun sich schwer, im Wettbewerb mit den Großen der Branche geeignetes Personal zu finden. Die Lebensader »Mitarbeiter« verlangt daher besondere Aufmerksamkeit, sowohl bei der Personalsuche als auch bei den Bemühungen, die Mitarbeiter an das Unternehmen zu binden. Bewährt hat sich vor allem eine Regel: Konstant nach Mitarbeitern suchen – und nicht erst damit anfangen, wenn ein akuter Bedarf besteht. Mehr hierzu in Kapitel 9.

Lebensader 8: Interne Prozesse

Was passiert bei einem Telefonanruf, wenn alle Leitungen belegt sind? Welche Anfragen werden an wen weitergeleitet? Ist festgelegt, in welchem Fall

ein Anrufer sofort zum Geschäftsführer durchgestellt wird? Wie ist sichergestellt, dass ein Anrufer aus dem Kreise der A-Kontakte den Geschäftsführer
erreicht? Wie wird verfahren, wenn ein Ansprechpartner gerade telefonisch
nicht erreichbar ist? Keine Frage: Der Umgang mit Anfragen zählt zu den
Kernprozessen eines Beratungsunternehmens.

Ebenso ist der Umgang mit Angeboten ein interner Prozess, der geregelt
gehört: Nach welchen Kriterien wird ein Angebot erstellt? Wann und wie
wird nachgefasst, wenn eine Reaktion ausbleibt? Wie ist sichergestellt,
dass eine Nachfrage zum Angebot umgehend und kompetent beantwortet
wird? Wie wird verfahren, wenn ein Interessent Nachforderungen stellt?
Wer führt gegebenenfalls die Nachverhandlungen? Welche Kriterien gelten
dabei?

Dann die Rechnungen: Wann werden sie ausgestellt? Wie läuft das Mahn-
wesen ab? Oder der Projektabschluss: Gibt es einen Projektbericht? In welchem Rahmen wird er besprochen? Wie wird verfahren, um mögliche Folge-
aufträge zu bekommen? Auch die interne Projektübergabe zwischen Beratern
ist ein wichtiger Prozess, ebenso die Verteilung von Informationen und Wissen im Unternehmen.

Deutlich wird: Damit interne Prozesse reibungslos funktionieren, empfiehlt es sich, die wesentlichen Abläufe schriftlich festzuhalten – zum Beispiel
in einem kleinen Organisationshandbuch.

2.4 Lebensphasen managen: Entwicklungs-
kreislauf eines Beratungsunternehmens

Wie lässt sich das Strategiemodell in der konkreten Situation Ihres Unternehmens nutzen? Nicht alle dargestellten Themen sind zu jedem Zeitpunkt
relevant. Je nach Lebensphase des Unternehmens verschieben sich die Prioritäten – bestimmte strategische Maßnahmen gewinnen, andere verlieren an
Bedeutung. Sinnvoll ist es, zwischen Einzelkämpfern und Beratungsunternehmen zu unterscheiden.

Lebensphasen-Kreislauf des Einzelkämpfers

Das Unternehmen eines Einzelkämpfers bewegt sich wiederholt durch zwei
Phasen: eine Experimentier- und eine Konsolidierungsphase (siehe Abbildung 2.3).

Abbildung 2.3:
Zwischen Experimentieren und Konsolidieren:
Lebensphasen-Kreislauf des Einzelkämpfers

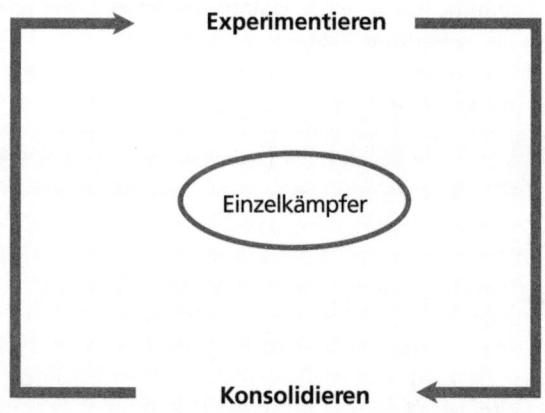

Mit der Gründung des Unternehmens beginnt eine Experimentierphase, in der die »Kopf-Bausteine« des Strategiemodells bestimmt werden. Das gelingt nicht auf Anhieb, sodass experimentiert wird: Einzelne Parameter werden neu justiert, der Kopf des Modells verändert sich noch einige Male. Sind die strategischen Bausteine richtig gesetzt, beginnt die Konsolidierungsphase. Der Kopf bleibt relativ stabil, dafür konzentrieren sich die Aktivitäten verstärkt auf die Gestaltung der Lebensadern. Meistens liegt die Priorität bei der Lebensader »Werbung, Vertrieb, PR, Dialog«, weil es jetzt darum geht, Kunden zu gewinnen und die Grundlagen für das Sogmarketing zu legen. Ein weiteres wichtiges Anliegen besteht darin, die Beratungsqualität abzusichern und zu verbessern. Nicht zuletzt spielt während der Konsolidierungsphase die Gestaltung der internen Prozesse eine wichtige Rolle, damit die administrativen Abläufe einigermaßen reibungslos funktionieren.

Nach ein oder zwei Jahren sind die Lebensadern gut eingespielt, der Konsolidierungsprozess ist stabil. Doch der Markt verändert sich, neue Ideen entstehen und das Experimentieren beginnt erneut. Wieder dreht der Berater so lange an den strategischen Schrauben, bis er einen neuen Kurs gefunden hat. Den Experimenten folgt erneut eine Konsolidierungsphase, die früher oder später von der nächsten Experimentierphase abgelöst wird. Für einen Einzelkämpfer ist es bezeichnend, dass er sich immer wieder neu erfindet.

Lebensphasen-Kreislauf des Beratungsunternehmens

Auch das Beratungsunternehmen startet mit einer Experimentierphase, die in eine Konsolidierungsphase übergeht. Anders als beim Einzelkämpfer kann die Entwicklung jedoch weitergehen. Folgen können dann die Phasen Expandieren und Stabilität, bevor der Kreislauf wieder zu einer früheren Phase zurückspringt (siehe Abbildung 2.4).

Abbildung 2.4:
Experimentieren, Konsolidieren, Expandieren, Stabilität:
Lebensphasen-Kreislauf des Beratungsunternehmens

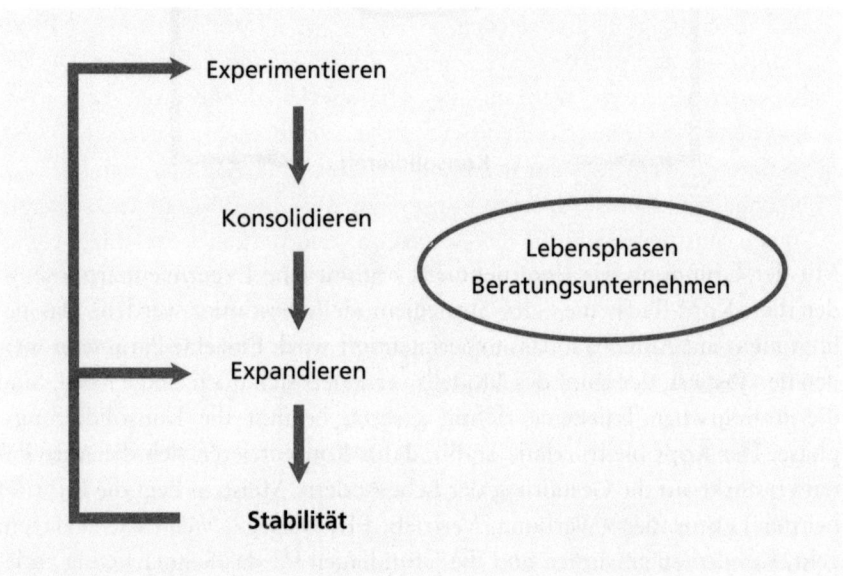

Gelangt das Unternehmen aus der Konsolidierung in eine Wachstumsphase, bleiben die strategischen Prämissen im Kopf des Strategiemodells relativ stabil. In dieser *Phase des Expandierens* gewinnen jedoch einige Aspekte zusätzlich an Wichtigkeit:

* *Kurs halten trotz Problemen.* Ein wachsendes Unternehmen gerät gelegentlich in schwieriges Fahrwasser. Gut möglich, dass die Probleme auch einmal strategische Grundfesten ins Wanken bringen. Die Herausforderung liegt darin, hier das richtige Maß zu finden, sprich: einerseits sensibel zu sein, einen Kurs auch einmal zu korrigieren, womöglich sogar Mitarbeiter zu entlassen – sich andererseits aber in der Grundrichtung nicht

beirren zu lassen und den Wachstumskurs auf längere Sicht beizubehalten.

- *Mitarbeiter finden und halten.* In der Expansionsphase gewinnen die Themen Mitarbeiter und Mitarbeiterentwicklung, aber auch Mitarbeitermarketing deutlich an Bedeutung.
- *Interne Strukturen und Prozesse erneuern.* Mit der Expansion des Unternehmens steigen auch die internen organisatorischen Anforderungen. Abläufe, die in einem Unternehmen mit zwei oder drei Beratern noch funktionierten, versagen bei neun oder zehn Mitarbeitern. Genügte früher zum Beispiel informelle Kommunikation, bedarf es nun geregelter Besprechungen. Erledigte man früher Angebote und Rechnungen nebenbei, ist ab sofort ein geregelter Prozess erforderlich, damit alle Vorgänge pünktlich und zuverlässig erledigt werden.
- *Maßnahmen in Vertrieb, Werbung, PR und Dialog nachhalten.* Die Lebensader »Vertrieb, Werbung, PR, Dialog« behält ihre hohe Bedeutung bei; der Schwerpunkt der Aktivitäten verschiebt sich jetzt lediglich vom Aufbau des Prozesses zur regelmäßigen Durchführung und zum strengen Nachhalten. Ziel ist es, einen konstanten Zufluss an Kontakten sicherzustellen, aus denen die für das Wachstum erforderlichen Aufträge entstehen. So einleuchtend das klingt, so häufig wird dieser Prozess in der Praxis vernachlässigt: Wenn die aktuelle Auftragslage gut ist und die Zeichen auf Expansion stehen, dominiert das operative Geschäft. An Werbung, PR, Vertrieb und Dialog mag dann keiner denken. Hier ist deshalb viel Disziplin erforderlich.
- *Der Anfang vom Ausstieg des Chefs.* Möchten Sie sich irgendwann aus dem operativen Geschäft zurückziehen? Wenn ja, wie soll das geschehen? Auch wenn dieses Thema in der Expansionsphase noch weit weg erscheint, empfiehlt sich schon jetzt eine erste Rollenklärung. Legen Sie fest, welche Aufgaben Chefsache sind und in jedem Fall bei Ihnen bleiben. Und überlegen Sie, zu welchem Anteil Ihrer Arbeitszeit Sie noch selbst im Projektgeschäft tätig sein wollen.

Der Wachstumsphase kann eine *Phase der Stabilität* folgen. Priorität bekommen nun die Aspekte Selbstorganisation und Unabhängigkeit vom Chef. Selbstorganisation bedeutet: Die Lebensadern haben sich eingespielt. Von der Zielplanung über die Regelkommunikation bis zum Umgang mit den Kunden sind alle Kernprozesse am Laufen. Das Unternehmen funktioniert auch dann, wenn der Chef nicht eingreift – denn die Mitarbeiter wissen selbst, was zu tun ist. Auch die Kontrolle erfolgt quasi in Eigenregie, indem die Abläufe feste Termine vorsehen, an denen Aufgaben überprüft und nachgefasst werden. Zudem stellt ein Qualitätsmanagementsystem bei allen Lebensadern einen kontinuierlichen Verbesserungsprozess sicher. Der Unternehmer behält den Überblick und gibt hin und wieder Impulse, kann sich aber ansonsten darauf verlassen, dass »der Laden läuft«. Seine Aufgabe ist es zum Beispiel, in der Jahresklausur die wesentlichen Akzente für den Marketing-, PR- und Vertriebsplan zu bestimmen. Um die Umsetzung braucht er sich nicht zu kümmern, hier kann er sich auf die Selbstorganisation im Unternehmen verlassen.

Ob Ihr Unternehmen diesen Zustand erreicht hat, können Sie ganz einfach im Geiste testen: Nehmen Sie sich gedanklich ein halbes Jahr Auszeit. Wenn sich in dieser Zeit keiner Ihrer Mitberater bei Ihnen melden müsste, haben Sie es geschafft. Ein Ziel, das selten erreicht wird – eine Annäherung ist jedoch möglich.

Wie geht es weiter? Dass die stabile Phase allzu lange anhält, ist unwahrscheinlich. Viel eher werden Ereignisse eintreten, durch die das Unternehmen in eine der Vorphasen zurückgeworfen wird. Das können Marktveränderungen sein, aber auch Wünsche oder Ideen, die aus dem Unternehmen selbst kommen. Es kann passieren, dass das Unternehmen sich dadurch komplett neu erfinden muss, also in die Experimentierphase zurückspringt. Denkbar ist aber auch, dass neue Marktchancen entstehen und das Unternehmen wieder in eine Expansionsphase eintritt. Damit verschieben sich die strategischen Prioritäten erneut – denn nun gelten wieder die typischen Herausforderungen der jeweiligen Phase.

Zusammenfassung

Viele Beratungsunternehmen wollen wachsen, verfügen über ein engagiertes Team, planen und realisieren auch eine Fülle an Maßnahmen – und kommen doch nicht wirklich voran. Der Grund: Ihnen fehlt eine Struktur mit klaren Perioden- und Jahreszielen. Sie verhalten sich wie eine Klettergruppe, die versucht, ohne Orientierung und Halt einen Gipfel zu besteigen.

Bewährt hat sich in dieser Situation ein Strategiemodell, das einem Organismus nachempfunden ist. Es besteht aus einem Kopf und verschiedenen Lebensadern:

- Der Kopf enthält die Bausteine, aus denen sich die Gesamtstrategie des Unternehmens zusammensetzt: Unternehmenszweck, Ziele, Leistungen, Zielgruppen, Honorarmodell und Marke.

- Die Lebensadern sind ständig im Fluss. Wie Blut in den Adern pulsieren sie und halten den Organismus am Leben. Das Modell beschreibt acht Lebensadern: Stammkunden, Interessenten, Partner, Betriebswirtschaft, Werbung/PR/Vertrieb/Dialog, Qualität, Mitarbeiter und interne Prozesse.

Erfolgreiche Beratungsunternehmen durchlaufen typische Lebensphasen. Je nach Lebensphase verschieben sich die strategischen Prioritäten. Das Modell bietet die Möglichkeit, Kopf und Lebensadern des Unternehmens von Zeit zu Zeit zu durchdenken, eine Bestandsaufnahme vorzunehmen und bei Bedarf die strategischen Zielen und Maßnahmen neu zu justieren.

Kapitel 3

Markenbildung

Wie sich Berater unterscheiden

Die Marke bleibt ein Traum

Krisenstimmung. Der Geschäftsführer einer Organisationsberatung hat seine fünf Mitberater zu einer Klausur zusammengerufen. Thema ist die aktuelle Geschäftssituation – ein Novum für das Unternehmen. Gemeinsam mit seinem Partner hatte der Geschäftsführer das Unternehmen vor sechs Jahren gegründet. Die Entwicklung war hervorragend, acht weitere Berater wurden eingestellt.

Wie dieser Erfolg zustande kam, ist den Beteiligten eher unklar. Eins ergab das andere. Die neu eingestellten Mitarbeiter brachten ihre Kontakte mit ins Unternehmen ein – aus dem Automotive-Bereich, aus der Immobilienwirtschaft, aus dem Pharmabereich et cetera. Der Geschäftsführer war früher selbst in der Pharmabranche tätig, während sein Partner Bereichsleiter bei einer großen Bank war. Vielfältige Erfahrungen und hervorragende Kontakte also, die für Aufträge und Auslastung sorgten. Dass die Unternehmensentwicklung keinem Plan folgte, störte niemanden. Man war schließlich vollauf beschäftigt.

Und jetzt das: Seit einigen Monaten sinkt die Zahl der Anfragen. Es dauert immer länger, bis ein Kunde sich entscheidet. Projekte, die früher auf 18 Monate angelegt waren, lassen sich nur noch in Dreimonatsetappen »verkaufen«. Manche Kunden bestehen sogar auf Testläufen. Selbst das Honorarniveau beginnt einzubrechen. Immer öfter finden die Honorarverhandlungen nicht mehr mit dem Entscheider, sondern mit Verhandlungsprofis im Einkauf statt.

Die Alarmzeichen häufen sich – und so kommt es zu dem Krisentreffen. Erstmals machen sich die versammelten Berater Gedanken über die Positionierung ihres Unternehmens. »Wir sind ein Allerwelts-Restrukturierungsladen«, konstatiert einer der Teilnehmer, »und deshalb dem Preiswettbewerb gnadenlos ausgeliefert.« Die Runde erkennt, dass ihr Beratungsunternehmen ein Profil braucht, »zu einer Marke werden muss«. Nach langer Diskussion kommt man überein, sich künftig als Branchenspezialist zu positionieren und auf die Pharmabranche setzen. Zudem wird eine Werbeagentur beauftragt, die den Marktauftritt überarbeiten soll.

Wie geht es weiter? Es kommt, wie es fast immer kommt: Ein kurzfristiges Hoch beschert dem Unternehmen neuen Umsatzsegen. Der Partner des Geschäftsführers zieht einen lukrativen Auftrag an Land – bei einer Bank. Kurze Zeit später berichtet ein Mitberater von neuen Projekten im Automotive-Bereich; ein anderer erhält den Auftrag, die Fusion von zwei Unternehmen der Wohnungswirtschaft zu begleiten. Der Vorsatz, sich als Experte für die Pharmabranche zu profilieren, kommt dabei unter die Räder. Solche gut bezahlten Aufträge kann man schließlich schlecht ablehnen – oder? Ein Jahr später ist das Unternehmen leidlich erfolgreich, verfügt auch über einen optisch erstklassigen Marktauftritt. Das Profil jedoch bleibt so unklar wie eh und je.

Wie diese Organisationsberatung tun sich die meisten Beratungsunternehmen schwer mit dem Aufbau einer Marke. Sie fürchten die Konsequenzen: Eine Marke erfordert eine klare Positionierung im Markt – verbunden mit dem Zwang, auf Möglichkeiten zu verzichten und auch Aufträge abzulehnen, wenn sie der Markenbotschaft widersprechen. Andererseits bietet sie die Chance, sich von der großen Zahl der Wettbewerber abzuheben. Einem Ratsuchenden erscheint das Meer aus Beratern und immer gleichen Beratungsleistungen endlos. Eine Marke ist da wie eine Holzplanke, an der er sich gerne festhält, wie zahlreiche positive Beispiele zeigen.

Die Ausgangslage stellt sich schwierig dar: Strategisch hat der Markenaufbau in der Beraterbranche eine hohe Bedeutung, doch gerade Berater tun sich sehr schwer damit (Abschnitt 3.1). Das in diesem Kapitel vorgestellte Markenmodell ist speziell auf Beratungsunternehmen zugeschnitten. Es hilft Ihnen, ein schlüssiges Konzept für Ihre Marke zu erarbeiten. Erklärt wird, worauf es bei der Entwicklung einer Marke ankommt (Abschnitt 3.2), wie Sie eine Marke erfolgreich aufbauen (Abschnitt 3.3) und bei Bedarf später weiterentwickeln (Abschnitt 3.4).

3.1 Markenbildung für Berater – eine sehr spezielle Sache

Bei Marken denken wir an Coca-Cola, Apple oder Nivea, an große Kampagnen und millionenschwere Werbeetats. Doch längst gelingt es auch kleinen Mittelständlern, erfolgreiche Marken aufzubauen und sich so vom Wettbewerb abzuheben. Sie lassen sich hierfür zwar meistens auf einen langen und mühsamen Prozess ein, der viel Disziplin abverlangt, kommen aber mit einem vergleichsweise kleinen Budget aus.

Von den Markenstrategien dieser Unternehmen können Beratungen lernen. Wie die meisten Konsumgüter sind auch Beraterprodukte austauschbar. Da wie dort bietet sich die Differenzierung über eine Marke an. Viele Berater halten diesen Weg für sinnvoll, gehen wie die Organisationsberatung im Eingangsbeispiel die ersten Schritte, schätzungsweise 90 Prozent bekommen dann aber kalte Füße und geben wieder auf.

Der Durchwurstel-Reflex

Berater und Marke – das ist ein ganz spezielles Verhältnis. Die Vernunft möchte sie zusammenbringen, doch ein Reflex treibt sie auseinander. Er bringt alle Pläne, sich mit einem klaren Profil am Markt zu positionieren, regelmäßig zur Strecke. Was hat es mit diesem Reflex auf sich? Das Geschäft der meisten Berater entwickelt sich, wie bereits erwähnt, eher zufällig. Häufig ergibt ein Projekt das nächste. Es entwickeln sich erste Stammkunden, denen der Berater dankbar ist und die er hegt und pflegt. Um sie nicht abzuschrecken, geht er auf ihre Wünsche ein und bietet Leistungen an, auch wenn sie nicht mehr ganz im Rahmen seiner Kernkompetenzen liegen. Oder er erkennt bei einem Kunden einen neuen Engpass, bietet eine Lösung an – und schon erhält das Angebot eine neue Facette.

Typisches Beispiel: Nach einem erfolgreichen Projekt traf sich ein Restrukturierungsberater mit seinem Auftraggeber zum Abschlussgespräch. Gemeinsam erkannten sie, dass mehrere Führungskräfte mit den neuen Strukturen noch nicht zurechtkamen und dringend ein Coaching benötigten. »Können Sie das für uns übernehmen?«, fragte der Auftraggeber. Der Berater, der vor Jahren eine Coachingausbildung absolviert hatte, nahm den Folgeauftrag ohne Zögern an.

Nehmen, was sich anbietet oder was man bekommen kann – dieses Verhaltensmuster verhindert in 90 Prozent der Fälle, dass Berater eine klare

Positionierung durchhalten. Laufend erweitern sie ihr Tätigkeitsspektrum in alle möglichen Richtungen, entwickeln sich quasi auf eine »natürliche Weise« weiter. Man kann es aber auch negativ formulieren: Diese Berater springen planlos von Auftrag zu Auftrag, sie wursteln sich durch. Dieses Durchwursteln wird für sie zur ultimativen Überlebensstrategie. Ein durchaus legitimer Weg, keine Frage. Mit großer Wahrscheinlichkeit führt er jedoch in die Mittelmäßigkeit, wie die große Zahl der mäßig erfolgreichen Berater belegt.

Erklären lässt sich der Durchwurstel-Reflex mit der klassischen Historie eines Beratungsunternehmens. Wenn ein Berater ein Unternehmen gründet, nimmt er zunächst fast jeden Auftrag an, den er bekommen kann – aus rein wirtschaftlichen Gründen bleibt ihm meist keine andere Wahl. Auch strategisch kann es sinnvoll sein, in den ersten ein bis zwei Jahren mehr oder weniger planlos Erfahrungen zu sammeln. Dem planvollen Handeln, wie wir es in diesem Buch vorschlagen, sollte durchaus eine gewisse Experimentierphase vorausgehen.

Die große Gefahr liegt darin, aus dieser Anfangsphase nicht mehr herauszukommen. Das planlose Verhalten ist mittlerweile zur Gewohnheit geworden, schlimmer noch: Das Durchwursteln hat sich als Überlebensmuster bewährt. Es bringt einen gewissen Erfolg und wie bei jedem menschlichen Muster fällt es ungemein schwer, daraus auszubrechen. Die meisten Berater schaffen das nicht. Der Durchwurstel-Reflex ist stärker – er ist das größte Hindernis auf dem Weg zur Marke.

Warum Markenbildung sich trotzdem lohnt

Es gibt ein schlagkräftiges Argument, den Durchwurstel-Reflex zu überwinden: Eine klare Positionierung verbessert nachhaltig die Erfolgschancen. Plausibel wird das, wenn wir uns vor Augen führen, wie der Auftrag eines Neukunden zustande kommt. Die meisten Berater glauben, sie müssten ihr Angebot nur deutlich genug kommunizieren. »Der Kunde braucht mich«, so denken sie, »also bucht er.« Ein Trugschluss. Beratungsleistungen sind nun einmal nur mäßig interessante Leistungen für ein mäßig interessiertes Publikum. Meist hat ein Entscheider Wichtigeres zu tun, als das Angebot eines Beraters zu studieren.

Sicher: Mit gutem Marketing können Sie Aufmerksamkeit gewinnen. Möglicherweise schaffen Sie es sogar, einem mittelständischen Unternehmer die Botschaft zu vermitteln, dass er *eigentlich* etwas für seine IT-Sicherheit tun, *eigentlich* seine Abteilungen besser strukturieren oder *eigentlich* seinen

Einkauf international ausrichten müsste. Eigentlich! Durch gutes Marketing ist es Ihnen gelungen, das Interesse des Unternehmers zu wecken, vielleicht auch ein latent vorhandenes Bedürfnis anzusprechen. Aber eben nicht mehr. Ein Bedürfnis ist noch lange kein Bedarf. Und solange der Unternehmer keinen akuten Bedarf, keinen Leidensdruck verspürt, wird er sich kaum zu einem Auftrag entschließen.

Die Situation ändert sich schlagartig, wenn auf dem Absatzmarkt dieses Mittelständlers ein neuer Konkurrent auftaucht und dessen Preise unterbietet, sodass die Gewinne einbrechen. Nun besteht plötzlich akuter Handlungsbedarf. Jetzt möchte dieser Unternehmer tatsächlich Abläufe optimieren und die Einkaufspreise senken. Er kramt in seinem Gedächtnis: »Gab es da nicht diesen auf Einkauf spezialisierten Berater? Richtig, auf der letzten Messe ... da war doch dieser Vortrag! Der Mann hatte einen recht fitten Eindruck gemacht. Wie hieß er noch ...?« Nach einer Weile fällt dem Unternehmer der Name ein. Ein Blick auf die Internetseite bestärkt ihn: Den könnte er jetzt gebrauchen!

»Denken Sie langfristig«, »Handeln Sie proaktiv«, »Befassen Sie sich mit der Zukunft«, »Reagieren Sie nicht, sondern agieren Sie«, »Kommen Sie nicht erst, wenn das Loch entstanden ist« – so lauten gut gemeinte Ratschläge, mit denen Berater ihre potenziellen Kunden gerne ermahnen. Fakt ist aber, dass der Auftrag meist eben doch erst kommt, wenn das Loch entstanden ist. Es ist, wie es ist: Ein Berater wird gebucht, wenn konkreter Bedarf besteht und der Leidensdruck groß genug ist.

Eine ernüchternde Erkenntnis. Selbst wenn das Angebot des Beraters auf grundsätzliches Interesse stößt, kann er mit einem Auftrag nur rechnen, wenn ein echter Bedarf besteht. Dass er gerade in diesem Moment einen möglichen Kunden kontaktiert, ist hingegen ziemlich unwahrscheinlich. Die Konsequenz liegt nahe: Um genügend Aufträge zu bekommen, muss ein Berater bei vielen potenziellen Kunden bereits im Vorfeld bekannt sein. Die Kernfrage lautet: An wen erinnert sich der Ratsuchende, wenn er plötzlich einen Beratungsbedarf hat? Wenn der Gewinn wegbricht, wenn ein großer Kunde den Nachweis einer neuen Qualitätsnorm verlangt, wenn eine Schlüsselposition neu besetzt oder eine Fusion gemanagt werden muss – erst in solchen Situationen verspürt ein Unternehmer echten Leidensdruck und sucht Rat. Jetzt kommt es darauf an, zu den drei oder vier Namen zu zählen, die ihm einfallen.

Im richtigen Augenblick präsent sein, genau darin liegt die Funktion der Marke. Wenn Sie mit Ihrem Angebot klar positioniert sind und Ihre Marke im Kopf des Interessenten verankert ist, wird er im entscheidenden Augenblick an Sie denken. Erst die Positionierung als Marke bringt Sie überhaupt ins Spiel. Somit lässt sich festhalten: Wer mutig ist und den Durchwurstel-Reflex überwindet, wer intelligent und beharrlich eine Marke aufbaut, erhöht ganz klar seine Erfolgschancen.

Wenn Unternehmen ihre Beraterauswahl professionalisieren, führen sie häufig eine Short- und Longlist, auf der sie die Berater listen, mit denen sie zusammenarbeiten wollen. Verständlicherweise wollen viele Berater auf diese Liste. Wie wir gesehen haben, gibt es zusätzlich eine mentale Shortlist im Kopf des Entscheiders. Sie ist genauso wichtig wie die offizielle Liste. Denn wenn am Ende zwei oder drei Berater in die engere Auswahl kommen, wird ziemlich sicher der Kandidat zum Zuge kommen, von dem der Entscheider sich bereits ein Bild gemacht hat – der also auch auf dessen mentaler Shortlist steht.

3.2 Worauf es beim Aufbau einer Marke ankommt

Eine Marke funktioniert wie das Leitmotiv einer großen Sinfonie. Wenn die Melodie zum ersten Mal auftaucht, weckt sie unsere Aufmerksamkeit. Sie gefällt uns, berührt uns vielleicht auch. Doch erst wenn sich das Motiv im Laufe des Stücks wiederholt und immer wieder dasselbe Gefühl in uns auslöst, wird die Sinfonie zum unvergesslichen Erlebnis. Am Ende bleibt das Leitmotiv in unserem Bewusstsein haften. Es ist das Bleibende, das aber für das ganze Werk steht und dieses für uns kostbar und unverwechselbar macht.

Ziel der Markenbildung ist es, ein solches Leitmotiv in den Köpfen der Menschen zu verankern. Im Kern geht es um zwei Fragen, die für den Geschäftserfolg entscheidend sind:

- Bin ich im Kopf des potenziellen Kunden?
- Wie hat der potenzielle Kunde mich im Kopf, also mit welcher Botschaft verbindet er mich?

Nebenbei bemerkt: Die mentale Verankerung der Markenbotschaft ist nicht nur bei möglichen Kunden nützlich, sondern auch bei Medien und anderen Multiplikatoren. Wenn ein Redakteur der *FAZ* oder der *Süddeutschen Zeitung* einen Experten für Einkauf, IT-Sicherheit oder Krisenmanagement interviewen möchte, wer fällt ihm dann ein? Oder denken Sie an Rechtsanwälte, Banken, Steuerberater und Verbände: Sie alle empfehlen

Berater. Auch hier ist es nützlich, wenn Ihr Name im richtigen Augenblick präsent ist.

Wie kommen Sie nun auf die mentale Shortlist? Auf eine einfache Formel gebracht: Es kommt auf den richtigen ersten Eindruck an – und auf die ständige Wiederholung der Markenbotschaft.

Der Markeneindruck: 33 entscheidende Sekunden

Es gibt eine magische Zahlenfolge, hinter der sich ein Großteil des Markenerfolgs verbirgt: drei-dreißig. Binnen drei Sekunden bilden wir uns einen ersten Eindruck. Interessiert uns die Sache, wenden wir weitere 30 Sekunden auf, um unsere Meinung zu festigen. Die ersten drei Sekunden sprechen dabei das Gefühl an – der erste Eindruck entsteht sozusagen spontan. Die folgenden 30 Sekunden spielen sich vor allem im Kopf ab: Der Interessent befasst sich inhaltlich mit dem Angebot, um festzustellen, ob der erste Eindruck trägt. Deshalb ist er an näheren Informationen interessiert; er liest einen Text, hört zu oder sieht sich ein kurzes Video an.

Die Bedeutung der ersten drei Sekunden ist wissenschaftlich belegt. Für unser Bewusstsein, so erläutert der Gehirnforscher Ernst Pöppel, ist die Gegenwart ein Fenster, das sich für zwei bis drei Sekunden öffnet. Anders als in der Physik ist die Gegenwart kein bloßer wandernder Punkt, sondern ein kurzer Zeitraum. Forschungsergebnisse lassen den Schluss zu, dass die Gegenwart für den Menschen in Drei-Sekunden-Einheiten gegliedert ist. »Eine Gegenwartsinsel folgt der nächsten«, formuliert Pöppel. Was drei Sekunden überschreitet, können wir nicht mehr als Einheit zu begreifen.

Das Drei-Sekunden-Gesetz lässt sich immer wieder beobachten: Zwischen zwei Tönen dürfen höchstens zwei bis drei Sekunden verstreichen, damit wir sie noch zusammenhängend als Melodie erkennen. Ob wir einen Artikel lesen, entscheidet sich in den wenigen Augenblicken, in denen wir eine Schlagzeile lesen. Ganz ähnlich bei der Werbung: Stehen wir bei einer Werbeunterbrechung sofort auf, um unser Bier zu holen, oder warten wir noch einen Moment? Das hängt davon ab, was in den ersten drei Sekunden der Werbung passiert. Oder beim CD-Kauf: Auch da entscheiden die ersten Sekunden oft, wie wir das Album finden – ob wir vielleicht noch kurz hineinhören. Oder wenn die Post kommt: Welche Werbeumschläge öffnen wir, welche lassen wir dagegen liegen? Oder im E-Mail-Posteingang: Welche Nachrichten klicken wir als Erstes an? Alle diese Entscheidungen fallen aus dem Bauch heraus in den ersten Sekunden.

Nicht anders ist es im Falle einer Markenbotschaft. Drei-dreißig – diese Zahlenfolge bestimmt, ob und wie sich eine Markenbotschaft im Kopf eines

Interessenten festsetzt. Spricht die Botschaft binnen drei Sekunden an und prägt sie sich in den folgenden 30 Sekunden fest genug ein, bleibt sie im Gedächtnis hängen. Damit ist schon viel erreicht: Es ist gelungen, einen Platz im Bewusstsein des Interessenten zu erobern.

Nun kommt es darauf an, diesen Platz zu festigen und zu verteidigen. Damit sind wie beim zweiten Teil der Erfolgsformel: Nach einem erfolgreich vermittelten ersten Eindruck gilt es, die Markenbotschaft ständig zu wiederholen. Nur so kann sie sich im Bewusstsein des Interessenten wirklich festsetzen.

Die Markenbildung: Wiederholung schafft mentale Präsenz

Was ist zu tun, damit die Markenbotschaft einen Interessenten über lange Zeit hinweg immer wieder neu erreicht? Hier können Sie das gesamte Repertoire des Marketings ausschöpfen: Internetseite, Broschüren, Präsentationen, Fachartikel, Vorträge, die Gestaltung der Angebote, die Ansage auf dem Anrufbeantworter – praktisch alles, was das Unternehmen tut und nach außen sichtbar wird, beeinflusst die Marke. Die Markenbotschaft lässt sich in praktisch jede Begegnung und jeden Kontakt mit Interessenten, Kunden, Medien und Multiplikatoren hineinpacken.

Entscheidend ist Konsistenz in der Kommunikation. Eine Marke entwickelt sich nur, wenn das Unternehmen auf allen Kanälen im Gleichklang kommuniziert. Jede Maßnahme muss daher »auf die Marke einzahlen«. Das gelingt nur, wenn sich alle Konzepte und Aktivitäten – von der Strategie des Unternehmens über Werbung und PR bis hin zum Auftreten der Berater – konsequent an der Markenbotschaft ausrichten. Inkonsistent wäre hingegen, wenn Ihr Unternehmen als Spezialist für Risikomanagement im Krankenhaus einen Auftrag aus der Versicherungswirtschaft übernähme. Solche Widersprüche irritieren – sie sind die Todsünde der Markenbildung.

3.3 Der Weg zur Marke

Wie lässt sich eine solche Marke konzipieren? Bewährt hat sich ein Markenmodell, das das »Phänomen Marke« in drei Bestandteile gliedert: Markenerwartung, Markenkern und Emotion.

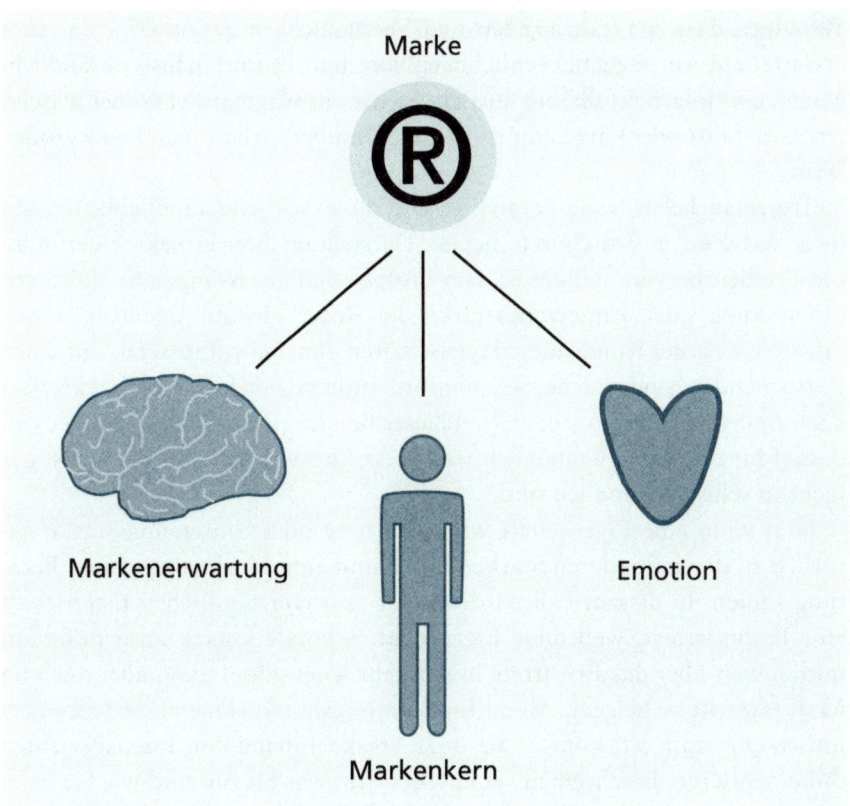

Baustein 1: Die Markenerwartung

Von einem Waschmittel erwartet der Kunde, dass es die Wäsche sauber wäscht. Wenn er ein Auto fährt, geht er davon aus, dass es nur selten in die Werkstatt muss. Kauft er eine Bürolampe, ist es für ihn selbstverständlich, dass sie gutes Licht macht. Würde der Waschmittelhersteller auf die Packung schreiben, dass sein Waschmittel die Wäsche sauber wäscht, würde der Autohersteller betonen, dass sein Auto fährt, oder würde der Lampenhersteller damit werben, dass die Lampe leuchtet – der Kunde wäre recht verwundert. Diese Eigenschaften sind für ihn *Markenerwartungen*, die er für selbstverständlich hält.

Das Gleiche gilt für Beratungsleistungen. Dass ein Berater professionell agiert, dass er kompetent, seriös, kundennah und umsetzungsorientiert ist, dass er ein »maßgeschneidertes Angebot« macht, dass er auf Ergebnisse Wert legt, dass er Erfahrung hat und Vertraulichkeit garantiert – das alles erwartet ein Auftraggeber schlichtweg von ihm. Es sind Selbstverständlichkeiten, die einfach erfüllt sein müssen. So wie ein Waschmittel sauber wäscht, ein Auto fährt oder eine Lampe leuchtet. Darüber verliert man keine großen Worte.

Trotzdem heben viele Berater gerade diese Selbstverständlichkeiten auf ihrer Webseite, in Broschüren, bei der Darstellung ihrer Projekte oder in ihren Profilen hervor. Ständig ist von Professionalität, Kompetenz, Lösungsorientierung oder Umsetzungsstärke die Rede, obwohl sie doch wissen müssten, dass der Kunde diese Eigenschaften ohnehin voraussetzt. Für einen Ratsuchenden sind solche Scheininformationen nutzlos – oder vielleicht auch Anlass, sich zu fragen, warum dieser Berater es für nötig erachtet, extra darauf hinzuweisen. Womöglich weil diese Eigenschaften für ihn selbst gar nicht so selbstverständlich sind?

Nun kann eine Eigenschaft wie Erfahrung oder Umsetzungsstärke natürlich zu den besonderen Stärken und damit zum Markenkern einer Beratung zählen. In diesem Fall wird aus der selbstverständlichen Eigenschaft eine Besonderheit, weil diese Eigenschaft besonders stark ausgeprägt ist, mithin weit über das Erwartete hinausgeht. Dies gilt es dann aber auch im Marktauftritt zu belegen. Wenn Ihr Beratungsunternehmen also besonders umsetzungsstark ist, können Sie diese Stärke anhand von Praxisberichten dokumentieren. Beschreiben Sie anschaulich, was Sie tun und wie Sie beim Kunden vorgehen. Erstellen Sie Projektskizzen, die auf Ihrer Internetseite unter einem eigenen Menüpunkt aufrufbar sind. So vermitteln Sie die besondere Stärke Ihres Unternehmens, ohne mit Allgemeinplätzen wie »Umsetzungsorientierung« oder »maßgeschneiderte Lösungen« hantieren zu müssen.

Baustein 2: Der Markenkern

An wen denken Sie beim Thema Beschaffung? Vermutlich an Gerd Kerkhoff mit seinem Bestseller *Milliardengrab Einkauf*. Und beim Thema Preisstrategie? Da hat sich Hermann Simon mit seinem Beratungsunternehmen ganz klar als Marke positioniert. Beim Thema Management fällt uns Fredmund Malik als Erster ein, beim Thema Führung vielleicht Reinhard Sprenger. Sie alle sind Persönlichkeiten mit *Markenkern*.

Der Markenkern ist die inhaltliche Positionierung einer Persönlichkeit oder eines Unternehmens. Inhaltliche Positionierung bedeutet, sich auf einen klar umrissenen Bereich zu beschränken. Sie verlangt den Mut, Farbe zu bekennen und den Durchwurstel-Reflex endgültig zu überwinden. Den »Hidden Champions« unter den Beratungsunternehmen ist diese Fokussierung durchweg gelungen: Da gibt es die Beratung, die sich auf Pharmavertrieb spezialisiert hat. Oder den Produktionsberater, der sich ausschließlich bei Maschinenbauern auskennt. Oder den Berater, der nur das Topmanagement in Banken berät. Oder eine Unternehmensberatung, die nur im Schwarzwald aktiv ist.

Diese Unternehmen haben den Mut, sich zu beschränken. Sie haben sich mit einem klar umrissenen Thema positioniert, also einen Markenkern definiert. Dadurch fallen sie im weiten Meer der immer gleichen Beratungsangebote auf. Dahinter steht eine einfache Erkenntnis: Mit einer Allerweltsunternehmensberatung lässt sich keine Marke schaffen. Dagegen wird eine »Unternehmensberatung im Schwarzwald« zumindest den Schwarzwälder aufhorchen lassen.

Eine Alleinstellung ist nicht erforderlich

»Wer sich erfolgreich am Markt positionieren will, braucht eine Alleinstellung.« So wollen es uns Marketingexperten immer wieder weismachen. In den meisten Ratgebern gilt die Alleinstellung als Nonplusultra einer erfolgreichen Positionierung. Auch viele Berater machen sich deshalb auf die Suche nach der Alleinstellung – meistens vergeblich.

Überlegen wir einmal, was eine Alleinstellung bedeutet: Erstens benötigen Sie ein Merkmal, das Sie von allen anderen Beratern unterscheidet – und zwar wirklich von *allen*. Denn sonst wäre es ja keine *Allein*stellung. Zweitens muss dieses Merkmal für Ihre Kunden nützlich sein, denn nur so generiert es die gewünschte Nachfrage nach Ihren Leistungen. Und drittens muss das Merkmal leicht erklärbar sein. Der Kunde sollte das Besondere der Leistung innerhalb von drei Sekunden begreifen. Alle drei Kriterien müssen zutreffen, damit ein Alleinstellungsmerkmal vorliegt, das auch betriebswirtschaftlich sinnvoll ist. Wenn also Berater verzweifelt danach suchen und dennoch keine Alleinstellung finden, ist das kein Wunder. Allein schon zu klären, ob ein Merkmal wirklich einzigartig ist, lässt sich für ein kleines Beratungsunternehmen kaum bewerkstelligen. Angesichts der großen und unübersichtlichen Zahl an Wettbewerbern wäre hierfür eine aufwendige Konkurrenzanalyse notwendig.

Sicher: Wer eine Alleinstellung besitzt, darf sich glücklich schätzen. Nichts spricht dagegen, eine Zeit lang nach einer Alleinstellung zu suchen. Ist sie dann aber nicht augenfällig, sollte man sich nicht länger abmühen. Das wäre Zeitverschwendung – einfach deshalb, weil eine Alleinstellung in der Praxis nicht erforderlich ist. Ob ein kleineres Beratungsunternehmen in seinem Marksegment alleine dasteht, ob es eines von zehn oder eines von 20 Anbietern ist, spielt in der Regel keine große Rolle. Die Kundschaft reicht für alle Mitspieler. Für eine inhaltliche Positionierung genügt es deshalb, ein Merkmal oder eine Kombination an Merkmalen zu finden, die das Unternehmen *besonders* macht. Diese Besonderheit bildet den Markenkern.

Welche Merkmale oder Eigenschaften können den Markenkern ausmachen? Bewährt hat sich hier ein Baukasten, der aus fünf Kategorien besteht:

- *Themenbereich.* Viele Berater sind auf einen bestimmten Themenbereich spezialisiert. Beispiele sind Produktionsoptimierung, Preisstrategien, Beschaffung, Vertrieb, Leadership, Turnaround, Unternehmenskultur – um nur einige zu nennen.
- *Branche.* Es gibt Berater, die sich inhaltlich auf bestimmte Branchen festlegen – zum Beispiel Automotive, Krankenhäuser, Pharma oder Banken und Versicherungen.
- *Methode.* Manche Berater haben sich mit einer speziellen Methode positioniert wie zum Beispiel die Theory of Constraints in der Produktion oder das Target-Costing im Controlling.
- *Zielgruppe.* Auch die Spezialisierung auf eine Zielgruppe ist ein Unterscheidungsmerkmal. So kann sich das Angebot an eine bestimmte Unternehmensebene (zum Beispiel nur an das Topmanagement oder nur an das Mittelmanagement) oder eine bestimmte Funktion (zum Beispiel nur an Vertriebsleute, nur an Forscher und Entwickler, nur an Controller) richten.
- *Region.* Merkmal einer Beratung kann auch eine regionale Positionierung sein. Eine Beratung beschränkt sich auf den Raum München oder Frankfurt. In diese Kategorie fällt auch eine Beratung, die sich auf die Zusammenarbeit zwischen Deutschland und Frankreich spezialisiert.

Positionierungs-Gedankenspiele

Für eine gute Positionierung kommt es darauf an, einzelne Elemente dieses Baukastens intelligent zu kombinieren. Nehmen wir das Beispiel einer Restrukturierungsberatung. Mit dem Thema Restrukturierung hatte das Unternehmen bereits eine erste Eingrenzung vorgenommen, es dürfte schätzungsweise eines von 2000 am Markt sein. Wichtig: Die Zahl 2000 meint nicht alle Berater, die sich auf dem Feld »Restrukturierung« tummeln, sondern nur diejenigen, die das nach außen bekunden, sich also mit diesem Merkmal tatsächlich am Markt positionieren.

Das ist zwar bereits eine Einschränkung, für eine klare Positionierung ist der Kreis der Wettbewerber aber noch deutlich zu groß. Aus der Runde der Berater kam deshalb die Idee, sich zusätzlich auf eine Branche zu spezialisieren: »Machen wir doch Restrukturierung nur für Banken und Versicherungen, da haben wir schon viel Erfahrung!« Der Vorschlag wurde diskutiert. Wie eine kurze Internetrecherche ergab, dürften etwa 100 Beratungen mit dieser Kombination unterwegs sein. »Wie wäre es mit Restrukturierung von Banken und Versicherungen nur hier in Frankfurt?«, warf ein anderer Teilnehmer ein und brachte damit zusätzlich die Positionierungskategorie »Region« ins Spiel. Mit dieser noch engeren Spezialisierung wäre das Unternehmen nur noch ein Anbieter von vielleicht drei oder vier.

Die Runde überlegte nun, ob man das Marktsegment wirklich derart eng fassen sollte. Wahrscheinlich wäre das Kundenpotenzial nun doch zu klein. Die Teilnehmer stellten noch weitere Positionierungs-Gedankenspiele an, darunter Kombinationen wie Restrukturierungsberatung nur für Vertriebsabteilungen oder Restrukturierungsberatung für den Vertrieb in der Pharmaindustrie. Aus den fünf Alternativen, die am Ende auf dem Tisch lagen, wählten sie schließlich die erste Variante aus: Restrukturierung nur für Banken und Versicherungen – deutschlandweit.

Auf ähnliche Weise ermittelte ein erfolgreicher Organisationsberater seine Positionierung. Das Geschäft hatte sich in den zurückliegenden drei Jahren mehr oder weniger zufällig entwickelt, von einem klaren Profil konnte daher keine Rede sein. Eines hatte sich jedoch gezeigt: Eine besondere Stärke des Beraters waren harte Eingriffe und Sanierungen. So lag es nahe, sich auf dieses Themengebiet zu konzentrieren. Als Einzelkämpfer war er damit jedoch immer noch deutlich zu breit aufgestellt. Sollte er sich also zusätzlich auf eine Branche spezialisieren? Der Berater ließ seine Fälle noch einmal Revue passieren und stellte fest, dass er eigentlich immer branchenunabhängig agierte. Womöglich lag darin sogar eine seiner Stärken? Gleichzeitig fiel ihm auf, dass er mehrfach sehr erfolgreich Sanierungen im Rahmen des ESUG-Schutzschirmverfahrens begleitet hatte. Wie wäre es, sich als Spezialist dieser Methode zu profilieren, für seine Positionierung also eine Kombination aus Thema und Methode zu wählen? In diesem Fall wäre er ein Anbieter von vielleicht 50 mit einer so deutlichen Spezialisierung, eine nach seiner Einschätzung akzeptable Wettbewerbssituation. Die Idee gefiel ihm ...

Zwar stützen sich solche Positionierungs-Gedankenspiele vor allem auf Erfahrungen und Einschätzungen, ergänzt durch kurze Recherchen. Dennoch haben sie sich als Methode bewährt, um der passenden inhaltlichen Positionierung auf die Spur zu kommen.

Realitätscheck

Die inhaltliche Positionierung ist für ein Beratungsunternehmen eine weitreichende Entscheidung. Es empfiehlt sich deshalb, das Ergebnis der Positionierungs-Gedankenspiele noch einmal zu überprüfen. Entscheidend ist, dass Sie nach der Überprüfung folgende zwei Fragen mit einem klaren Ja beantworten:

• Besteht für das ausgewählte Segment ein ausreichendes Marktpotenzial?
• Können Sie mit dieser Positionierung Ihre unternehmerischen Ziele wirklich erreichen?

Während Sie die zweite Frage leicht anhand Ihrer grundsätzlichen strategischen Überlegungen (siehe Kapitel 2) beantworten können, erfordert die Frage nach dem Marktpotenzial einen gewissen Aufwand. Eine wirkliche Marktforschung ist sicherlich übertrieben, der Aufwand für einen Einzelunternehmer oder ein kleines Beratungsunternehmen wäre kaum zu rechtfertigen. Andererseits wäre es auch fahrlässig, sich allein auf das eigene Bauchgefühl zu verlassen und ohne jede Absicherung an den Markt zu gehen.

Als Mittelweg bietet sich eine kleine Marktrecherche an, die Sie mit einfachen Mitteln durchführen können. Nutzen Sie zur Basisrecherche leicht zugängliche Medien wie Internet oder Fachzeitschriften. Eine gute Informationsquelle, um einen Markt einzuschätzen, sind die Magazine, die Ihre Kunden lesen. Hinter diesen Medien steht ein Redaktionsteam, das ein gutes Gespür für die relevanten Themen der Branche beziehungsweise der Zielgruppe hat. Wenn Sie sich über Internet und Fachzeitschriften auf dem Laufenden halten, werden Sie außerdem Hinweise auf aktuelle Studien über den Markt Ihrer Zielgruppe erhalten.

Im zweiten Schritt wenden Sie sich direkt an potenzielle Kunden. Drei oder vier Gespräche können schon gute Anhaltspunkte zu den Chancen Ihrer Positionierungsidee liefern. Bewährt haben sich auch kleine Studien oder Umfragen. Eine Personalberatung, die sich im Bereich Banken und Versicherungen positionieren wollte, führte eine Befragung zum Thema »Herausforderungen von Banken und Versicherungen bei der Personalsuche« durch. So schaffte sie sich einen Anlass, mit Entscheidern der Branchen in Kontakt zu kommen und sich über ihre Positionierungsidee Klarheit zu verschaffen.

Wenn Sie Ihre Positionierung noch einmal gründlich erörtern und reflektieren möchten, können Sie auch einen eintägigen Kundenworkshop veranstalten. Laden Sie hierzu einige Kunden ein, zu denen Sie eine vertrauensvolle Beziehung haben und von denen Sie sich interessante Ideen versprechen. Zahlen Sie ihnen für diesen Tag ein Honorar. Engagieren Sie einen Moderator und fordern Sie dazu auf, Ihre Positionierung noch einmal infrage zu stellen.

Hat die kleine Marktrecherche die geplante Positionierung bestätigt, sollten Sie noch einen Blick auf die Wettbewerbssituation werfen. Wie sind Ihre drei bis fünf härtesten Konkurrenten aufgestellt? Welche Merkmale stellen sie heraus? Gibt es Unterschiede zu den Merkmalen, mit denen Sie sich positionieren wollen? Sollte es keine nennenswerten Unterschiede geben, empfiehlt es sich, die geplante Positionierung noch einmal zu überdenken.

Mit der inhaltlichen Positionierung ist der Markenkern festgelegt. Nun fehlt noch der dritte Baustein: die Emotion.

Baustein 3: Die Emotion

Wenn Berater eine Marke aufbauen wollen, vernachlässigen sie gerne den Aspekt *Emotion*. Beratung sei doch in erster Linie eine rational eingekaufte Leistung, argumentieren sie, da spiele das Thema Emotion keine größere Rolle. Das stimmt so nicht, denn auch die Interessenten an Beratungsleistungen sind Menschen. Auch bei ihnen entscheidet zunächst der Bauch darüber, ob sie einen bestimmten Berater engagieren möchten. Rationale Argumente folgen erst an zweiter Stelle. Ein Kunde wünscht sich von einem Berater neben der sachlichen Problemlösung immer auch einen emotionalen Nutzen. Eine gute Marke spricht also stets Emotionen an. Genauer gesagt: Sie löst beim Rezipienten ein ganz bestimmtes, vom Entwickler der Marke sorgfältig geplantes Gefühl aus.

Wie eine Marke Emotion erzeugt

Überlegen Sie, welches Gefühl Sie mit Ihrem Beratungsunternehmen vermitteln wollen. Das kann Erfahrung sein – wenn der Auftraggeber spürt, dass er es mit einem sehr erfahrenen Beratungsunternehmen zu tun hat. Oder Überblick: Der Auftraggeber spürt, dass er mit diesem Berater in einer verworrenen Lage endlich den lang ersehnten Überblick bekommt. Auch Kontrolle, Sicherheit, Stabilität oder Dynamik können Emotionen sein, die eine Marke transportiert.

Die Kunst liegt darin, sich auf *ein* Gefühl festzulegen. Eine Marke verlangt ein eng gefasstes Profil – *eine* inhaltliche Botschaft und *eine* Emotion. Erinnern wir uns: Das Zeitfenster für den ersten Markeneindruck bleibt nur drei Sekunden geöffnet. In dieser kurzen Zeit muss es gelingen, die Emotion der Marke zu transportieren; für eine zweite oder dritte Emotion bleibt keine Zeit. Im weiteren Verlauf einer Kundenbeziehung können Sie natürlich noch weitere Themen und Emotionen ansprechen – nicht jedoch, wenn es um die Markenbotschaft geht. Man kann sich Markenkern und Emotion wie die Spitze eines Eisbergs vorstellen: Sie stellen den sichtbaren Teil dar, unter dem sich noch jede Menge weiteres Eis verbirgt. Solange wir uns mit dem Markenkern und der Emotion befassen, geht es ausschließlich um die Spitze, um das für den Kunden von weitem Sichtbare. Und hier gelten die strikten Regeln der Marke.

Der Barhockertest: Die Emotion festlegen und überprüfen

Oft ist die infrage kommende Emotion offensichtlich. Für einen Berater, der es gewohnt ist, schnell zuzupacken und die Dinge voranzubringen, liegt es nahe, die Emotion »Dynamik« auf seine Fahne zu schreiben. Ein IT-Berater, der viel mit sensiblen Daten zu tun hat, könnte »Sicherheit« wählen. Doch nicht immer ist es so einfach und eindeutig.

Um einer geeigneten Emotion auf die Spur zu kommen, aber auch um eine ausgewählte Emotion zu testen, hat sich der sogenannte Barhockertest bewährt. Stellen Sie sich vor, einer Ihrer Kunden trifft in der Hotelbar einen Kollegen, der Sie noch nicht kennt. Beide haben schon ein paar Bier getrunken, da kommt das Gespräch auf Ihr Beratungsunternehmen. Überlegen Sie nun, wie der Dialog ablaufen könnte.

Der Geschäftsführer, der Ihre Leistung schätzt, wird nun sicher nicht in gestelztem Beraterdeutsch anheben und feststellen: »Das ist ein ausgesprochen kompetenter Berater, der maßgeschneiderte Lösungen anbietet.« So redet kein normaler Mensch! Stattdessen wird er etwas sagen, das mit der Emotion zu tun hat: »Durch den haben wir uns endlich im Bereich Datenschutz ordentlich abgesichert.« – »Zum ersten Mal überblicke ich jetzt den ganzen Einkaufsprozess.« –»Das ist kein typischer Berater, der tickt noch wie wir Unternehmer.« Wenn Sie einen solchen Dialog am Tresen einige Male durchspielen, kommen Sie der richtigen Emotion auf die Spur. Aber auch im Nachhinein, wenn Sie die Entscheidung für eine Emotion noch einmal überprüfen wollen, ist der Barhockertest nützlich. Fragen Sie dann: »Ist das etwas, worüber die Entscheider nach dem dritten Bier reden würden? Oder was sagen sie über mich?«

Steht die Emotion fest, kommt es darauf an, sie über Fotos, Texte und Grafik geschickt zu kommunizieren (mehr dazu in Kapitel 4). Dabei ist darauf zu achten, die Emotion nicht nur auszulösen, sondern im Marktauftritt auch zu belegen. Hier einige Beispiele, wie sich eine Emotion vermitteln lässt:

- Eine Beratung möchte *Erfahrung* vermitteln, ihren Kunden also verdeutlichen, dass sie es mit einem sehr erfahrenen Beratungsunternehmen zu tun haben. Hierzu könnte sie einen Schachzug wählen, der in anderen Branchen gerne gemacht wird – etwa bei Brauereien, Uhrmachern oder Chocolatiers. Dort heißt es: »Seit 1860« oder »Maître chocolatier depuis 1906«. Unter Beratern ist das (noch) ungewohnt. Aber warum sollten Sie nicht ebenso verfahren, wenn Ihr Beratungsunternehmen seit 30 oder 40 Jahren auf dem Markt ist? Schreiben Sie einfach: »Seit 1975«. Das ist sofort wahrnehmbar und wird unmittelbar mit »viel Erfahrung« assoziiert.
- Soll die Marke den emotionalen Nutzen *Überblick* transportieren, kann bei einem Produktionsberater die Botschaft lauten: »Mit uns behalten Sie alle Faktoren im Blick, die den Materialfluss wirklich bestimmen.« Ein solches Versprechen verheißt Überblick – und trifft damit das ungute Gefühl vieler Kunden, dass sie die Vielzahl der Schlüsselstellen in einer Produktionskette längst nicht mehr überblicken, geschweige denn die Abläufe systematisch optimieren zu können.
- Für eine Beratung, die sich auf Risikomanagement spezialisiert hat, liegt es nahe, sich für die Emotion *Sicherheit* zu entscheiden. Ein Claim wie »Seien Sie sicher« (RÜHLCONSULTING) spricht den Wunsch vieler Kunden nach Sicherheit unmittelbar an. Projektbeispiele, die sich um das Thema Sicherheit drehen, können den Slogan dann belegen.
- Restrukturierungsberatungen entscheiden sich häufig für die Emotion *Stabilität* und sprechen damit den starken Wunsch vieler Kunden an, in Zeiten der Veränderung ein gewisses Maß an Stabilität zu wahren. Vermitteln lässt sich diese Emotion, indem man das Thema gleich auf der Startseite des Internetauftritts anspricht: »Mit uns ändern Sie nicht nur die Prozesse und eliminieren die Verlustbringer, sondern schaffen auch stabile Strukturen, sodass Führungskräfte und Mitarbeiter wieder zur Ruhe kommen können.«

Meist empfiehlt es sich, die Emotion nicht explizit zu nennen, sondern eher zwischen den Zeilen zu vermitteln. Ein Einzelberater, der mit dem Claim »Der Vorwärtsbringer« (Dr. Torsten Herzberg) auftritt, vermittelt sofort das Gefühl von *Dynamik*. Ruft ein Unternehmer seine Internetseite auf, vermitteln auch Farben, Fotos und die in kurzen Sätzen gehaltene Sprache den Eindruck, dass dieser Mann zupackt. Nirgendwo taucht jedoch das Wort »Dynamik« auf oder gar die platte Botschaft »Mit mir erreichen Sie Dynamik in Ihrem Unternehmen«.

Wie ausgeführt, entscheiden 33 kritische Sekunden über den ersten Eindruck. In drei Sekunden wird die Marke spürbar, in den folgenden 30 Sekunden verfestigt. Diese Zeit reicht aus, um die Markenbotschaft zu vermitteln, nicht aber um sie auch noch zu belegen. Umso mehr kommt es darauf an, die Beweise im weiteren Verlauf nachzuschieben. Hat der erste Eindruck Interesse geweckt, möchte ein potenzieller Kunde mehr über das Beratungsunternehmen wissen. Er ist bereit, unter die Wasseroberfläche zu tauchen, um die bislang unsichtbaren Teile des Eisbergs zu erforschen. Hierbei sucht er vor allem nach Fakten, an denen er erkennt, dass das Beratungsunternehmen sein Versprechen einlösen kann – also tatsächlich über große Erfahrung verfügt, Überblick gibt oder Stabilität schafft.

Um den Beweis zu führen, stehen dem Berater zahlreiche Instrumente zur Verfügung. Sie reichen von Referenzen und Projektbeispielen über Fachartikel und Broschüren bis hin zum eigenen Buch. Die Emotion *Erfahrung* lässt sich zum Beispiel mit einer Auflistung einschlägiger Referenzen belegen. Aber auch eine kleine Nebenbemerkung in den Angeboten kann hierfür ein Beleg sein, wenn es da etwa heißt: »Aus der Erfahrung unserer 80 letzten Projekte auf diesem Feld möchten wir Ihnen folgende Vorgehensweise vorschlagen …«

Wie bei der Positionierung gilt: Vermeiden Sie Widersprüche! Wenn Sie den emotionalen Nutzen »Überblick« vermitteln möchten, darf die Internetseite nicht durch eine komplizierte Menüführung verwirren oder ein Kundenangebot 20 eng bedruckte Seiten umfassen. Wenn Sie »Erfahrung« verkaufen wollen, dürfen Sie eine Präsentation nicht Ihrem Juniorberater überlassen.

3.4 Markenstrategien für neue Produkte

Erfolgreiche Markenführung verlangt vor allem eines: Konsequenz. Alle Handlungen, die das Markenprofil verwischen könnten, sind strengstens untersagt. Was jedoch, wenn Sie ein neues Geschäftsfeld etablieren wollen? Was machen Sie, wenn Ihre Marke für das Thema X steht, Sie aber Thema Y angehen und hierfür ein neues Produkt einführen wollen?

Ein Beispiel: Eine mittelgroße Personalberatung, tätig im Raum München, hat sich über die Kriterien Thema und Region klar positioniert. Nun möchte sie zusätzlich Personalentwicklung anbieten. Dies würde jedoch die Marke verwässern, weil das Unternehmen nun einmal als Münchner Personalberatung bekannt ist. Was tun? Die Beratung könnte eine zweite Firma mit einer eigenen Marke gründen. Zwei separate Unternehmen würden dann am Markt agieren, die Marken wären sauber voneinander getrennt. Die andere, näherliegende Möglichkeit besteht darin, für das neue Geschäftsfeld eine eigene Marke zu schaffen, die zur ersten Marke in Beziehung steht, aber dennoch klar von ihr getrennt wird. Konkret heißt das: Die Personalberatung entwickelt ein zweites Geschäftsfeld, das sie dann »Human-Resources-Beratung – eine Leistung der Firma XY-Beratungs-GmbH« nennt. Das neue Produkt erhält eine eigene Marke und eine eigene Webseite, steht aber dennoch im Zusammenhang mit dem ersten Geschäftsfeld.

Es ist sinnvoll, diesen Zusammenhang offen zu kommunizieren, zum Beispiel mit einigen erklärenden Worten auf der Webseite: »Wir sind hervorgegangen aus der Personalberatung. Durch unseren Kontakt zu den regionalen Unternehmen haben wir festgestellt, wie wichtig es ist, Mitarbeiter nicht nur zu gewinnen, sondern auch zu binden und zu entwickeln. Mit unseren Beratern A und B verfügen wir über spezielle Kompetenz im Bereich Human Resources. Das ist unser neues Aufgabenfeld: …« Die so hergestellte Transparenz findet nicht nur Anerkennung bei potenziellen Kunden. Sie hat auch den Effekt, dass die zweite Marke unmittelbar von der ersten profitiert – denn das Vertrauen in die bereits etablierte erste Marke überträgt sich ein Stück weit auf die neue Marke.

Nach diesem Prinzip kann sich auch ein Einzelkämpfer auf zwei Feldern positionieren. Ein Berater, nennen wir ihn Dietmar Müller, hat sich in großen Konzernen bei der Gestaltung von Customer-Care-Prozessen einen Namen gemacht. Nach einigen Jahren stellt er fest, dass sich sein Konzept auch für kleinere Unternehmen eignet. Das Geschäft mit den Konzernen möchte er aber unbedingt beibehalten. Wie geht er vor? Der Berater kreiert ein eigenes Produkt, speziell für die Kundenbetreuung bei Kleinunternehmen, das er »Dietmar Müller KMU Customer Care« nennt. Das neue Produkt erhält eine eigene Webseite, auf der Dietmar Müller erläutert, wie die Produktmarke mit der Hauptmarke zusammenhängt. »Meine Erfahrungen bei Großunternehmen«, lautet seine Kernbotschaft, »habe ich auf kleine Betriebe übertragen.« Als Beleg für seine Positionierung bietet er kostenlos ein kleines Handbuch an, das den Customer-Care-Prozess für die neue Zielgruppe darstellt.

Auch die Bildung von Teilmarken kann eine Strategie sein, um aus dem Korsett einer einzelnen Marke auszubrechen. So entwickelte eine im Change-Management tätige Beratungsgesellschaft zunächst eine Firmenmarke, bei der die Emotion »Stabilität« die zentrale Botschaft darstellt: »Turbulenzen sind im Change-Management unvermeidlich, doch wir stellen Ruhe und Stabilität im Unternehmen sicher.« Unter dem Dach der Firmenmarke entwickelte das Unternehmen mit der Zeit Produktmarken für verschiedene Branchen: »Change-Management Automotive, ein Produkt der XY-GmbH« – »Change-Management Pharma, ein Produkt der XY-GmbH«... Allen Marken gemeinsam sind Thema und Emotion, also Change-Management verbunden mit dem Versprechen von Stabilität.

Wie diese Beispiele zeigen, lässt sich die Marke weiterentwickeln, etwa durch die Schaffung zusätzlicher Produktmarken. Eine einmal etablierte Marke steht also einer Weiterentwicklung des Unternehmens hin zu neuen Geschäftsfeldern nicht im Weg. Notwendig ist allerdings strategisches Geschick, um die ursprüngliche Marke nicht zu verwässern.

Zusammenfassung

»Wie bitte? Auf Möglichkeiten verzichten, gar Aufträge ablehnen? Das ist dann doch zu viel verlangt!« Anstatt sich klar zu positionieren und eine Marke aufzubauen, wursteln sich die meisten Berater lieber durch, hangeln sich planlos von Auftrag zu Auftrag. Fast immer gehen sie dann im schier endlosen Meer der immer gleichen Beratungsleistungen unter. Sie bewegen sich im Bereich der Mittelmäßigkeit, wie die große Zahl der mäßig erfolgreichen Berater belegt.

Es stimmt schon: Eine Marke verlangt ein eng gefasstes Profil, sie darf nur *eine* inhaltliche Botschaft und *eine* Emotion vermitteln. Für mehr bleibt keine Zeit, denn das Zeitfenster für den ersten Markeneindruck bleibt nur drei Sekunden geöffnet. Doch der Mut, sich radikal zu beschränken, wird belohnt – denn ein Beratungsunternehmen, das intelligent und beharrlich eine Marke aufbaut, erhöht seine Erfolgschancen.

Die Funktion der Marke liegt darin, sich einen Platz im Bewusstsein von Interessenten, Kunden und Multiplikatoren zu erobern. Wenn Ihre Marke und damit Ihr Angebot im Kopf eines potenziellen Kunden präsent sind, wird er im entscheidenden Augenblick an Sie denken. Ziel des Markenaufbaus ist es also, bei möglichst vielen Interessenten auf die mentale Shortlist und damit in die enge Auswahl zu kommen, wenn tatsächlich Beratungsbedarf entsteht.

Kapitel 4

Der Auftritt

Vom Logo bis zur Internetpräsenz

Nahezu identische Leistungen – und doch unverwechselbar

Zwei Organisationsberater, beide ähnlich aufgestellt und in vergleichbaren Branchen tätig: Der eine ist bekannt dafür, dass er zupackt, Veränderungen schnell und entschlossen vorantreibt. Der andere geht eher bedächtig vor, bringt Struktur ins Chaos und verschafft allen Beteiligten erst einmal einen Überblick. Zwei Berater also, die sich durch ihre emotionale Markenbotschaft unterscheiden. Der eine setzt auf Dynamik, der andere verspricht Überblick.

Jeder von ihnen hat sein eigenes Leitmotiv, das sich durch den gesamten Marktauftritt zieht. Die Internetseite des Dynamischen drückt Bewegung aus. Die Fotos zeigen die Berater in Aktion: Wie sie vor Ort Prozesse aufnehmen, Mitarbeiter interviewen, der Geschäftsführung das Konzept vorstellen. Wie sie im Meeting um die richtige Strategie ringen – die Gesichter mal angespannt, mal entschlossen, dann ein befreiendes Lachen. Ganz anders der Berater, dem es um Überblick geht: Das Design seiner Internetseite besticht durch einfache Formen, ins Auge fällt ein markantes, mit wenigen Strichen gezeichnetes Logo. Ein großes Foto, fünf Menüpunkte, ein kurzer, klar gegliederter Text. Alles auf einen Blick erfassbar.

Zwei unverwechselbare Auftritte von Beratern, die sachlich betrachtet nahezu identische Leistungen anbieten!

Auch Ihr Leistungsangebot unterscheidet sich vermutlich nur wenig von dem vieler anderer Beratungsunternehmen. Umso mehr kommt es daher auf einen unverwechselbaren Marktauftritt an. Ausgangspunkt hierfür ist die Marke, mit der Sie neben einer inhaltlichen Positionierung auch definiert haben, welches Gefühl Sie beim Kunden auslösen möchten. Doch noch existiert die Marke nur in Ihrem Kopf und auf Papier. Sie haben den Bauplan Ihres Hauses in Händen, das Haus zu errichten steht Ihnen noch bevor. Es geht nun also darum, den Auftritt des Unternehmens ins Werk zu setzen.

Ein Unternehmensauftritt besteht aus zahlreichen Details. Sie reichen vom Papier der Visitenkarte über den Text eines Angebots bis hin zur Ansage auf dem Anrufbeantworter. Dabei gilt die Regel, dass sich jedes Detail der Markenbotschaft unterwirft – denn nur dann ergibt sich ein stimmiger Gesamtauftritt. Wenn wir in diesem Kapitel Logo, Claim und Geschäftsausstattung entwerfen (Abschnitt 4.1), die Internetseite konzipieren (Abschnitt 4.2), schriftliches Informationsmaterial erstellen (Abschnitt 4.3) oder Beraterprofile in wichtige Datenbanken einstellen (Abschnitt 4.4) – stets wird uns auch die Frage beschäftigen, wie wir die Positionierung und Markenbotschaft inszenieren.

4.1 Die Grundlage: Logo, Claim und Geschäftsausstattung

Ohne geht nicht: Logo und Geschäftsausstattung, möglichst noch verbunden mit einem treffenden Claim, sind die Grundlage, um überhaupt nach außen auftreten zu können. Das Thema wird jedoch gerne überschätzt. Natürlich sind Briefpapier und Visitenkarten notwendig; beim Marktauftritt eines Beratungsunternehmens sind aber andere Elemente wichtiger – vor allem ein guter Internetauftritt. Logo und Geschäftsausstattung spielen für Beratungen bei Weitem keine so große Rolle wie etwa bei einem großen Konsumgüterhersteller.

Dennoch kommt es darauf an, grafische Gestaltungselemente wie Logo, Schriften und Farben nicht nur gut aufeinander abzustimmen, sondern immer auch an der Markenbotschaft auszurichten. Diese Aufgabe gehört in die Hände eines professionellen Grafikers. »Wir steuern den sichtbaren Teil der Identität bei«, erklärt Steffen Kratz, Geschäftsführer der Werbeagentur Haus am Meer in Hamburg und Kreativpartner des Teams Giso Weyand. »Wir geben der Marke ein Gesicht.«

Das Logo: Entscheidend ist die Wiedererkennung

Bei der Entwicklung des Unternehmensdesigns steht das Logo an erster Stelle. Wenn das Design das Gesicht eines Unternehmens ist, könnte man das Logo als seine Nasenspitze bezeichnen. Steffen Kratz: »Das Gesicht sorgt für die Wiedererkennung, wobei das komprimierteste Merkmal die Nasenspitze ist – eben das Logo, an dem ein Außenstehender das Unternehmen identifiziert.«

Entscheidend ist also der Wiedererkennungswert: Ein Außenstehender sieht das Logo und verbindet es sofort mit dem Unternehmen. Dieses Ziel lässt sich nicht erreichen, indem man einfach nur ein »schönes Logo« entwirft – aber auch nicht, indem man versucht, in ein Logo möglichst viele Aussagen hineinzupacken. Immer wieder kommt es vor, dass Partner und Mitarbeiter einer Beratung intensiv über ihr künftiges Logo nachdenken und dem Grafiker dann ein Ergebnis präsentieren, das so nicht realisierbar ist: Das Logo soll zeigen, was das Unternehmen macht und in welcher Branche es tätig ist, zugleich soll es die Philosophie des Unternehmens ausdrücken und dann auch noch vermitteln, dass die Berater sympathisch und aufgeweckt sind …

»So funktioniert ein Logo nicht«, erläutert Steffen Kratz. »Das Logo ist kein Spiegelbild des Unternehmens, sondern es identifiziert das Unternehmen.« Der Mechanismus läuft wie folgt ab: Ein Interessent lernt das Unternehmen kennen, das Logo fällt ihm ein erstes Mal auf. Bei verschiedenen Gelegenheiten begegnet ihm das Unternehmen wieder, er lernt es näher kennen – und verbindet das Gelernte mit dem Logo. Sieht er später das Logo wieder, fällt ihm ein, was er von dem Unternehmen bereits weiß. So wird das Logo allmählich mit der Markenbotschaft aufgeladen. Am Ende dieses Prozesses genügt es, das Logo zu sehen, um es sofort mit dem Unternehmen und seinen Werten zu verbinden.

Damit dieser Prozess ablaufen kann und das Logo zum »Markenträger« wird, muss es zwei Anforderungen erfüllen: Es fällt auf – und es ist in der Lage, die Markenbotschaft aufzunehmen.

Anforderung 1: Das Logo fällt auf

Eine Marke lebt von der Wiedererkennung. Die erste Funktion eines Logos liegt deshalb darin, dass ein möglicher Kunde es wiedererkennt, wenn er ihm ein zweites, drittes und viertes Mal begegnet. »Das Design muss auffallen«, folgert Steffen Kratz. »Damit das Logo im Bewusstsein hängen bleibt, braucht es etwas, an dem sich der Betrachter reibt.« Genau hier liegt in der

Praxis das Problem. Die Beraterbranche tendiert zu seriösen, zurückhaltenden Marktauftritten. Häufig findet der Auftraggeber den Entwurf des Grafikers »viel zu mutig« und drängt darauf, »es doch eher wie das Beratungsunternehmen X oder Y zu machen«. Doch eben damit tappt er in die Falle: Am Ende entsteht ein gefälliges Design, das im Meer der immer gleichen Beraterauftritte untergeht.

Lehnen Sie deshalb den Entwurf des Grafikers nicht gleich ab, sondern lassen Sie ihn eine Zeit lang auf sich wirken! Holen Sie noch andere Meinungen ein, diskutieren Sie darüber. Meist kommt dann ein bemerkenswerter Prozess in Gang: Farben oder Formen, die Sie am Anfang spontan abgelehnt haben, überzeugen mit der Zeit doch noch. Je mehr Sie sich mit dem Entwurf auseinandersetzen, desto mehr fühlen Sie sich ihm verbunden.

Anforderung 2: Das Logo muss zur Marke passen

Ein Logo, das auffällt, ist aber noch kein Markenträger. »Wir können ein hochwertiges und edles Logo entwerfen, das fabelhaft aussieht«, erklärt Steffen Kratz. »Beim näheren Hinsehen merkt man jedoch, dass ihm die Substanz fehlt. Man blickt in ein hübsches Gesicht, doch mehr gibt es da nicht.« Die Herausforderung liegt darin, ein Logo entwickeln, das auf die Besonderheit des Unternehmens Bezug nimmt. Dazu bedarf es zusätzlicher Überlegungen: Wie muss das Logo gestaltet sein, damit es die Markenwerte aufnehmen kann? Wenn eine Marke zum Beispiel Überblick und Einfachheit transportieren soll, irritiert ein grafisch verspieltes, aus vielen Elementen zusammengesetztes Logo. Dagegen unterstützt ein klares, aus wenigen Ecken und Kanten bestehendes Design diese Markenaussage.

Damit das Design gelingt und wirklich auf den Kern des Unternehmens hinweist, braucht der Grafiker ein gutes Briefing. Entscheidend ist ein ausführliches erstes Gespräch, bei dem Sie dem Grafiker Positionierung und Markenbotschaft erläutern.

Der Claim: Die Kernbotschaft auf den Punkt gebracht

Der Claim gibt in wenigen Worten, manchmal sogar in einem einzigen Wort, eine Kernbotschaft des Unternehmens wieder – und das auf eingängige und prägnante Weise. Meist ergänzt er Logo und Firmenname. Er wird auf vielfältigen Wegen kommuniziert: beim Internetauftritt, bei Präsentationen, auf Firmenbroschüren, auf Briefpapier, in der E-Mail-Signatur oder auf der Visitenkarte. Aufgabe des Claims ist es, die Marke zu unterstützen – entweder indem er die inhaltliche Positionierung wiedergibt oder die Emotion der Marke vermittelt.

Im ersten Fall vermittelt der Claim die Tätigkeit des Unternehmens. Auch wenn es sich dabei um eine sachliche Information handelt, kommt es darauf an, die angebotene Dienstleistung einprägsam, möglichst noch mit einem gewissen Pfiff auf den Punkt zu bringen. Ein Beispiel ist der Claim »Die Berater-Berater«, der direkt ausdrückt, was das Team Giso Weyand macht – eben Berater beraten. Der Trainer Michael Mosner verwendet »Führung« als Claim. Ein einziges Wort! Der Interessent erfährt, worum es geht, eben um Führung. Die Schlichtheit, nur mit diesem einen Wort aufzutreten, überrascht und gibt dem Slogan seinen Pfiff.

Im zweiten Fall transportiert der Claim die Emotion. Erinnern wir uns an RÜHLCONSULTING: Mit dem Slogan »Seien Sie sicher« spricht das Beratungsunternehmen die Emotion »Sicherheit« an. Ein anderes Beispiel ist Dr. Torsten Herzberg: Sein Claim »Der Vorwärtsbringer« verkörpert die Dynamik, die sein Unternehmen vermitteln möchte. Auch der Claim von Bürkle, Scharunge + Partner, vermittelt Dynamik: »Wenn sich etwas ändern soll.« Dem Leser ist sofort klar, dass hinter dieser Partnerschaft von Interim-Managern Leute stehen, die zupacken – die man braucht, »wenn sich etwas ändern soll«.

Ein guter Slogan ist einfach – aber ihn zu finden ist meist schwer. Greifen Sie eine Besonderheit Ihres Angebots auf und versuchen Sie, diese auf eine griffige Formel zu bringen. Formulieren Sie verständlich, aber kurz; vollständige Sätze sind nicht notwendig. Damit der Slogan bei Ihrer Zielgruppe ein gutes Gefühl auslöst, darf er einerseits nicht langweilen, andererseits aber auch nicht überspannt wirken. Feilen Sie an Ihrer Formulierung. Experimentieren Sie mit klanglichen Mitteln wie Alliteration oder Reim, suchen Sie nach Wortspielen oder Metaphern. Und dann: Testen Sie das Ergebnis. Wie kommt der Slogan bei Kunden an? Machen Sie den Barhockertest. Einen guten Claim erzählt man sich auch am Tresen.

Versteifen Sie sich aber nicht darauf, unbedingt einen Claim finden zu müssen. Wenn Ihnen nichts Treffendes einfällt, können Sie das Thema auch verschieben. Der Claim ist kein Muss-Kriterium. Es wäre übertrieben, sich wochenlang die Maßgabe zu setzen: »Wir müssen einen Slogan finden« oder gar eine Werbe- oder Claim-Agentur damit zu beauftragen. Der Claim hat die Aufgabe, die Markenbotschaft zu vermitteln – und dementsprechend ist es wichtiger, dass er richtig sitzt, als überhaupt einen zu haben. Lassen Sie also lieber etwas Zeit vergehen, behalten Sie das Thema aber im Auge. Wie die Erfahrung zeigt, entsteht ein guter Claim oft auch nebenbei, zum Beispiel beim Schreiben der Internettexte.

Grundsätzlich ist ein Unternehmensauftritt nicht in Stein gemeißelt. Auch große Markenartikler ändern einen Claim von Zeit zu Zeit. Das geschieht nicht alle drei Wochen, aber vielleicht alle drei bis fünf Jahre. Wenn Ihnen also kein passender Slogan einfällt, können Sie das auch ein paar Jahre später nachholen, wenn Sie Ihren Marktauftritt ohnehin neu justieren.

Die Geschäftsausstattung: Der Unterschied liegt im Detail

Die Geschäftsausstattung – das sind vor allem Briefpapier und Visitenkarten. Wieder gilt: Alle Elemente wie Design, Schrift und Papiersorte sind so zu wählen, dass sie der Markenbotschaft nicht widersprechen, sondern diese möglichst unterstreichen. Eine eher schlichte Geschäftsausstattung kann Sparsamkeit und damit eine sehr ökonomische Arbeitsweise signalisieren. Bei einem schwäbischen Maschinenbauer ist das vielleicht genau das Richtige. Jedenfalls würde eine teure, siebenfach veredelte und im Buchdruck gefertigte Visitenkarte dieser Botschaft klar widersprechen. Aber auch ein zu dünnes Papier wäre falsch, denn es würde einen billigen, unsoliden Eindruck vermitteln. Pergamentfarbene schwere Visitenkarten wiederum wären verfehlt, wenn pfiffige Jungunternehmer die Zielgruppe sind.

Am oberen Ende, im Premium-Segment, sind die Optionen schier unerschöpflich. Dem Grafiker stehen hier aufwendigste Produktionsverfahren und teuerste Papiere zur Verfügung, die im Einzelfall das viele Geld durchaus wert sein können. Ein Beispiel ist das Letterpress-Verfahren, unter dem in jüngerer Zeit der traditionelle Buchdruck wieder auflebt: Die Farbe wird durch einen Stempel unter hohem Druck auf das Papier aufgebracht, was gleichzeitig einen Prägeeffekt hervorruft. Auf diese Weise bekommt das Papier eine plastische, fühlbare Oberfläche.

Es liegt nahe, die Geschäftsausstattung vom selben Grafiker erstellen zu lassen, der auch schon Logo und Design entworfen hat. So haben Sie die Gewähr, dass ein stimmiges Gesamtbild entsteht.

4.2 Das wichtigste Element: Der Internetauftritt

Während die Bedeutung von Logo, Claim und Geschäftsausstattung gerne überschätzt wird, ist es beim Internetauftritt umgekehrt. »Wegen der Internetseite kommt doch keiner« ist noch immer ein typischer Einwand, wenn es um den Aufwand für eine Webseite geht. Sie sei zwar notwendig, »aber 20 000 Euro gebe ich dafür nicht aus«. Doch die Internetseite ist ein komplexes Ganzes, bei dem Texte und visuelle Elemente zu einem »Gesamterlebnis Marke« verschmelzen. Für einen Berater oder ein Beratungsunternehmen ist der Internetauftritt daher das wichtigste Instrument, um die eigene Marke mit Leben zu füllen. Hier lohnt es sich wirklich, Zeit und Geld zu investieren. Als Anhaltspunkt kann unsere Erfahrung gelten, wonach eine gute Berater-Webseite kaum unter 15 000 bis 25 000 Euro gekostet hat – alles inklusive, auch die Fotos.

Spannung erzeugen: Inszenierung mit Mut zur Lücke

Viele Berater meinen, die Internetseite sei dazu da, unmittelbar Aufträge zu generieren. Um diese Funktion zu erfüllen, sind Beratungsleistungen jedoch zu anspruchsvoll und komplex. Der Internetauftritt eines Beraters braucht deshalb weder umfassend über die angebotenen Leistungen zu informieren noch hat er die Aufgabe, diese Leistungen zu verkaufen. Insofern ist die Behauptung, dass wegen der Internetseite »keiner kommt«, so gesehen nicht einmal falsch.

Aber warum ist die Internetseite dann so wichtig? Sie vermittelt dem Interessenten einen ersten Eindruck: Was macht dieses Unternehmen? Wer steht dahinter – ein Einzelkämpfer oder ein Beraterteam? Wie ticken die Berater? Unwillkürlich trifft der Interessent eine erste wichtige Entscheidung: »Dieser Berater könnte der richtige für mich sein.«

Die Internetseite vermittelt dem Interessenten also eine erste Information, was das Beratungsunternehmen macht – und ist vor allem auch in der Lage, die Emotion der Marke zu transportieren. Damit verbunden ist eine zweite wesentliche Funktion: die Differenzierung vom Wettbewerb. Wenn sich ein Interessent mehrere Webauftritte hintereinander ansieht, merkt er im Idealfall sofort den Unterschied zu den anderen Anbietern. Der Auftritt fällt ihm auf, bleibt ihm als etwas Besonderes im Gedächtnis.

Die dritte Funktion der Internetseite liegt schließlich darin, neugierig auf mehr zu machen. Der Interessent bekommt erste Informationen – gerade so viel, dass er einschätzen kann, ob der Berater passt und sein Problem lösen kann. Ist das der Fall, möchte er mehr wissen. Findet er auf der Webseite keine ausreichende Antwort, wird er Kontakt mit dem Beratungsunternehmen aufnehmen. Und genau das ist das Ziel des Internetauftritts, nämlich dass sich mögliche Kunden melden. Die Inszenierung einer Internetseite braucht Mut zur Lücke. Das erzeugt Spannung und den Wunsch beim Interessenten, die Lücken zu schließen.

Hygieneinstrument mit hohem Anspruch

Nahezu jeder Feld-Wald-und-Wiesen-Berater beauftragt heute eine professionelle Werbeagentur, die ihm eine recht passable Webseite erstellt. Die Branche hat hier eindeutig hochgerüstet. Das bedeutet, dass auch Sie einen Webauftritt benötigen, der hier mithalten kann. Wenn Sie mitspielen wollen, kommt es darauf an, an dieser Stelle 100 Prozent zu geben.

Warum es bei der Internetseite so sehr auf Topqualität ankommt, verdeutlicht ein Blick auf den typischen Entscheidungsprozess eines Kunden: Sucht ein Geschäftsführer, Vorstand, Bereichsleiter, Personalverantwortlicher oder Abteilungsleiter einen Berater, hört er sich in der Regel zunächst um und überlegt, wer für das anstehende Problem infrage kommt. Welche Kontakte gibt es bereits? Wer könnte einen guten Berater kennen? Welcher Berater ist bei einem Vortrag, auf einer Messe, mit einem Artikel oder durch ein Buch aufgefallen? Welchen Berater haben Kollegen schon gelobt? Auf diese Weise sammelt er einige Namen. Nun folgt der kritische Schritt: Er sieht sich die Webseiten dieser Berater an und entscheidet dann, beim wem er anfragt. Dabei folgt er seinem Gefühl und wird sich die drei oder vier Adressen herauspicken, deren Auftritte ihm am meisten zugesagt haben.

Der Internetseite kommt damit die Funktion eines Hygieneinstruments zu. Der Entscheider hat von Ihnen gehört und sucht nun nach einer Bestätigung. Hierzu geht er ins Internet. Werden seine Erwartungen bestätigt, meldet er sich bei Ihnen. Steht der Internetauftritt dagegen im Widerspruch zu früheren Eindrücken oder empfindet er ihn gar als unprofessionell, wendet er sich dem nächsten Berater auf seiner Liste zu. In diesem Fall haben Sie ausgespielt – schade. Nicht nur ein fast schon greifbarer Auftrag ist verloren, sondern auch die »Aufbauarbeit« der vergangenen Monate war bei diesem Kunden umsonst. Denn er hat Sie von seiner mentalen Shortlist gestrichen.

Sie sehen also: Es kommt es weniger darauf an, mit der Internetseite möglichst viele Besucher anzulocken. Vielmehr liegt ihre vorrangige Funktion darin, die wenigen tatsächlichen Interessenten davon zu überzeugen, dass Sie der richtige Berater für sie sind. Genau auf diese kritische Situation hin sollte der Internetauftritt ausgelegt sein.

Fünf Meilensteine:
Von der Konzeption bis zur Freischaltung

Grundstruktur, Fotos, Design, Entwicklung, Freischaltung – fünf Meilensteine markieren den Weg zum Internetauftritt. In wenigen Sätzen lässt sich dieser Weg wie folgt beschreiben:

- *Meilenstein 1: Die Grundstruktur der Webseite ist festgelegt.* Aus der inhaltlichen Positionierung und der emotionalen Markenbotschaft leiten Sie die Grundrichtung des Internetauftritts ab, die der Grafiker in einer ersten Layoutskizze visualisiert.
- *Meilenstein 2: Die Fotos für den Internetauftritt sind erstellt.* Auf der Grundlage der ersten Layoutskizze findet ein Briefing mit dem Fotografen statt. Es folgt das Fotoshooting.
- *Meilenstein 3: Das Screendesign ist erarbeitet und freigegeben.* Der Grafiker erstellt das Layout einer ersten Seite und stimmt sie mit Ihnen ab. Es folgt das Layout aller weiteren Seiten, die Sie ebenfalls freigeben.
- *Meilenstein 4: Die Internetseite ist programmiert.* Nach Freigabe des Screendesigns kommen die Programmierer zum Zug. Schon während der Programmierphase haben die Beteiligten über einen Link Zugriff auf den Webauftritt. So können Sie fertige Teile bereits aufrufen und verfolgen, wie die Internetseite entsteht.
- *Meilenstein 5: Die Seite ist online.* Wenn alle Korrekturen und Änderungen ausgeführt sind und Sie die Seite freigegeben haben, wird der Webauftritt live geschaltet.

Deutlich wird, dass die Internetseite Teamarbeit ist. Zwischen Grafiker, Fotograf und Programmierern findet ein enger Austausch statt – und natürlich auch mit Ihnen als Auftraggeber. Für Sie kommt es darauf an, einerseits offen zu sein und der Kompetenz der Spezialisten zu vertrauen, andererseits aber darauf zu achten, dass die Grundrichtung der Internetseite eingehalten wird. Diesen Balanceakt zu bewerkstelligen erfordert einiges Wissen über Konzeption, Aufbau und Umsetzung eines Internetauftritts. Worauf es ankommt, erfahren Sie in den folgenden Abschnitten.

Mit Mut zur Lücke: Struktur und Inhalt der Internetseite

Der erste Schritt ist ein Konzept für Struktur und Inhalt. Anhand von zwei wesentlichen Kriterien legen Sie die Grundrichtung fest: Der Internetauftritt vermittelt Ihre Marke, also die inhaltliche Positionierung und Emotion – und er verrät nicht zu viel, beweist also Mut zur Lücke.

Nicht nur Texte, Grafik und Bilder können die Markenbotschaft transportieren, schon die Struktur kann hierzu beitragen. Die meisten Beraterseiten vergeben sich diese Chance. Sie sind alle ähnlich aufgebaut, etwa mit Menüpunkten wie »Wir über uns«, »Unsere Leistungen«, »Unsere Philosophie« und »Kontakt«. Im Mittelpunkt stehen also das eigene Unternehmen, die eigenen Methoden und die eigenen Leistungen. Dieser Aufbau wirkt langweilig, sendet keine Botschaft und ist austauschbar.

Die Alternative liegt darin, sich von der klassischen Menüstruktur zu lösen. Erfinden Sie stattdessen neue, zu Ihrer Botschaft passende Begriffe, mit denen Sie Ihre inhaltliche Positionierung unterstreichen. Wenn Sie zum Beispiel auf eine Branche spezialisiert sind, etwa Automotive, können Sie den ersten Menüpunkt einfach »Automotive« nennen und darunter Ihre aktuellen Gedanken zur Branche darlegen. Bei einem Führungstrainer für das mittlere Management könnte »Mittelmanagement« ein eigener Menüpunkt sein, unter dem Sie über die Situation schreiben, in der sich speziell Mittelmanager befinden – eine sehr gute Möglichkeit, Ihre Zielgruppe bei den Leidensdruckthemen abzuholen.

Nicht nur die inhaltliche Botschaft, auch die Emotion der Marke lässt sich mithilfe der Struktur des Internetauftritts hervorheben. Drei Beispiele:

- Wenn Ihre Marke die Emotion »Überblick« vermitteln soll, achten Sie auf einen sehr übersichtlichen Seitenaufbau. Entscheidend ist eine einfache, klar gegliederte Menüführung. Sie können auch einen eigenen Menüpunkt »Auf einen Blick« einrichten. Wer diesen Punkt aufruft, erhält alle Informationen der Webseite im Überblick. Binnen 30 Sekunden kann er sich orientieren.
- Wenn »Dynamik« Ihr Thema ist, nutzen Sie zum Beispiel einen Menüpunkt mit dem Titel »Schnelligkeit«. Dort stellen Sie dann dar, wie der Kunde mit Ihrer Hilfe schnell agiert, dadurch neue Märkte erobert oder Gefahren rechtzeitig abwehrt. Ein solcher Menüpunkt ist ungewöhnlich, sagt aber viel über Ihr Unternehmen und Ihre Botschaft aus.
- Lautet Ihr Thema »Zupacken«, können Sie den Punkt »Referenzen« umbenennen in »Konkrete Beispiele« – einen Begriff, der das konkrete Tun, eben das Zupacken, vermittelt. Natürlich muss der Menüpunkt dann auch einlösen, was er verspricht: Die Beispiele gehen tatsächlich in die Details. Der Leser erfährt, wie die Berater zupacken, was sie herausfinden und wie genau sie das Problem lösen.

Emotion schaffen: Grafische Gestaltung und Fotos

Die Umsetzung der Internetseite erfordert das Zusammenspiel verschiedener Dienstleister – vor allem von Grafiker, Fotograf und Programmierer. Der Grafiker erstellt zunächst das Design und Seitenkonzept. Hiervon hängt dann ab, welches Bildmaterial benötigt wird. Erst dann tritt der Fotograf in Aktion, der entweder vom Grafiker direkt oder durch Sie beauftragt wird.

Wie das Design die Marke betont

Wieder ist ein gutes Briefing des Grafikers entscheidend. Der Grafiker kann nur dann ein gutes Design entwerfen, wenn er Unternehmen und Marke verstanden hat. Je prägnanter Sie ihm Ihre Positionierung und emotionale Botschaft erklären, desto klarer stellt sich für ihn der Auftrag dar und desto treffsicherer wird er seine Arbeit ausführen.

Im Falle eines komplett neuen Marktauftritts entwickelt der Grafiker in der Regel das Design für die Internetseite zusammen mit dem Logo. Er fängt dann quasi bei null an und kann von vornherein alle Elemente aufeinander abstimmen. Häufig steht der Grafiker aber auch vor der Situation, einen bestehenden Internetauftritt auf die Marke anzupassen. Die Kunst liegt dann darin, die Seite behutsam umzugestalten, sodass sie künftig die gewünschte Markenbotschaft vermittelt. Bereits einfache grafische Anpassungen können da Wunder wirken, wie Raphael Fritz, Geschäftsführer der Formrausch GmbH, Agentur für Kommunikationsdesign in Koblenz, erläutert. Als Beispiel führt er eine Beraterseite an, deren Marke die Emotion »Sicherheit« vermitteln soll. Zwei einfache Kniffe genügten, um den Eindruck der Seite entscheidend zu verändern:

- Der Grafiker änderte in Nuancen die Grundfarben des Webauftritts. Aus einem kalten Grau machte er ein warmes Grau, auch das bisherige Blau »entsättigte« er etwas. Der Effekt: Eine wärmere Farbwelt strahlt Geborgenheit aus und vermittelt deutlich mehr Sicherheit als die bisherigen kühlen Farben.
- Der Grafiker arbeitete viel mit Querformaten und breiten Formen. Fotos, Textfelder und grafische Flächen sind jetzt so zugeschnitten, dass sie sich über die Breite einer Seite erstrecken. Auch so entsteht das Gefühl von Sicherheit. Dieser Effekt hat mit wahrnehmungspsychologischen Erkenntnissen zu tun: Ein hochkant gestellter Quader wirkt instabil, vermittelt die Befürchtung, er könnte umfallen. Ruht er hingegen auf der Breitseite, kann ihn nichts umwerfen; er vermittelt das Gefühl von Solidität und Sicherheit.

Raphael Fritz: »Eine warme Farbwelt und breite Formate unterstützen das Gefühl von Sicherheit und tragen so zur emotionalen Aufladung dieses Internetauftritts bei.« Abbildung 4.1 zeigt die alte und neue Startseite – und verdeutlicht diesen Effekt.

Abbildung 4.1:

Startseite damals und heute: Lebendige Fotos und breite Formate sprechen auf der neuen Internetseite (rechts) auch die Gefühle des Kunden an. (siehe auch www.campus.de/weyand)

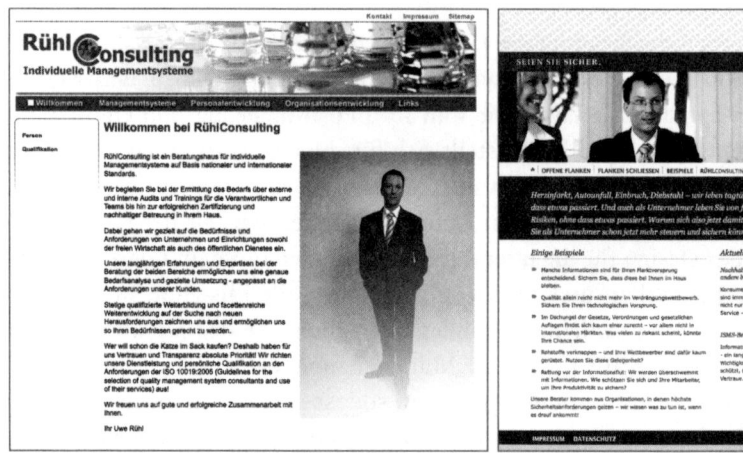

Welche Rolle Fotos spielen

Neben dem Logo sind es die Fotos, die sofort auffallen. Ein gutes Foto löst unmittelbar ein Gefühl aus – und kann damit ein hervorragender Träger der Markenbotschaft sein. Auf Fotos zu verzichten, wie es viele Berater immer noch tun, ist aus Sicht des Markenaufbaus ein grober Fauxpas.

Ein einfacher und schneller Weg wäre es nun, auf Archivbilder zurückzugreifen. Schmucke Bilder, die zur Grundaussage einer Marke passen, lassen sich immer finden. Nur: Mit glücklich aussehenden jungen Geschäftsleuten, die händeschüttelnd dastehen oder sich am Besprechungstisch grinsend über Unterlagen beugen, können Sie die Besonderheit Ihres Unternehmens kaum wirkungsvoll in Szene setzen. Das gilt auch für stimmungsvolle Sonnenblumenfelder, Segelboote oder Leuchttürme. Mag sein, dass solche Bilder emotional bewegend sind. Doch erinnern sie eher an Fernsehwerbung oder die Plakate der örtlichen Sparkasse. Wie sollen sie da noch die Emotionen Ihrer Marke auslösen?

Zeigen Sie stattdessen lieber Fotos aus Ihrem eigenen Unternehmen – von den Menschen, mit denen es Ihre Kunden zu tun haben. Geben Sie also ein Stück von sich selbst preis. Angenommen »Sicherheit« ist die Emotion, die Ihr Kunde spüren soll. Zeigen Sie dann ein Foto, auf dem Sie und Ihre Mitberater sich ernsthaft mit einem Thema befassen – denn wer sich um Sicherheit kümmert, muss eine gewisse Ernsthaftigkeit ausstrahlen.

Für solche Fotos benötigen Sie einen professionellen Fotografen. An diesem Punkt gibt es in der Praxis fast immer Probleme – den Schritt zum Fotoshooting gehen die wenigsten Berater. Regelmäßig werden vier Einwände vorgebracht:

- Erstens wird angeführt, ein professioneller Fotograf sei teuer, er koste einige Tausend Euro. Man entscheidet sich dann lieber für den netten Hochzeitsfotografen um die Ecke, der den Auftrag auch für 300 Euro übernimmt. In aller Regel enttäuscht dann die Qualität der Bilder – und das ist schade, denn die Chance, mit Ihrer Marke in den Kopf des Kunden zu dringen, liegt in der emotionalen Ansprache. Die beste Möglichkeit, dieses Gefühl zu erzeugen, sind neben persönlicher Präsenz, etwa bei einem Vortrag, tatsächlich die Fotos auf Ihrer Webseite.
- Das zweite immer wieder auftauchende Problem ist die Frage: »Sehen wir denn gut aus auf den Fotos?« Dem lässt sich entgegnen: Diese Frage stellt sich nicht! Der Maßstab kann nicht sein, dass ein Berater gut aussieht, schließlich sollen ja keine Models auftreten. Die Bilder sollen vielmehr vermitteln, wie die Berater tatsächlich denken, auftreten und handeln. Also: Echt geht vor schön.
- Der dritte Einwand betrifft das Ambiente: Wo sollen die Fotos denn gemacht werden? Im eigenen Büro? In einer schicken Umgebung außerhalb? Oder beim Kunden? Auch hier gilt die Regel, dass es authentisch sein sollte. Versuchen Sie, bei der Wahl des Ortes die Vorstellungswelt des Kunden zu treffen. Wenn Sie für mittelständische Maschinenbauer arbeiten, wäre das schicke Designerloft wohl kaum der richtige Platz. Stattdessen können eine Produktionshalle oder das Büro des Unternehmers geeignete Orte für die Aufnahmen sein.
- Schließlich wird angeführt, dass sich einige Mitarbeiter nicht fotografieren lassen wollen. Dieses Thema taucht im Marketing immer wieder auf – und bedarf einer Klarstellung: Der Unternehmensauftritt ist Sache aller Mitarbeiter und eigentlich ist es selbstverständlich, dass alle im Marketing mitziehen und sich auch fotografieren lassen. Auch ein ganz praktischer Grund spricht dafür, dass möglichst alle Mitarbeiter am Fotoshooting teilnehmen: Der Grafiker benötigt eine ausreichend große Auswahl an Fotos, um den gesamten Webauftritt gestalten zu können. Erst verschiedene Fotos der Mitarbeiter in immer wieder neuen Situationen machen den Internetauftritt lebendig. Welches Gesetz schreibt zum Beispiel vor, dass sich die Berater auf der Profilseite alle mit mehr oder weniger gleichen Porträtbildern vorstellen müssen? Es kann da auch viel lebhafter zugehen, etwa mit Bildern »direkt aus dem Leben«. Da darf dann ein Be-

rater auch einmal lachen, ein anderer redet gerade, der dritte denkt, die Hände in den Hosentaschen, über ein ernstes Problem nach.

Wie Sie mit dem Fotografen richtig umgehen

In der Regel erstellt der Grafiker zunächst ein erstes, noch grobes Seitenkonzept. Es enthält bereits Beispielbilder, die andeuten, wie er sich die Grundrichtung vorstellt. Der Grafiker bespricht das Konzept zunächst mit Ihnen. Wenn Sie es freigegeben haben, wird der Fotograf bestimmt und beauftragt. Vor dem Fotoshooting besprechen sich Grafiker und Fotograf, um noch einmal genau abzustimmen, wie die Bildwelt aussehen soll.

Preisfrage: Wie finden Sie den richtigen Fotografen? Oft kann der Grafiker einen Fotografen empfehlen, mit dem er öfter zusammenarbeitet. Wenn Sie selbst einen Fotografen suchen, hat es sich bewährt, hierzu renommierte Magazine wie etwa *brand eins*, *Zeit-Magazin*, das Magazin der *Süddeutschen Zeitung*, die *Wirtschaftswoche* oder das *manager magazin* durchzublättern. Welche Fotos sprechen Sie besonders an? Auf diese Weise bekommen Sie ein Gefühl für qualitativ hochwertige Fotos. Die Namen der Fotografen stehen meist an den Fotos, sodass Sie sich über die infrage kommenden Fotografen auf deren Webseite näher informieren können. Meist handelt es sich um sehr erfolgreiche Fotografen, die als Freie für Magazine arbeiten und auch von Ihnen gebucht werden können.

Wie schon beim Grafiker kommt es nun beim Fotografen auf ein gutes Briefing an. Nehmen Sie sich hierfür ein bis zwei Stunden Zeit. Denken Sie daran, dass der Fotograf die Welt der Berater wahrscheinlich nicht wirklich kennt. Erläutern Sie ihm daher nicht nur in hehren Worten Positionierung und Markenbotschaft, sondern schildern Sie ihm an einem Beispiel, wie Sie und Ihre Mitarbeiter ganz konkret vor Ort beim Kunden vorgehen. Versuchen Sie auch, die Emotion Ihrer Marke möglichst konkret zu erläutern. Begnügen Sie sich nicht mit Schlagworten wie Sicherheit, Dynamik oder Freiheit, sondern erklären Sie, woran Sie dieses Gefühl festmachen. Erläutern Sie, woran der Kunde in der täglichen Arbeit, im Gespräch oder bei Terminen merkt, dass Ihr Unternehmen genau diese Emotion vermittelt.

Gehen Sie in die Details, wenn Sie dem Fotografen Ihr Unternehmen vorstellen – doch beschreiben Sie ihm nicht im Detail, wie die Bilder aussehen sollen. Dieser Versuch wird gerne gemacht, etwa nach dem Motto: »Ja, wir haben uns das so vorgestellt. Ich sitze hier am Schreibtisch, mein Laptop ist aufgeklappt ...« Eine Horrorvorstellung für jeden professionellen Fotografen, sieht er darin doch einen Eingriff in seine Kompetenz. Eine Botschaft in Fotos zu übersetzen gehört schließlich zu seinem Kerngeschäft.

Bevor Sie den Fotografen endgültig beauftragen, legt er Ihnen in der Regel einige Beispielbilder vor, die ausdrücken, wie er sich die Umsetzung vorstellt. Daran erkennen Sie, ob er Sie verstanden hat. Stimmt die Grundrichtung, lautet die Leitregel für die weitere Zusammenarbeit: Lassen Sie sich zu 80 Prozent auf seine Vorstellungen ein. Greifen Sie nur ein, wenn es wirklich nötig erscheint. Das gilt auch für Licht, Tageszeit des Shootings oder die Einbeziehung eines Visagisten. Diese Dinge sind sein Handwerk. Er weiß, was notwendig ist. Sich für ein Foto zu schminken erfordert einen speziellen Blick. Überlassen Sie auch das dem Fotografen und Visagisten.

Abschied vom Beraterdeutsch: Verständliche Texte

Eine Beratungsgesellschaft schreibt unter dem Menüpunkt »Leistungsangebot«:

Prozessberatung

Prozessmanagement ist ein zentraler Schwerpunkt effizienter, werthaltiger Wertschöpfungsketten in jedem Unternehmen. Dies gilt für alle Arten von Geschäftsprozessen, aber besonders für Kundenprozesse. Es gibt eine Vielzahl an Möglichkeiten, Prozesse zu gestalten. Ziel ist es, ein Prozesslayout zu finden, bei dem das Verhältnis von Aufwand, Transparenz und Qualität dem strategischen Prozessziel entspricht.

Mit unseren Erfahrungen unterstützen wir genau diesen Ansatz in Projekten, Audits und Konzepten oder bei der kontinuierlichen Weiterentwicklung der Prozesse.

Unter Prozessmanagement verstehen wir alle Aktivitäten beim Designen, Managen, Monitoren sowie bei der kontinuierlichen Optimierung der Geschäftsvorfallbearbeitung.

…

Grundsätzlich unterscheiden wir

- strategisches Prozessmanagement,
- Design effizienter Prozesse und Prozessanalyse und Optimierung,
- analytisches Prozesscontrolling und
- operatives Prozesscontrolling.

Im strategischen Prozessmanagement steht die Etablierung von Prozessmanagementverantwortlichkeiten, Methoden und Zielen in der Organisation im Vordergrund. …

Das ist im wahrsten Sinne des Wortes erschöpfend – und macht erst die Hälfte der Ausführungen unter diesem Menüpunkt aus. Eines schafft dieser Text ganz sicher nicht: das Besondere des Unternehmens zu vermitteln. Dass sich hinter diesen Zeilen eine Truppe zupackender Berater verbirgt, die in internationalen Großprojekten unterwegs sind, ahnt der Leser nicht. Die Berater sind sicherlich nicht wegen, sondern trotz ihres Internetauftritts erfolgreich.

Mit solchem Beraterdeutsch lässt sich keine Markenbotschaft transportieren, weil es langweilt, statt Interesse zu wecken. Dass die meisten Berater nach wie vor so schreiben, hat auch einen Vorteil: Das Verbesserungspotenzial ist enorm! Gut geschriebene Texte sind noch immer eine der effektivsten Möglichkeiten, um einen Marktauftritt deutlich zu verbessern und sich von der Konkurrenz abzuheben.

Texte auf Beraterdeutsch sind so schwer verständlich, weil sie mit Worten überladen sind, die fachlich klingen, deren Bedeutung dem Kunden aber unklar ist. Was genau soll der Leser von »Prozesslayout«, »strategischem Prozessmanagement« oder einem »analytischen Prozesscontrolling« halten? Fachjargon kombiniert mit komplizierten Satzkonstruktionen ist für die meisten Leser unverdauliche Kost. Zudem sind die Texte öde, weil sie Beratungsleistungen aufzählen, anstatt das Problem des Kunden zu benennen und ihm eine Lösung zu versprechen.

Was also tun? Wechseln Sie die Perspektive, das heißt, nehmen Sie den Blickwinkel Ihrer Zielgruppe ein. Zwei einfache Regeln können hierbei Wunder wirken: Sprechen Sie den Leidensdruck des Kunden an – und schreiben Sie in seiner Sprache.

Regel 1: Den Leidensdruck des Kunden ansprechen

Im Urlaub entschließen Sie sich zu einem Kamelritt durch die Westsahara. Nach einer Stunde greifen Sie nach Ihrer Wasserflasche und stellen entsetzt fest: Sie war undicht! Kein Schluck Wasser mehr, aber noch drei Stunden Kamelritt vor Ihnen. Die Mitreisenden brauchen ihr Wasser selbst und so vergeht die Zeit. Ihr Mund trocknet aus, Ihr Kopf beginnt zu hämmern. Da kommen Sie am einzigen Wasserverkäufer weit und breit vorbei. Klar: Jetzt brauchen Sie Wasser, und zwar sofort, egal was es kostet. Das ist purer Leidensdruck. Und es reicht völlig, diesen Leidensdruck anzusprechen. Sie kaufen!

Also: Im Idealfall sprechen Sie einen echten Leidensdruck Ihres Kunden an. Das macht Ihren Text sofort hochinteressant, weckt er doch im Kunden die Hoffnung, durch Sie von seinem »Leiden« erlöst zu werden. Dazu sind drei Schritte notwendig:

- *Finden Sie die Leidensdruckthemen Ihrer Zielgruppe heraus.* Überlegen Sie: Was beschäftigt Ihren Kunden gerade, wo drückt ihn wirklich der Schuh? Bei welchem Problem sind Sie für ihn der ersehnte Wasserverkäufer in der Wüste? Welches Ihrer Angebote lässt sich möglicherweise auf ein solches Leidensdruckthema hin zuschneiden?
- *Formulieren Sie die Leidensdruckthemen.* Stellen Sie sich vor, Ihr Kunde berichtet Ihnen von seinem Problem. Wie würde er sich ausdrücken? Er wird nicht sagen: »Wir müssen unsere Unternehmenskultur verändern.« Sondern eher so formulieren: »Da kommt eine ziemliche Veränderung in der Branche auf uns zu. Ich möchte, dass meine Leute fit dafür sind.« Er wird nicht sagen: »Ich möchte Wachstumsalternativen entwickeln«, sondern eher: »Ich sehe die Chance, in anderen Bereichen Geld zu verdienen. Deshalb hätte ich gerne jemanden, der mit mir zusammen diese Möglichkeiten herausfindet.« Formulieren Sie das Problem aus der Sicht des Kunden. So geben Sie ihm das Gefühl, dass Sie sein Problem verstehen. Belegen Sie dann, etwa durch Referenzen oder Projektbeispiele, dass Sie dieses Problem schnell und nachhaltig beseitigen können.
- *Platzieren Sie die Leidensdruckthemen.* Die Leidensdruckthemen können gleich auf der Startseite stehen, sodass sie dem Besucher sofort ins Auge fallen. Bewährt hat sich auch ein eigener Menüpunkt »Anliegen meiner Kunden«, »Probleme der Kunden« oder »Themen der Kunden«. Dort lassen sich dann fünf bis sieben Themen aufführen – formuliert zum Beispiel als Zitate von Kunden. Damit sprechen Sie den Ratsuchenden nicht nur unmittelbar an, sondern belegen auch, dass Sie die wirklichen Probleme Ihrer Zielgruppe kennen. Die Leidensdruckthemen lassen sich dann unter der Rubrik »Projektbeispiele« wieder aufnehmen: Wählen Sie die Beispiele so, dass Sie jeweils ein Leidensdruckthema ansprechen – und schildern Sie dann, wie Sie den Fall gelöst haben.

Regel 2: In der Sprache des Kunden schreiben

Verständlich schreiben bedeutet vor allem eines: in der Sprache des Kunden schreiben. Ob ein Text diese Anforderung erfüllt, können Sie wie folgt überprüfen:

- *Test 1: Laut vorlesen.* Lesen Sie einen Text, den Sie für Ihre Internetseite geschrieben haben, laut vor. Beim lauten Vorlesen merken Sie sehr schnell, ob der Text schwierig ist oder man sich am Ende eines Satzes kaum mehr an den Anfang erinnern kann. Zudem ergeht es dem Leser nicht anders als dem Sprecher, der laut vorliest: Er holt erst dann Luft, wenn der Punkt kommt – gerät also bei langen, schwierigen Sätzen außer Atem. Prüfen Sie daher, ob Sie beim Vorlesen Ihres Textes atemlos werden. Wenn ja, ist das ein starkes Indiz dafür, dass Sie Beraterdeutsch geschrieben haben.

- *Test 2: Das Bürogespräch.* Stellen Sie sich vor, zwei Entscheider aus Ihrer Zielgruppe treffen sich zu einem Meinungsaustausch. Prüfen Sie nun Ihren Internettext: Ist es die Sprache, in der die beiden Kunden miteinander reden? Würde der eine zum anderen zum Beispiel sagen: »Du Günther, wir haben einen neuen Berater und der unterstützt uns durch maßgeschneiderte Lösungen bei der Optimierung unserer integrierten Geschäftsprozesse, unter besonderer Berücksichtigung von Produktivität, Effizienz und Qualität.« Würde er wirklich so reden? Oder vielleicht doch eher etwas sagen wie: »Du Günther, wir haben einen neuen Berater, der hat uns den gesamten Vertrieb neu aufgestellt und dabei auch unsere Niederlassungen in China und Indien eingebunden. Der Verkauf dort ist seitdem um 14 Prozent gestiegen.«

Heißt das nun, die Texte so zu schreiben, wie man spricht? Nicht ganz. Benutzen Sie ein *gezähmtes Sprechdeutsch*, das deutlich näher an der gesprochenen Sprache liegt als das akademische Beraterdeutsch. Eine Möglichkeit besteht darin, den Text zunächst zu diktieren, von Ihrer Sekretärin schreiben zu lassen – und dann zu zähmen. Stellen Sie sich zum Beispiel vor, Sie sitzen einem Ihrer Kunden gegenüber. Sprechen Sie den Text dann so ins Diktiergerät, wie Sie die Sache diesem Kunden erzählen würden. Dann werden Sie kaum sagen: »Wir bieten maßgeschneiderte Lösungen bei der Indikation Ihrer Geschäftsprozesse unter Berücksichtigung von …« – sondern viel eher: »Was uns wichtig ist: …«

Trotz Zähmung empfinden viele Berater einen Text oft immer noch zu salopp. Aber: Was ein Berater zu salopp findet, trifft in 95 Prozent der Fälle den Ton der Kundschaft genau richtig. Manchmal ist es sogar immer noch zu steif. Nehmen Sie einem Text deshalb nicht gleich wieder seine Farbe. Prüfen Sie ihn stattdessen noch einmal aus dem Blickwinkel Ihrer Zielgruppe, etwa indem Sie ihn einen Kunden lesen lassen. Oft bestätigt sich dann, dass Berater andere Maßstäbe anlegen als ihre Kunden.

Der entscheidende erste Eindruck: Konzeption der Startseite

Nachdem Sie den Layoutentwurf freigegeben haben und der Fotograf die Bilder gemacht hat, erstellt der Grafiker die ersten Seiten. Besonderes Augenmerk erfordert nun die Startseite. Transportiert sie tatsächlich die Markenbotschaft? Erinnern wir uns an das Drei-dreißig-Prinzip: Ein Interessent lässt sich gewinnen, wenn man ihn in den ersten drei Sekunden neugierig auf mehr macht – und ihm in den folgenden 30 Sekunden die Positionierung vermittelt. Die Startseite eines Internetauftritts kann beides leisten. Die meisten Beratungsunternehmen verschenken diese Chance, indem sie sich mit einem Begrüßungssatz oder belanglosem Blabla begnügen.

Auf einer guten Startseite spielt sich Entscheidendes ab: Der Interessent fühlt sich im ersten Augenblick angesprochen, dann liest er, was das Unternehmen anbietet – und erkennt, ob das Angebot für ihn infrage kommt. Wenn das der Fall ist und wenn er den Eindruck gewonnen hat, der Berater könnte für ihn der richtige sein, ist er neugierig auf mehr. Nun ist er bereit, weitere Seiten aufzurufen, und entdeckt Menüpunkte, die ihn interessieren. Er fängt an, sich umzusehen.

Dieser Ablauf verlangt eine durchdachte Inszenierung der Seite: In den drei ersten Sekunden prägen Foto, Grafik, vielleicht noch Überschrift und Claim den ersten Eindruck. Die folgenden 30 Sekunden entsprechen dann ziemlich genau dem Text, der auf einer Startseite Platz hat. Das sind fünf bis zehn Zeilen, die in einer halben Minute lesbar sind.

Ein Foto erzeugt Emotion

Kein Text kann ein so starkes Gefühl erzeugen wie ein ausdrucksstarkes Bild. Ein authentisches Foto auf der Startseite gibt Aufschluss über die Persönlichkeit des Beraters und gewährt einen ersten Einblick in dessen Arbeitswelt. Der Betrachter bekommt die Möglichkeit, etwas über das Wesen des Unternehmens zu erfahren und eine emotionale Beziehung herzustellen. Das Foto ist wichtiger Bestandteil der Inszenierung, trägt die Botschaft der Marke und gibt einen möglichst realistischen Eindruck vom Berater selbst.

Natürlich gilt es darauf zu achten, die richtige Emotion zu transportieren. Soll die Marke das Gefühl vermitteln, dass Vordenker und Visionäre am Werk sind, kann das Foto den Berater zeigen, wie er sinnierend in die Ferne blickt. Wenn Dynamik die Emotion ist, kann der Berater – warum nicht? – auf dem Fahrrad unterwegs sein. Auch das ist ein Ausdruck von Bewegung. Ein gutes Foto versucht nicht, eine Emotion zu imitieren, sondern zeigt ein möglichst echtes Bild, das tatsächlich die Persönlichkeit des Beraters vermittelt. Gleichzeitig bezieht es den Betrachter mit ein; es nimmt ihn mit und ermöglicht ihm, sich eine Zusammenarbeit »bildlich« vorzustellen.

Ist es gelungen, durch Foto, Design und Claim einen Interessenten einzufangen, sollte ihn nun der Text fesseln. Die Kunst liegt darin, die Besonderheit des Unternehmens in nur zehn Zeilen auszudrücken.

Der Text sollte enthalten, *was* Sie anbieten, *für wen* Sie es anbieten und was *das Besondere* daran ist:

- *Nennen Sie das Angebot.* Beschreiben Sie in einem schlichten Satz, was genau Ihr Unternehmen macht. Zum Beispiel »Wir betreiben Change-Management in Organisationen« oder »Wir beschäftigen uns mit der Frage, wie Ihre Organisation noch reibungsloser arbeiten kann«. Formulieren Sie sachlich, kurz und knapp – möglichst in einem Satz. Wenn Ihnen dieser Satz schwerfällt, liegt die Vermutung nahe, dass Ihre Positionierung nicht sauber definiert ist.
- *Nennen Sie die Zielgruppe.* Teilen Sie dem Leser mit, wer Ihre Kunden sind. »Unsere Kunden kommen aus der Automobilbranche.« Oder: »Unsere Kunden verkaufen erklärungsbedürftige Produkte.«
- *Beschreiben Sie das Besondere.* Die Besonderheit, die Sie von anderen Anbietern unterscheidet, ist in der Regel die Emotion, die Sie mit Ihrer Marke vermitteln. Meist lässt sich die Emotion nicht direkt aussprechen. Sätze wie »Wir sind besonders dynamisch« oder »Unser emotionaler Nutzen ist Überblick« klingen plump bis lächerlich. Es geht deshalb darum, die Emotion zwischen den Zeilen indirekt spürbar zu machen, etwa indem Sie schreiben: »Unsere Kunden sind dynamische Unternehmen.« Oder: »Viele unserer Kunden wünschen sich von uns zunächst einen guten Überblick.«

Kompetenznachweis (Teil 1): Projektbeispiele

Besonderes Augenmerk verdienen die Projektbeispiele. Zusammen mit den Referenzen und Kundenstimmen (siehe nächster Abschnitt) belegen sie, dass das Beratungsunternehmen seine Versprechen einlösen kann. Die Startseite weckt hohe Erwartungen. Hat ein Interessent den Eindruck bekommen, dass das Beratungsunternehmen sein Problem lösen könnte, will er nun wissen, ob das wirklich stimmt. Er sucht nach Belegen – und ist bereit, sich mit der konkreten Tätigkeit der Berater auseinanderzusetzen. Deshalb ruft er die Projektbeispiele auf. Bestätigen sie den positiven Eindruck, stehen die Chancen gut, dass der Interessent sich meldet.

Wählen Sie fünf bis sieben Projekte aus, die Ihre Tätigkeit gut repräsentieren. Die Beispiele stehen als Teil für das Ganze, machen also deutlich, für welche Themen Ihr Unternehmen steht und für welche Kunden es arbeitet. Im Idealfall handelt es sich um Projekte, die Sie sehr konkret, vielleicht sogar mit dem Namen des Kunden beschreiben können.

Träger der Markenbotschaft

Die Kunst liegt darin, die Projektbeispiele so zu schildern, dass sie dem Leser nicht nur einen lebendigen Einblick in die Arbeit der Berater geben, sondern gleichzeitig auch die inhaltliche Positionierung und die emotionale Markenbotschaft des Beratungsunternehmens vermitteln. Gut geschriebene Projektbeispiele sind hervorragende Träger der Markenbotschaft.

Wenn der Markenkern zum Beispiel den Wert »Zupacken« vermitteln soll, kommt es darauf an, auch den Text packend zu schreiben. Die übliche Gliederung in »Anliegen des Kunden«, »Analyse der Ausgangslage«, »Vorgehensweise« und »Ergebnis« eignet sich hierfür weniger. Besser ist es, den Leser gleich mitten ins Geschehen hineinzuziehen: Die Berater tauchen in der Fabrikhalle auf, rufen Werksleiter und Mitarbeiter zusammen, identifizieren mit wenigen gezielten Fragen den Engpass in der Produktionskette …

Ganz anders lässt sich dasselbe Projektbeispiel darstellen, wenn die emotionale Markenbotschaft »Überblick« lautet. Die Story könnte dann zum Beispiel wie folgt inszeniert sein: Zunächst erfährt der Leser, wie chaotisch die Produktionsverhältnisse in der Ausgangslage sind. Dann kommt der Berater, strukturiert mit einer speziellen Methode das Chaos und zeigt dem Projektteam auf einem leicht nachvollziehbaren Schaubild die neue Produktionslandschaft auf. Erleichtert seufzt der Werksleiter: »So kann es funktionieren!« Neben dem Text findet der Leser eine Abbildung dieses Schaubilds, sodass er die Einfachheit der neuen Produktionsstruktur selbst nachvollziehen kann. Doch nicht nur der Text selbst spielt das Thema »Überblick«, auch formal besticht das Projektbeispiel durch eine klare Gliederung mit aussagefähigen Zwischenüberschriften.

Spielformen der Projektbeispiele

Wenn Sie die Projektbeispiele konzipieren, bietet sich meist die »klassische Variante« an. Die Projektbeschreibungen sind dann etwa nach folgendem Schema aufgebaut: Der Überschrift und einem kurzen Vorspann folgen die Gliederungspunkte Auftrag, Vorgehensweise und Ergebnis. Wenn es geht, nennen Sie den Kunden mit Namen und zitieren ihn auch. Streuen Sie in den

Text immer auch einige Details ein, die dem Leser zeigen, dass Sie die geschilderten Situationen wirklich erlebt haben.

Eine andere, deutlich anspruchsvollere Spielform ist eine Projektbeschreibung in Form eines Magazinartikels. Sie lässt den Leser am Geschehen teilhaben und prägt sich deshalb noch stärker ein. Wählen Sie hierzu ein Projekt aus, über das Sie sehr offen schreiben, im Idealfall sogar das Kundenunternehmen mit Namen nennen können. Wie so etwas aussehen kann, zeigt das folgende Projektbeispiel im Magazinstil.

PROJEKTBEISPIEL ROHSTOFFKRISE

Preisexplosion und Versorgungssicherheit: Die globalen Rohstoffmärkte sind unkalkulierbar. Wie ein Unternehmen aus NRW dieses Wachstumshindernis in den Griff bekommen hat.

Das enorme Wirtschaftswachstum in den Industrie- und einigen Schwellenländern sorgte für Veränderungen am Rohstoffmarkt. Vor allem die aufstrebende Wirtschaftsmacht China kauft Rohstoffe in großen Mengen. Die Folgen: weltweite Rohstoffknappheit, Preisexplosion, Finanzspekulation. Ereignisse wie der Fukushima-GAU und der arabische Frühling sorgten zusätzlich für Verschiebungen bei Preis und Verfügbarkeit von ölabhängigen Rohstoffen.

Auch der Zentraleinkauf eines mittelgroßen Unternehmens in Nordrhein-Westfalen hatte das Problem erkannt und fragte sich: Welche Maßnahmen müssen wir heute ergreifen, um auch noch in zehn oder zwanzig Jahren am Beschaffungsmarkt bestehen und weiter wachsen zu können?

Meine Aufgabe war es zunächst, für Klarheit zu sorgen: Von welchen Einflussgrößen ist die Beschaffung der Rohstoffe abhängig? Welche Ereignisse könnten sich darauf auswirken? Mithilfe der Szenariotechnik konnten wir das Wichtige vom Unwichtigen trennen: Welche Faktoren liegen im Einflussbereichs des Unternehmens? Von welchen externen Faktoren bleibt es abhängig?

In einer Workshop-Reihe mit den Divisionsleitern überlegten wir, welches die wichtigsten Faktoren in der Zukunft sind. Direkt beeinflussten die Situation beispielsweise die Konzentration auf dem Lieferantenmarkt oder die Kapazitäten der Lieferanten. Auf Dauer werden Energiekosten, Recyclingtechnologien oder nachwachsende Rohstoffe die gesamte Beschaffungssituation verändern. Für diese Faktoren leiteten wir daraufhin verschiedene Entwicklungsszenarien ab und schauten uns deren mögliche Auswirkungen auf den Beschaffungsmarkt im Jahr 2022 an.

Danach erarbeiteten wir konkrete Maßnahmen und Strategien für die einzelnen Rohstoffgruppen, um in Zukunft rechtzeitig und vor allem adäquat reagieren zu können. Ergebnis ist ein Frühwarnsystem, das dem Unternehmen die Möglichkeit gibt, schnell eine veränderte Situation zu bewerten und entsprechend zu reagieren.

Somit hatten wir Unklarheit in Transparenz verwandelt: Der Zentraleinkauf des Unternehmens fühlt sich jetzt für die größten Einkaufsrisiken besser gewappnet. Muss er angesichts einer veränderten Situation aktiv werden, kann er sich auf jene Dinge konzentrieren, die er selbst in der Hand hat, und dem Vorstand jederzeit Bericht erstatten.

Preisexplosion und Versorgungssicherheit – wie dieses Beispiel des Münchner Unternehmensberaters Dr. Torsten Herzberg zeigt, benötigt die Projektbeschreibung in Form eines Magazinartikels vor allem eines: das Potenzial für eine spannende Story.

Oder nehmen wir zum Beispiel folgende Ausgangslage: Als Sanierungsberater haben Sie einen Automobilzulieferer aus der Krise geführt. Als Ihr Beratungsunternehmen vor neun Monaten eingeschaltet wurde, steckte der Zulieferer tief in der Krise. Mehrere Tausend Arbeitsplätze standen auf der Kippe, der Region drohte eine Katastrophe. Dementsprechend große Ängste und Hoffnungen verbanden sich mit Ihrem Mandat. Um den Turnaround zu finanzieren, beteiligte sich ein Investor an dem maroden Unternehmen und drängte auf einen drastischen Personalabbau, denn nur so lasse sich das Unternehmen rasch in die Gewinnzone zurückführen. Dagegen sahen Sie die Lage anders und wollten einen Großteil des Personals an Bord behalten …

Das ist ein Stoff, aus dem sich eine spannende Geschichte schreiben lässt. Möglicherweise lohnt es sich, einen Wirtschaftsjournalisten zu beauftragen, der mit Ihnen, dem Kunden und noch ein oder zwei anderen Beteiligten Gespräche führt und dann einen spannend geschriebenen Text vorlegt.

Kompetenznachweis (Teil 2): Referenzen und Kundenstimmen

Wie die Projektbeispiele haben auch Referenzen und Kundenstimmen eine doppelte Funktion. Zum einen belegen sie Kompetenz und Praxiserfahrung und geben dem Kunden damit die Sicherheit, dass der Berater sein Problem tatsächlich lösen kann. Zum anderen sind sie ebenfalls hervorragende Botschaftsträger. Richtig inszeniert, vermitteln sie auf elegante Weise Positionierung und emotionale Markenbotschaft.

Eine besondere Form der Referenz sind Kundenstimmen (oder Testimonials), bei denen der Kunde selbst zu Wort kommt. Der besondere Charme dieses Formats liegt darin, dass nicht Sie selbst sich für gute Leistung loben, sondern das Lob aus dem Mund des Kunden kommt – und deshalb besonders glaubwürdig ist. Je authentischer dabei das Zitat ist und je unmittelbarer der Kunde zum Interessenten spricht, desto nachhaltiger ist die Wirkung. Ein anonymes Textzitat hinterlässt bei Weitem nicht den Eindruck, wie das etwa bei einem Videointerview mit dem Geschäftsführer des Kundenunternehmens der Fall ist.

In der Praxis werden unterschiedliche Varianten des Formats »Kundenstimmen« eingesetzt. Fängt man bei der Variante mit der geringsten Wirkung an, lässt sich folgende Rangfolge aufstellen:

- *Anonymes Textzitat.* Sprechen Sie auch ein anonymes Zitat mit dem Kunden ab. Das Testimonial gewinnt an Glaubwürdigkeit, wenn Sie folgenden Hinweis hinzufügen: »Gerne nenne ich Ihnen die Namen der Referenzgeber in einem persönlichen Gespräch.«
- *Textzitat mit Nennung von Unternehmen sowie Namen und Position, jedoch ohne Foto des Kunden.* Achten Sie darauf, dass das Zitat auffällt, zum Beispiel indem es grafisch hervorgehoben und vom Haupttext abgesetzt wird.
- *Textzitat mit Foto des Kunden sowie Nennung von Unternehmen, Namen und Position.* Bewährt hat es sich, Foto, Kundenzitat und Unternehmen etwa nach folgendem Schema miteinander zu verbinden:
  - Foto des Kunden
  - Name, Position, Logo des Unternehmens
  - aussagekräftige Überschrift
  - Zitat des Kunden (circa fünf Zeilen)
- *Audiozitat des Kunden mit Nennung von Unternehmen, Namen und Position – aufrufbar über einen Link auf der Internetseite.* Setzen Sie nicht nur einen Link zum Aufruf des Audiozitats, sondern stellen Sie den Sprecher auch kurz mit einem Foto vor.
- *Videozitat des Kunden mit Nennung von Unternehmen, Namen und Position – aufrufbar über einen Link auf der Internetseite.* Der Geschäftsführer des Kundenunternehmens antwortet auf eine präzise Frage, etwa nach dem Muster: »Herr Müller, wie beurteilen Sie die Zusammenarbeit mit dem Beratungsunternehmen XY?« Antwort: »Ja, gefällt mir ausgesprochen gut, weil …«

Im Idealfall stellt jede Kundenstimme einen wichtigen Teilaspekt heraus, sodass die Testimonials insgesamt einander ergänzen und ein stimmiges Gesamtbild ergeben. Hierzu empfiehlt es sich, im Vorfeld eine Art Drehbuch zu entwerfen: Halten Sie zunächst fest, welche Kernaussagen Sie vermitteln wollen. Überlegen Sie dann, welche Kunden Sie für welche Aussage gewinnen können. Besprechen Sie die gewünschten Zitate mit dem jeweiligen Kunden. Bieten Sie an, einen Textentwurf vorzuformulieren, wenn der Kunde das gerne möchte. Die Praxis zeigt, dass der Kunde fast immer mitspielt – wenn man ihn nur fragt.

Alternativ zu einzelnen Kundenstimmen können Sie unter dem Menüpunkt »Referenzen« auch eine Kundenliste veröffentlichen. Diese Variante ist dann sinnvoll, wenn Ihr Unternehmen über eine große Anzahl von Kunden verfügt. Eine lange Liste zeigt dem Interessenten: Diese Beratung ist wirklich im Geschäft! Eine Referenzliste kann auch die Positionierung unterstützen. Hat zum Beispiel ein auf Maschinenbau spezialisierter Berater die 20 Topunternehmen der Branche als Kunden, belegt er eindrucksvoll seine Positionierung, indem er die Namen dieser Unternehmen mit Logo und Ansprechpartner auflistet.

Wenn Sie keine Referenzen angeben dürfen

»Diskretion ist unser oberstes Credo – deshalb bitten wir um Verständnis, dass wir keine Referenzen nennen.« Gar nicht so selten kommt es vor, dass Berater keine Referenzen angeben. Das ist nachvollziehbar, zumindest bei bestimmten Themen und Zielgruppen. Wer etwa einen auf IT-Sicherheit spezialisierten Berater ruft, weil die EDV nach einer Virenattacke zusammengebrochen ist, erwartet Diskretion. Dasselbe gilt für ein ratsuchendes Unternehmen, das in einer Liquiditätskrise einen Finanzberater engagiert. Bekommt die Branche davon Wind, kann die Situation schnell eskalieren: Kunden und Lieferanten wenden sich ab, weil sie um die Zukunft des Unternehmens fürchten.

Wenn Sie keine Referenzen nennen dürfen, können Sie hierauf ausdrücklich hinweisen – zum Beispiel indem Sie formulieren: »Zusammenarbeit ist für uns eine Sache des Vertrauens. Deshalb bitten wir um Ihr Verständnis, dass wir an dieser Stelle keine Namen nennen. Referenzen nennen wir Ihnen gerne in einem persönlichen Gespräch – und stellen Kontakt zu Kunden her.« Ein potenzieller Kunde wird das nachvollziehen können, schließlich legt er selbst größten Wert auf Vertraulichkeit. Indem Sie keine Referenzen nennen, geben Sie ihm das Gefühl, dass auch er von Ihnen strikte Vertraulichkeit erwarten kann.

Natürlich kann der Hinweis auf das persönliche Gespräch die Nennung von Referenzen nicht wirklich ersetzen. Wer einen Berater sucht, wird nicht gleich zum Telefonhörer greifen, nur weil er unter dem Menüpunkt »Referenzen« dazu aufgefordert wird. Die Wahrscheinlichkeit ist groß, dass er stattdessen zum nächsten Berater auf seiner Liste weiterklickt. Sie benötigen also eine Ersatzstrategie, um Ihre Kompetenz zu belegen – etwa indem Sie besonderen Wert auf gute, anschaulich und detailliert beschriebene Projektbeispiele legen. Wie dargestellt erfüllen sie eine ähnliche Funktion wie Referenzen: Sie belegen Arbeitsweise und Kompetenz.

Die Ersatzstrategie kann noch weitere Elemente einbeziehen, die über den Internetauftritt hinausgehen. Wie kein anderes Medium bietet zum Beispiel ein Buch die Gelegenheit, Ihr Wissen und damit auch die Philosophie und Methode Ihres Beratungsunternehmens anschaulich und im Detail darzustellen. Eine weitere Möglichkeit liegt darin, zusammen mit einem Kunden öffentlich aufzutreten. Manchmal möchte ein Kunde weder schriftlich noch mündlich eine Referenz geben, ist aber durchaus bereit, mit Ihnen zusammen bei einem Seminar oder Kongress als Koreferent aufzutreten. Auch so erweist Ihnen der Kunde seine Referenz.

Das Gleiche gilt für Artikel: Haben Sie ein Projekt erfolgreich abgeschlossen, können Sie hierüber einen Artikel für eine Fach- oder Branchenzeitschrift schreiben. Wenn Sie den Kunden als Koautor gewinnen und sein Name mit unter dem Artikel steht, ist das eine hervorragende Referenz. Der Kunde zeigt damit, dass er mit Ihrer Leistung zufrieden war. Manchen Beratern gelingt es, zwei oder drei Artikel pro Jahr nach diesem Muster zu publizieren und im Internet zum Download bereitzustellen. Schon die Aufstellung der Artikel mit Überschrift und Autoren liest sich wie eine Referenzliste.

Die Menschen hinter dem Angebot: Darstellung der Profile

Wer steht hinter diesem Beratungsunternehmen? Jeder ernsthafte Interessent wird sich diese Frage stellen. So ist es kein Wunder, dass die Lebensläufe zu den meistgelesenen Seiten des Internetauftritts zählen. Grund genug, diesem Thema besondere Aufmerksamkeit zu widmen.

In einem Beratungsunternehmen mit mehreren Beratern möchte der Leser einen schnellen Überblick über das hier tätige Beraterteam erhalten. Dies kann anhand einer Übersichtsseite erfolgen, von der aus die Kurzprofile der einzelnen Berater aufrufbar sind. Bei größeren Beratungen mit mehr als zehn Mitarbeitern empfiehlt es sich, die Profile der Geschäftsleitung, der Partner oder der Seniorberater ausführlich darzustellen, auf die anderen Mitarbeiter und ihre Qualifikation hingegen nur pauschal hinzuweisen.

Faktenprofil oder persönliche Vorstellung

Grundsätzlich gibt es zwei Varianten, einen Berater vorzustellen: mit einem Faktenprofil oder mit einer persönlichen Vorstellung. Während das Faktenprofil den Lebenslauf präzise anhand aller relevanten Fakten darstellt, besteht die persönliche Vorstellung aus einem zusammenhängenden Text. Selbstverständlich können Sie auch beide Varianten erstellen, in Ihrem Internetauftritt also ein Faktenprofil und eine persönliche Vorstellung miteinander verbinden.

Ein faktenorientierter Bereichsleiter für Rechnungswesen und Controlling erwartet vermutlich eher einen systematisch gegliederten und chronologisch aufgebauten Lebenslauf – also ein Faktenprofil. Es hat die Aufgabe, einem Interessenten einen schnellen und präzisen Überblick über den Werdegang des Beraters zu geben. Vergleichbar einem tabellarischen Lebenslauf liefert es konkrete Fakten, also immer auch Jahreszahlen.

Das Faktenprofil ist klar gegliedert – zum Beispiel in die Blöcke »Berufserfahrung« und »Ausbildung«. Innerhalb der Blöcke können die einzelnen Stationen stichwortartige Anmerkungen enthalten. Zum Beispiel:

1998–2001: Projektleiter bei …, Zentralbereich Finanzen
Führung eines interkulturellen Teams von 180 Mitarbeitern aus verschiedenen Teilen des Konzerns sowie externen Beratern
Verantwortlich für ein Gesamtbudget von 15 Millionen Euro
Größte Herausforderung: Den Widerstand der Auslandsgesellschaften bei der Kostensenkung im Rechnungswesen zu überwinden.

Die persönliche Vorstellung ist demgegenüber ein spannend geschriebenes Schreibstück. Ihre persönliche Vorstellung können Sie in Ich-Form verfassen oder auch von einem Dritten, zum Beispiel einem Journalisten, schreiben lassen, der Sie dann immer wieder wörtlich zitiert.

Die Form der persönlichen Vorstellung bietet sich an, wenn Sie eine Lebensgeschichte zu erzählen haben, die zur Kernbotschaft des Geschäfts passt. Das gilt umso mehr, wenn Ihr Lebensweg vielfältig, kompliziert oder widersprüchlich ist. Da Sie in der persönlichen Vorstellung nicht chronologisch alle Stationen nennen müssen, können Sie durch Weglassen und Kombinieren ein stimmiges Bild zeichnen, das zu Ihrem aktuellen Marktauftritt passt. Die Story bietet Ihnen die Möglichkeit, den Scheinwerfer auf die passenden Stationen Ihres Lebens zu richten, alle anderen dagegen im Dunkeln zu lassen.

Die Lebensläufe auf die Marke zuschneiden

Auch Lebensläufe lassen sich auf die Markenbotschaft zuschneiden. Soll Ihr Unternehmen Tempo und Energie ausstrahlen, dann belegen Sie, wie dynamisch Ihre Mitarbeiter sind, indem Sie die Vielseitigkeit der unterschiedlichen beruflichen Situationen herausstellen. Vermeiden Sie längere Ausführungen und Aufzählungen, werfen Sie stattdessen kurze Schlaglichter auf berufliche Highlights. Scheuen Sie sich nicht, die Ecken, Kanten und Brüche eines Lebenslaufs zu zeigen. Auch das kann die Dynamik einer Persönlichkeit ausdrücken.

Wenn »Praxisnähe« die Besonderheit Ihrer Positionierung ausmacht, betonen Sie in den Lebensläufen die praktische Erfahrung. Dann stellen Sie nicht Schule und Studium an den Anfang, sondern Berufserfahrung, praktische Tätigkeiten und erfolgreich gemanagte Projekte. Erst später schieben Sie in einem eigenen Abschnitt die Ausbildung nach.

Um einen Lebenslauf auf die Markenbotschaft zuzuschneiden, eignet sich die persönliche Vorstellung besonders gut – hier können Sie losgelöst vom chronologischen Raster die Aspekte hervorheben, die zur Marke passen. Doch auch das Faktenprofil lässt sich an der Marke ausrichten: Nehmen Sie die Fakten auf, die zu Positionierung und Markenbotschaft passen, und lassen Sie möglichst weg, was nicht dazu passt. Wenn Ihr Unternehmen auf Vertriebsberatung im Pharmahandel spezialisiert ist, betont das Faktenprofil die Berufsstationen, die mit der Pharmabranche zu tun haben. Beim Abschnitt »Berufserfahrung« zählen Sie vor allem die Großprojekte im Pharmahandel auf.

Video- und Audiobeiträge schaffen Vertrauen

Audio- oder Videosequenzen haben einen besonderen Charme: Der Interessent kann den Berater sehen und hören. Das schafft Nähe und Vertrautheit, wie dies Texte und Fotos in diesem Maße nicht können. Dieser Effekt entsteht zum Beispiel, wenn der Geschäftsführer in einem Interview auf eine sehr persönliche Weise die Positionierung des Unternehmens erläutert. Oder wenn sich die Berater auf der Profilseite nicht nur in Text und Bild, sondern mit einem persönlichen Satz vorstellen, den der Besucher sich anhören kann.

Soll ein Audio- und Videobeitrag die gewünschte Wirkung erzielen, muss er die Botschaft kurz und knackig auf den Punkt bringen und professionell produziert sein. Das geht nicht ohne einen erfahrenen Filmemacher, den man zum Beispiel bei professionell produzierten Video- und Audio-Weblogs finden kann. Ähnlich wie den Grafiker und Fotografen gilt es, auch den Filmemacher sorgfältig zu instruieren.

Stellt sich die Frage, ob dieser Aufwand wirklich lohnt. Sind solche Video- und Audioclips nicht eher eine nette, aber kostspielige Ergänzung, auf die man ohne Weiteres verzichten kann? Es kommt darauf an. Ein Video lohnt sich umso eher, je höher die Hemmschwelle für einen potenziellen Kunden ist, die Beratungsleistung zu buchen. Bei einem Mittelständler, der Beratern eher skeptisch gegenübersteht, kann ein Video sehr hilfreich sein. Gleiches gilt für Mittler, denn auch sie benötigen Sicherheit. Wenn Sie etwa als kleine Sanierungsberatung Banken dazu veranlassen wollen, Ihr Unternehmen bei Mittelständlern zu empfehlen, kann ein Video die Chancen verbessern. Der Banker erhält die Möglichkeit, Sie und Ihre Arbeitsweise besser kennenzulernen; das schafft Vertrauen und gibt ihm mehr Sicherheit, keine falsche Empfehlung abzugeben. Oder Sie bieten Beratung in der Krise an und Ihre Kunden befinden sich in einer sehr schwierigen, emotional angespannten Situation, bei der viel auf dem Spiel steht: Wenn Sie per Audio- oder Videobeitrag zu einem Ratsuchenden sprechen, hat er die Gelegenheit, Sie in gewisser Weise schon persönlich kennenzulernen – und ist eher bereit, Vertrauen zu fassen.

Nützlich kann ein Video auch sein, wenn ein Gegengewicht geschaffen werden soll. Angenommen, Ihr Thema ist Unternehmenskultur – ein Thema, das die Kunden als ziemlich »weich« und schwer fassbar empfinden. Im Gegensatz dazu sind Ihre Leute dynamisch und zupackend, was auch Ihre Markenbotschaft transportieren soll. Dieses Gegengewicht zum weichen Thema inszenieren Sie natürlich über Grafik, Fotos und Texte, doch kann ein Videointerview zusätzlich einen wichtigen Akzent setzen. Es führt den Besuchern der Internetseite vor Augen: Diese Leute sind Macher! Auf die Frage »Was ist Ihnen wichtig?« geben Sie als Geschäftsführer eine knappe, klare Antwort, ebenso auf die Frage nach der Umsetzung: »Uns geht's darum, dass wir sehr konkret die folgenden Punkte beachten …« Das Konkrete und Zupackende lässt sich im Videointerview sehr schön herausstellen – als Inszenierungsgegengewicht zum weichen Thema.

Nicht zuletzt lohnt sich ein Video, wenn ein Berater einen sehr eigenwilligen Stil hat. In einem Text ist nur schwer beschreibbar, wie ein Mensch allein durch sein Auftreten Begeisterung und Sympathie weckt – in Ton und Bild lässt sich eine solche Persönlichkeit hingegen spannend und einprägsam in Szene setzen.

Eher ein Schmankerl: Interaktionsmöglichkeiten

Ein Internetauftritt braucht Interaktion. Diese Auffassung hört man immer wieder, auch von Beratern. »Der Besucher muss mit uns interagieren können«, heißt es dann, »deshalb müssen wir Kommentarfunktionen, Diskussionsforen und Downloadmöglichkeiten anbieten. Auf unserer Internetseite muss etwas passieren, damit sie attraktiv ist und die Interessenten kommen.« Auch über einen Newsticker wird in diesem Zusammenhang gerne diskutiert, denn man will ja ständig Neues und Aktuelles bieten. Was ist von diesen Argumenten zu halten?

Foren und News: Viel Aktion mit wenig Effekt

Bezogen auf die Beraterbranche lässt sich in aller Regel festhalten: Die Vorstellung, auf der Internetseite müsse ständig etwas passieren, zeugt von einer Überbewertung der eigenen Wichtigkeit. Welcher Beratungskunde, womöglich Entscheider, ruft permanent die Seite seines Beraters auf, um in einem Forum mitzudiskutieren oder um nachzusehen, ob etwas Neues passiert ist? So wichtig sind Berater für ihn nicht. Ein Beratungsunternehmen ist weder *Spiegel Online* noch die *FAZ*.

Natürlich ist es sinnvoll, wenn ein Berater von Zeit zu Zeit auf seiner Internetseite interessante Neuigkeiten über sein Thema publiziert. Damit untermauert er seine Kompetenz und Positionierung. Vorsicht ist jedoch schon bei der Einrichtung eines eigenen News-Bereichs geboten: Dieser zwingt dazu, regelmäßig etwas Aktuelles zu veröffentlichen – was viele Berater nicht durchhalten. Wenn dann die letzte Meldung ein Vierteljahr zurückliegt, hinterlässt das keinen guten Eindruck.

Die meisten Beratungsunternehmen überbewerten den Nutzen von Interaktion und Aktualität auf der eigenen Homepage. Erinnern wir uns: In der Regel kommt der Interessent auf die Internetseite, weil er auf den Berater aufmerksam geworden ist, sei es bei einem Vortrag, durch einen Artikel oder durch Empfehlung. Die Internetseite hat die Funktion, den Interessenten in seinem ersten positiven Eindruck zu bestärken – und im Idealfall dazu zu bewegen, dass er sich meldet. Aktuelle Meldungen oder Diskussionsforen dürften hierzu kaum beitragen.

Dennoch kann der Einbau von Interaktionsmöglichkeiten im Einzelfall durchaus ein nützliches »Schmankerl« sein. Ein Beispiel hierfür ist ein kleiner »Chemiecheck«, mit dem ein Interessent anhand von sieben bis zehn Ja-Nein-Fragen herausfindet, ob das Beratungsunternehmen zu ihm passt. »Für eine gute Sparringspartnerschaft müssen wir auch gut zueinander passen«, heißt es etwa auf der Seite eines Strategieberaters. »Diese kleine Checkliste soll Ihnen ein erstes Gefühl dafür geben – noch vor unserem ersten Telefonat. Wenn Sie diese Fragen überwiegend mit Ja beantworten, ist das ein Indiz für eine zukünftige gute und ergebnisreiche Zusammenarbeit: ...« Es folgen sieben Punkte. Möglich ist an dieser Stelle eine einfache Checkliste, aber auch eine programmierte Lösung, bei der nach Eingabe der Antworten automatisch das Ergebnis erscheint – wie zum Beispiel bei dem Hamburger Unternehmensberater Olaf Hinz (www.hinz-wirkt.de).

Ein solcher Checkup lässt sich zusätzlich als subtiles Informationsinstrument einsetzen. Zum Beispiel kann hier die Frage stehen: »Ist Ihnen wichtig, dass Ihr Berater jederzeit auf dem aktuellen wissenschaftlichen Stand ist?« Der Interessent antwortet mit Ja oder Nein, empfängt aber zugleich die Botschaft, dass dieser Berater über fundiertes Wissen verfügt. Der platte Satz »Wir sind ständig auf dem aktuellen wissenschaftlichen Stand« klänge hingegen wie Eigenlob. Oder der Berater stellt im Checkup die Frage: »Können Sie damit umgehen, dass Ihr Berater Fehlentwicklungen offen anspricht?« So vermittelt dieser Berater auf elegante Weise, dass er auch unbequem sein kann, wenn es darum geht, eine Organisation neu auszurichten oder einen Projektplan einzuhalten.

Downloadmöglichkeiten: Zu viel Information schadet

Weit verbreitet ist die Auffassung, ein Interessent sollte möglichst viele Informationen herunterladen können. So könne er sich ein fundiertes Bild von der Beratung machen – und das schaffe Vertrauen und bewege ihn dazu, sich zu melden. Aber: Ein positiver Marketingeffekt ist hier keineswegs erwiesen, eher im Gegenteil. Wenn ein möglicher Kunde Informationen von einer Webseite herunterlädt, möchte er sich dieses Material ansehen, bevor er mit dem Berater Kontakt aufnimmt. Häufig bleibt es dann aber doch ungelesen liegen – und auch der Anruf wird hinausgeschoben.

Vor diesem Hintergrund ist eher davon abzuraten, eine Studie, einen Artikel oder eine Produktbeschreibung zum Download anzubieten. Durchaus sinnvoll ist es dagegen, mit einem kurzen Text auf diese Studie, diesen Artikel oder diese Produktbeschreibung hinzuweisen, den Leser also neugierig zu machen – und ihm dann anzubieten, dass er die betreffende Publikation gerne anfordern kann. Meldet er sich tatsächlich, ist ein wichtiges Marketingziel erreicht: der erste Kontakt mit einem Interessenten.

4.3 Manchmal nützlich: Gedrucktes Informationsmaterial

Eine Broschüre ist aufwendig, teuer und, einmal gedruckt, auch nicht mehr aktualisierbar. Viele Entscheider informieren sich im Internet und haben heutzutage nicht einmal mehr eine Ablage für Broschüren. Die Frage, ob ein Berater noch gedrucktes Informationsmaterial benötigt, ist durchaus berechtigt.

Wann eine gedruckte Broschüre sinnvoll ist

Tatsächlich gibt es Fälle, bei denen zusätzlich zum Internetauftritt der Einsatz einer Broschüre sinnvoll ist. Prüfen Sie, ob eine der vier folgenden Situationen in Ihrem Alltag vorkommt.

- *Als Berater sind Sie im Premium-Segment unterwegs und möchten einem Interessenten etwas wirklich Hochwertiges in die Hand drücken.* Anders als im Internet können Sie bei der Broschüre durch Papierwahl und Format zusätzliche Effekte erzielen. So mutet eine 16-seitige DIN-A4-Broschüre auf edlem Papier sehr hochwertig an – und unterstreicht dementsprechend die Markenbotschaft.
- *Ihre Zielgruppe wünscht eine Broschüre.* Es gibt Kunden, die gerne etwas Schriftliches in der Hand halten. So kann es zum Beispiel sein, dass der Geschäftsführer eines mittelständischen Maschinenbauers eher Handfestes mag und es gewohnt ist, Dinge physisch anzupacken – und daher eher über eine Broschüre als über das Internet zu erreichen ist.
- *Ihr Ansprechpartner beim Kundenunternehmen benötigt ein internes Verkaufsinstrument für Ihre Leistung.* Angenommen, Sie sind Vertriebsberater und haben einen Verkaufsleiter von Ihrem Angebot überzeugt, und dieser möchte Sie und Ihre Leistung nun bei seiner Geschäftsführung »verkaufen«. In dieser Situation ist es sicher gut, Form und Zusammenstellung der weitergegebenen Informationen selbst zu steuern – was mit einer Broschüre auf einfache Weise möglich ist.
- *Sie möchten auf einen Teilaspekt Ihres Angebots hinweisen.* Während Ihre Internetseite eher allgemein die Positionierung vermittelt, kann eine Broschüre über ein spezielles Teilangebot informieren. Zum Beispiel bieten Sie drei Beratungspakete an, die im Internet nur kurz beschrieben sind. Über die Details der einzelnen Pakete informiert jeweils eine eigene Broschüre, die Sie einem Interessenten aushändigen können.

Broschüretypen, die das Internet ergänzen

Wenn von Broschüre die Rede ist, denken die meisten Berater an eine Vorstellung des Unternehmens – eben die klassische Firmenbroschüre. Zu bedenken ist jedoch, dass diese eine ähnliche Funktion hat wie die Internetseite, also das Unternehmen mit seinen Besonderheiten vorstellt. Meist erweist sich eine solche »Parallel-Publikation« tatsächlich als überflüssig. Es gibt jedoch einige Broschüretypen, die aufgrund ihrer speziellen Ausrichtung den Internetauftritt sinnvoll ergänzen können: die Imagebroschüre, die Produktbroschüre, die Broschüre mit Zusatz- oder Spezialinformation und die Referenzenbroschüre.

Eine *Imagebroschüre* beschreibt weder das Angebot Ihres Unternehmens noch die Leidensdruckthemen des Kunden, sondern vermittelt in erster Linie die emotionale Markenbotschaft. Sie spricht die Gefühle an, indem sie die Erfüllung emotionaler Werte wie Überblick, Sicherheit, Transparenz, Kostenkontrolle oder Wettbewerbsvorsprung verheißt. Anhand kurzer Texte und ausdrucksstarker Abbildungen erkennt der Leser, wie das Beratungsunternehmen für seine Kunden Überblick verschafft, Sicherheit erreicht, Transparenz in die Produktionsabläufe bringt, die Kosten auf den Tisch legt und es fertigbringt, dass der Kunde Marktführer wird.

Demgegenüber gibt eine *Produktbroschüre* die Möglichkeit, ein bestimmtes Produkt oder Leistungspaket sehr konkret vorzustellen. Anders als auf der eher überblicksartigen Internetseite geht die Produktbroschüre ins Detail. Der Interessent erfährt alles Wichtige über das Produkt und dessen Besonderheiten – von der Konzeption über die Vorgehensweise bis hin zu Zeit- und Projektplänen. Eine Produktbroschüre ist vor allem dann nützlich, wenn für eine bestimmte Kundengruppe das vorgestellte Produkt besonders interessant ist oder wenn Sie dieses Produkt gerne verstärkt auf den Markt bringen wollen.

Ähnlich verhält es sich bei einer *Broschüre mit Zusatz- oder Spezialinformation*. Sie bietet sich zum einen an, wenn Sie aus Ihrem Bereich heraus eine besondere Dienstleistung entwickelt haben und sich damit an eine spezielle Zielgruppe wenden. Wenn Sie zum Beispiel als Vertriebsberater wiederholt Aufträge von Pharmafirmen erhalten haben, können Sie eine Broschüre »Höherer Umsatz in der Pharmabranche« erstellen. Zum anderen ermöglicht es eine Spezialbroschüre, das eigene Thema auf eine besondere Situation oder einen besonderen Leidensdruck zuzuspitzen. Ein Bankstrategieberater konzentriert sich zum Beispiel auf das Segment »Bankstrategieberatung im Sanierungs- oder Krisenfall«, ein Interim-Manager auf die Sonderleistung »Interim-Management in Krisenzeiten«.

Ein vorzügliches Marketinginstrument kann eine *Referenzenbroschüre* sein, vorausgesetzt, Sie können mindestens acht bis zehn gute Kunden mit Namen, Unternehmen und Foto zitieren. Kombiniert mit kurzen Projektbeschreibungen kann sie auf effektive Weise Erfahrung und Kompetenz belegen und Ihre Markenbotschaft vermitteln.

4.4 Inzwischen ein Muss: XING, LinkedIn und Datenbanken

Immer mehr Interessenten an einer Beratungsleistung verlassen sich nicht allein auf den Internetauftritt oder die Broschüren eines Beratungsunternehmens, sondern suchen den Gegencheck. Sie hoffen darauf, noch weitere, womöglich »geheime« Informationen zu finden, wenn sie in Business-Datenbanken nach Profilen und Aktivitäten einzelner Berater suchen.

Die meisten Beratungen und viele Berater sind zwar in XING, LinkedIn oder der Beraterdatenbank des BDU vertreten. Die dort veröffentlichten Profile sind jedoch nur selten ins Marketingkonzept eingebunden. Meist handelt sich um ein vergessenes Feld, um das sich der Inhaber oder Geschäftsführer eines Beratungsunternehmens nicht weiter kümmert. Das kann ein Fehler sein, ist aber zumindest eine verpasste Chance.

Viele potenzielle Kunden wollen nach einem ersten Telefonkontakt mit einem Berater oder wenn sie einen Artikel oder ein Buch von ihm gelesen haben, das dazugehörige Gesicht kennenlernen. Viele stellen dazu eine kleine Internetrecherche an. Dabei möchten sie noch ein paar zusätzliche Informationen erhaschen – etwas, das auf der »offiziellen Homepage« nicht steht. Genau das macht das Recherchieren bei XING und Co. so spannend und beliebt. Auch Journalisten nutzen die Datenbanken gerne zur Querrecherche oder interessieren sich für die dort beschriebenen Ausbildungen und Werdegänge.

Die Empfehlung lautet deshalb: Ein Beratungsunternehmen und zusätzlich alle wichtigen Mitarbeiter sollten in den relevanten Datenbanken vertreten sein. Dazu zählen vor allem die beruflichen Netzwerke XING und – besonders für den englischen Sprachraum – LinkedIn. Hinzu kommen branchenspezifische Datenbanken wie etwa die BDU-Datenbank (www.bdu.de/beraterdatenbank) für Unternehmensberatungen oder die Coach-Datenbank von Christopher Rauen (www.coach-datenbank.de) für Coachs.

Markenbotschaft integrieren

Profile in Datenbanken werden zunehmend frequentiert. Deshalb kommt es darauf an, dort nicht einfach nur vertreten zu sein, sondern – wie an allen anderen Stellen des Marktauftritts – auch die Markenbotschaft zu integrieren. Wenn etwa XING bei der Dateneingabe danach fragt, wonach Sie suchen, geben Sie nicht an, dass Sie Kunden suchen (ein häufiger Fauxpas!), sondern »Informationen aus dem Fachbereich XY« – womit Sie dann indirekt Ihre inhaltliche Positionierung vermittelt haben. Das Gleiche gilt für die Frage nach den Interessen. Wer hier über Kaninchenzucht oder Rotwein berichtet, zahlt kaum auf die Marke seines Unternehmens ein.

Bei manchen Anbietern gibt es kostenlose Basisprofile und kostenpflichtige Premium-Profile. Gönnen Sie zumindest den wichtigen Mitarbeiten Ihres Unternehmens ein Premium-Profil. Die Kunden achten durchaus auf diese scheinbare Kleinigkeit – falsche Sparsamkeit kann hier dem Image Ihres Unternehmens schaden.

Vernetzung mit der Zielgruppe

Neben der Präsenz in den Profilen bieten Netzwerke wie XING oder LinkedIn die Möglichkeit, sich mit Mitgliedern seiner Zielgruppe zu vernetzen und auf einfache Weise immer wieder auf sich aufmerksam machen. Wenn Sie einen Artikel geschrieben haben oder einen neuen Vortrag halten, genügt hierzu eine kurze Statusmeldung wie »freut sich über seinen Artikel in der FAZ« oder »freut sich über seinen Vortrag beim Unternehmerforum«. Selbst automatische Statusmeldungen, wie sie beispielsweise XING beim Wechseln des Profilfotos generiert, wecken Neugier und führen dazu, dass zahlreiche Besucher das Profil aufrufen.

Nun haben wir ja festgestellt: Markenaufbau heißt, seine Botschaft so oft wie möglich in der Zielgruppe streuen. Über ein Netzwerk wie XING besteht die Möglichkeit, sich mit kleinem Aufwand immer wieder bei vielen Leuten ins Gedächtnis zu rufen. Wenn Sie und Ihre Mitberater auf diese Weise Kontakt zu Kunden und Partnern halten, bringen Sie auch das Unternehmen immer wieder auf unaufdringliche Weise ins Spiel.

Sicher, XING und Co. kosten Zeit – und natürlich ist die Frage berechtigt, ob man sich wirklich damit befassen soll. Wer jedoch als Geschäftsführer einer Beratung Marketing betreibt, also Artikel schreibt, Vorträge hält oder gar ein Buch verfasst, investiert bereits viel Zeit. Im Vergleich dazu bietet ein Netzwerk wie XING die Möglichkeit, mit wenig Aufwand zusätzliche Effekte zu erzielen. Eine

Statusmeldung mit dem Hinweis »Freut sich über seinen Artikel« dauert keine zehn Sekunden – und erscheint dann sofort bei allen Kontakten.

Abgestimmte Datenbankstrategie

Wenn in Ihrem Beratungsunternehmen mehrere Mitarbeiter bei XING oder LinkedIn vertreten sind, empfiehlt sich eine abgestimmte Strategie. Natürlich ist das eigene Profil Angelegenheit des jeweiligen Mitarbeiters; dennoch ist eine gemeinsame Regelung im Sinne des Unternehmens und der Markenbotschaft erstrebenswert. Vielleicht gelingt es Ihnen, bestimmte Passagen in den Profilen gemeinsam mit Ihren Mitarbeitern zu formulieren – etwa wenn es um Informationen zum Unternehmen, aber auch um Angaben zu Rubriken wie »Ich suche« oder »Ich biete« geht. Bitten Sie Ihre Mitarbeiter dann auch, ihr jeweiliges Profil wie abgesprochen zu pflegen.

Letztlich geht es um die Marke – und die ist Chefsache. Achten Sie darauf, dass keine Widersprüche zu den Profilen auf Ihrer Internetseite entstehen. Wenn Ihre Berater sich auf der Homepage als zupackende Sanierer darstellen, die notfalls rund um die Uhr gegen die Insolvenz des Kunden kämpfen, wäre es kontraproduktiv, wenn sie sich auf XING als Angler, Hundezüchter oder Pferdeliebhaber outen. Genau das ist ja der Grund, warum viele Menschen so gerne in Datenbanken recherchieren: Man hofft, Widersprüche aufzudecken oder noch ein paar »Geheiminformationen« zu finden. Diese Neugier können Sie natürlich nutzen, indem Sie bewusst ein paar »Geheimnisse« streuen – aber natürlich nur solche, die auf die Marke einzahlen. Das ist dann die fortgeschrittene Variante im Umgang mit Datenbanken.

»Ein schönes Design reicht nicht«

Interview mit Steffen Kratz, Geschäftsführer der Werbeagentur
Haus am Meer in Hamburg und Kreativpartner im Team
Giso Weyand

Der Marktauftritt eines Beratungsunternehmens erfordert ein professionelles Design. Was kann der Berater tun, damit die Zusammenarbeit erfolgreich ist? Worauf kommt es da an?
Zunächst sollte er sich Zeit für ein Gespräch mit uns nehmen und Lust haben, etwas über sich und seine Arbeit preiszugeben. Für uns ist es wichtig,

einen Eindruck vom Wesen des Beraters und von seinen Themen zu bekommen. Ein kurzes Telefonat am Ende einer anstrengenden Woche oder zwischen zwei Terminen bringt häufig nicht das Entscheidende zum Vorschein. Manchmal haben Kunden von Anfang an ganz bestimmte Vorstellungen, wie das Ergebnis zu sein hat. An dieser Stelle offen zu sein, uns erst einmal in den Prozess einsteigen zu lassen und uns möglichst viel Raum zu geben, Ideen zu entwickeln und die Dinge aus verschiedenen Blickwinkeln zu betrachten, ist ein zweiter entscheidender Faktor.

In diesem ersten Gespräch geht es also darum, den Kunden zu verstehen, auch schon ein Vertrauensverhältnis zu schaffen?
Richtig. Wir versuchen, eine Beziehung zur Arbeit des Kunden aufzubauen, uns in seine Lage und die seiner Kunden zu versetzen. Häufig lässt sich sehr schnell erkennen, worauf es inhaltlich ankommt, welche Merkmale bei der Entwicklung der Marke eine Rolle spielen könnten. Oder welche Dinge zwar dem Geschmack des Kunden entsprechen, für die Entwicklung der Marke aber eher ungeeignet sind. Wir sind da sehr offen und versuchen, viele Themen und Fragen bereits im ersten Gespräch zu reflektieren. So entsteht ein offener Dialog, der sehr dabei hilft, das Vertrauen des Kunden zu gewinnen.

Wann sieht der Kunde zum ersten Mal einen konkreten Vorschlag?
Nach dem ersten Gespräch gehen wir in die Recherche, überprüfen unsere Eindrücke aus dem Kundengespräch und stellen Thesen auf. Halten diese der weiteren Recherche stand, beginnen wir, die Marke zu definieren, das Look & Feel der Marke zu entwickeln. Erst einmal schriftlich in Form von kurzen Beschreibungen. Dann in Form von Skizzen. Aus den Beschreibungen und Skizzen entwickelt sich ein konkretes Layout, die Marke wird langsam sichtbar. Oft bekommt der Kunde dann schon etwas mehr als nur das neue Logo zu sehen: Es wird deutlich, wie sich die Gestaltung der Marke in der Praxis verhält, zum Beispiel anhand der Oberfläche einer Internetseite. Je nach Vereinbarung nehmen wir uns etwa einen Monat Zeit für diesen Prozess.

Mancher Berater reagiert erschreckt und spontan ablehnend, wenn er zum ersten Mal den Entwurf des Grafikers sieht. Wie viel muten Sie Ihren Kunden zu?
Jeder ist in irgendeiner Form visuell vorbelastet. Design ist omnipräsent, heute mehr denn je. Kunden orientieren sich also gerne an dem, was sie bereits kennen, was in ihrer Branche so üblich ist oder was ihnen persön-

lich gut gefällt. Für die tragfähige Gestaltung einer Marke sind diese Merkmale oftmals irrelevant. Zum einen wollen wir uns ja gerade von den Mitbewerbern absetzen – Design bietet die Möglichkeit, genau das auf sehr sichtbare Art und Weise zu tun. Zum anderen wäre es nicht klug, uns dem persönlichen Geschmack des Kunden zu unterwerfen. Geschmäcker sind bekanntlich sehr unterschiedlich, die Geschmäcker seiner Kunden sind wahrscheinlich schon wieder ganz andere. Das Ergebnis unserer Arbeit kann sich also durchaus außerhalb der Erwartungen bewegen. Es kann anecken und Fragen aufwerfen. Und genau das tut ein gutes Design: Es kommuniziert mit dem Betrachter, lädt zur Auseinandersetzung ein. Auf diesem Wege gelingt es, eine Beziehung zur Marke herzustellen, die Marke im Bewusstsein des Betrachters zu verankern und diese emotional aufzuladen.

Wie überzeugen Sie einen Kunden, den mutigeren Vorschlag zu akzeptieren?
Zum einen können wir immer recht präzise argumentieren, warum wir was wie gemacht haben. Das Layout folgt einer Vielzahl von Überlegungen, die Idee hinter der Gestaltung ist also gut nachzuvollziehen. Oft gibt es ein paar erklärende Zeilen im Zuge des ersten Layouts. Nachdem der Kunde den Vorschlag ein paar Tage sacken lassen konnte, folgt ein persönliches Gespräch, das die Idee hinter der Gestaltung noch einmal aufgreift und vertieft. In 80 Prozent der Fälle kann der Kunde unserer Idee folgen und geht mit uns den ganzen Weg. Selbst wenn das Layout zunächst auf spontanen Widerstand stößt. Eine gute Vorbereitung, eine nachvollziehbare Herleitung und genug Zeit, die Ergebnisse wirken zu lassen, sind unerlässlich.

Der Kunde sollte sich also nicht vom ersten Eindruck leiten lassen, sondern sich Zeit nehmen, den Designvorschlag auf sich wirken lassen. Soll er die Meinung von anderen einholen, zum Beispiel Kollegen und Kunden?
Das kann hilfreich sein, um in die Diskussion zu kommen, die eigene Auseinandersetzung mit dem Design in Gang zu bringen. Wichtig ist, dass die Gesprächspartner in der Lage sind, die Gestaltung objektiv zu bewerten, sich nicht zu sehr von persönlichen Motiven leiten lassen. Frage ich zehn Leute, bekomme ich zudem wahrscheinlich zehn unterschiedliche Meinungen. Die Entwicklung einer Marke ist allerdings kein demokratischer Prozess, in dem es gilt, einen geschmacklichen Konsens zu finden. Deshalb sollte die Meinung von außen während des Entwicklungsprozesses nicht überbewertet werden.

Zusammenfassung

Der Unternehmensauftritt – das ist der Schritt von der Konzeption zur Umsetzung. Er stellt das Beratungsunternehmen vor ungeahnte Schwierigkeiten. Zwar sind im Markenkonzept Positionierung des Unternehmens und emotionale Botschaft klar und schlüssig beschrieben. Doch was bedeutet das konkret für die Gestaltung von Logo, Claim und Geschäftsausstattung? Welche Farben, Formen und Schrifttypen sind richtig? Was bedeutet es für die Inszenierung des Internetauftritts, für Broschüren oder für die Profile in Business-Netzwerken wie XING und LinkedIn? Wie gelingt es, Grafikern, Fotografen, Textern und anderen Dienstleistern die Markenbotschaft so zu vermitteln, dass am Ende ein stimmiger Marktauftritt entsteht?

Schnell wird deutlich: Der Unternehmensauftritt besteht aus zahllosen Details, die es zu berücksichtigen und zu realisieren gilt. Sie reichen vom Logo auf dem Briefpapier über das Foto für die Startseite des Internetauftritts bis zur Formulierung des XING-Porträts, vom Papier der Visitenkarte über den Text eines Angebots bis hin zur Stimme auf dem Anrufbeantworter. Botschaft und Emotion der Marke bilden hierbei die große Klammer, die das alles zusammenhält und am Ende für ein stimmiges Ganzes sorgen muss.

Kapitel 5

Werbung und PR

Den richtigen Mix finden

Marketing nach Zufallsprinzip

Jedes Jahr im November ist Jahresstrategietag bei einem mittelgroßen Beratungsunternehmen. Heute ist es wieder so weit. Der Geschäftsführer kommt zum Tagesordnungspunkt »Marketing«, es geht um die Planung von Werbung und PR für das kommende Jahr. Eine lebhafte Diskussion beginnt.

»Wir haben im Frühjahr einen Artikel geschrieben, da haben sich drei Leute gemeldet. Das sollten wir wieder machen«, meint ein Teilnehmer aus der Runde. »Ja, stimmt«, entgegnet ein Kollege. »Aber die Anzeige in der *Personalwirtschaft* hat gar nichts gebracht.« – »Auch die Mailingaktion im Frühjahr war komplett rausgeworfenes Geld. Komische Agentur.« – »Dafür waren wir im Telefonvertrieb doch eigentlich ganz gut.« – »Ja, stimmt.« – »Berater Müller wird immer mehr unser Konkurrent. Jetzt war er wieder in der *FAZ*. Mit seinem neuen Buch. Da müssten wir endlich etwas unternehmen.« – »Thema Studie – vielleicht sollten wir das mal angehen.« – »Wäre es nicht besser, unseren Newsletter zu reaktivieren? Den haben wir dieses Jahr nur einmal verschickt, geplant waren vier Mal.« – »Vorträge! Ich habe doch diesen Vortrag bei den Personalern gehalten, der hat gut funktioniert.« …

So zieht sich die Diskussion hin, bis der Geschäftsführer unterbricht: »Schön und gut, was machen wir jetzt?« Einer der Beteiligten geht zum Flipchart und bringt Ordnung in die vielen Aussagen. Links notiert er die Maßnahmen, die funktioniert haben. Die Runde ist sich schnell einig, dass man diese Maßnahmen fortführen sollte. Rechts schreibt er die Punkte auf, über die man sich besonders geärgert hat: Müllers Buch, den liegen gebliebenen Newsletter, die resonanzlose Anzeige. Nun packt die Berater der Ehrgeiz: Also das Buch, das muss jetzt sein! Auch der Newsletter, so beschließen sie, soll nun vierteljährlich erscheinen. In einem kurzen Brainstorming legen sie auch schon erste Themen fest.

Wie im vergangenen Jahr wird für jede Maßnahme ein Verantwortlicher bestimmt. Was da schließlich auf der Tafel steht, sieht richtig gut aus – wie ein durchdachter Marketingplan. Die Runde setzt das Budget in Höhe des Vorjahrs an und geht mit dem guten Gefühl auseinander, ihre Hausaufgaben in Sachen Marketing erledigt zu haben.

Das neue Jahr beginnt. Wie geplant publiziert der Geschäftsführer einen Artikel, doch anders als im Vorjahr gibt es keine Reaktionen darauf. Das empfindet er als ziemlich ernüchternd. Der für den Newsletter verantwortliche Berater macht sich engagiert ans Werk. Doch fällt es enorm schwer, die Texte auf den Punkt zu bringen. Die erste Nummer erscheint deshalb zwei Wochen verspätet. Um es besser zu machen, wird für die zweite Ausgabe ein Journalist engagiert, der aus verschiedenen Unterlagen und nach einigen Gesprächen die Beiträge erstellt. Seine Texte lösen einen internen Streit aus: Viel zu salopp, zu oberflächlich, überhaupt nicht unser Stil, meinen die einen, während andere den Stil gewagt, aber doch erfrischend finden. Die Folge: Der Newsletter liegt vorerst auf Eis.

Zusammen mit einem Partner der Beratung macht sich der Geschäftsführer an das Buchprojekt, das sich aber als weit komplizierter erweist als gedacht. Die beiden stellen fest, dass sie erst noch einen Verlag finden müssen. Eine Weile versuchen sie sich an einem Exposé für das Buch, doch schließlich wird das Projekt verworfen. Dafür hält der Geschäftsführer im September einen Vortrag bei der Zukunft Personal in Köln. Ein voller Erfolg! Die Branchenpresse wird auf ihn aufmerksam, drei Artikel entstehen daraus. Sogar ein Auftrag lässt sich darauf zurückführen.

So neigt sich das Jahr dem Ende zu. Es ist wieder Jahresstrategietag. Der Geschäftsführer ruft den Tagesordnungspunkt »Marketing« auf, um die Maßnahmen für Werbung und PR zu planen. Das Buch hat man wieder nicht geschafft. Und Müller? Der war erneut in der *FAZ*. Doch gab es auch einige Erfolge: zwei Artikel mit guter Resonanz, dann die Rede auf dem Kongress … Das Spiel beginnt von vorne. Aus der Diskussion über Erfolge und Misserfolge entsteht der Plan für das nächste Jahr. Maßnahmen, die gut gelaufen sind, werden wieder in den Plan eingestellt. Anderes wird verworfen, weil es offenbar nicht funktioniert oder weil es, wie das Buchprojekt, zu aufwendig erscheint. Letztlich ist die Auswahl der Maßnahmen auch in diesem Jahr wieder eher zufällig. Genauso gut könnte die versammelte Runde würfeln, um die Aktionen für das nächste Jahr festzulegen.

Dieses Beratungsunternehmen befindet sich in guter Gesellschaft, denn viele seiner Konkurrenten gehen ähnlich vor. Es anders zu machen ist schwierig. Die Vielfalt der Maßnahmen, die in Werbung und PR möglich sind, lässt sich kaum überblicken. Ebenso vielfältig sind die Marketingexperten, die jeweils ihr Spezialgebiet vertreten: Der Adwords-Berater schwört auf Kleinanzeigen bei Google, der Suchmaschinen-Optimierer redet von Traffic und Konversionsrate, der Verlagsagent sieht im Buch das Nonplusultra, der PR-Spezialist preist Pressetexte an, die Werbeagentur steht auf Mailingaktionen oder plädiert für eine Anzeigenkampagne ... Wer soll sich da zurechtfinden?

So kommt es, dass die meisten Beratungsunternehmen auf die Unterstützung von Experten lieber verzichten und das Marketing in die eigene Hand nehmen. Dabei schielen sie zum Mitbewerber, um Anhaltspunkte für das eigene Vorgehen zu finden. Doch das hilft nicht wirklich weiter. Zwar beobachten sie dessen Aktivitäten und nehmen schmerzhaft wahr, dass etwa die *Wirtschaftswoche* ihn zitiert und er im führenden Branchenmagazin publiziert. Wie erfolgreich sein Marketing jedoch ist, ob dahinter überhaupt ein Konzept steht, bleibt ungewiss.

Die Informationen sind also dürftig. Meist sind es dann die eigenen, eher zufälligen Erfahrungen, auf denen die Marketingplanung aufbaut. Das ist weit entfernt von einem schlüssigen Konzept. So stellt sich die Frage, wie man aus diesem »Marketing by Zufall« herausfindet. Dazu ist es sinnvoll, sich zuerst einiger Trugschlüsse bewusst zu werden, die das Denken der meisten Berater beherrschen (Abschnitt 5.1). Wie Sie dann konkret den Marketingmix zusammenstellen, welche Instrumente Sie also für Werbung und PR auswählen, beschreibt Abschnitt 5.2. Die folgenden elf Abschnitte (5.3 bis 5.13) befassen sich mit den einzelnen Instrumenten.

5.1 Illusionen und Trugschlüsse: Woran Beratermarketing leidet

Vier Denkweisen stehen erfolgreichem Beratermarketing im Wege: das Denken in kurzen Zeiträumen, das Denken in Einzelmaßnahmen, das Denken in Messbarkeit und das Denken, dass man Werbung und PR zu 100 Prozent steuern kann. Das sind Illusionen und Trugschlüsse. Sie gilt es abzulegen, wenn Werbung und PR wirken und der Markenaufbau gelingen soll.

Illusion 1: Der Erfolg ist nach einem Jahr da

Ein Apfelbaum braucht rund vier Jahre, bis er richtig Früchte trägt. Niemand käme auf die Idee, ein frisch gepflanztes Bäumchen nach einem Jahr wieder aus dem Boden zu reißen. Doch genauso handeln die meisten Berater, wenn es um Werbung und PR geht. Bis eine Maßnahme wirklich greift, dauert es in der Regel mehrere Jahre. Doch statt abzuwarten, bis die Wirkung sich entfaltet, wird die Maßnahme schon nach einem Jahr wegen Wirkungslosigkeit aus dem Marketingplan gestrichen. Was zufällig funktioniert, wird zur Grundlage des neuen Jahresplans gemacht – Marketing nach dem Zufallsprinzip.

Hinter dieser Haltung steht das Missverständnis, dass einer Marketingmaßnahme der Erfolg auf dem Fuße folgt. Man glaubt, nur ein paar Artikel oder ein Buch schreiben zu müssen, und schon melden sich Kunden scharenweise. Diese Annahme verleitet dazu, bei Werbung und PR kurzfristig, höchstens im Zeithorizont von einem Jahr zu denken. Das jedoch steht im Widerspruch zur Markenbildung, die einen viel längeren Atem verlangt.

Markenbildung braucht mindestens drei bis vier Jahre

Man braucht einfach Geduld, bis eine Marke in die Köpfe der Zielgruppe dringt. Selbst in kleinen Märkten und bei attraktiven, aufsehenerregenden Produkten dauert es von der Einführung der Marke bis zur Durchdringung des Marktes mehrere Jahre. Ein Beispiel hierfür ist fritz-kola: Zwei Studenten kreierten 2002 in Hamburg dieses neuartige Colagetränk. Die ersten Flaschenetiketten vervielfältigten die beiden Gründer noch im Kopierladen und brachten sie eigenhändig per Klebestift auf den Flaschen an. Mit der Produkt- und Markenkommunikation beauftragten sie eine Agentur, die das Getränk als Szenemarke aufstellte. Die Low-Budget-Kampagnen mit mehr als 250 Printmotiven, Kino- und Radio-Werbespots und Plakaten kamen beim Szenepublikum an und sorgten ab 2006 für erhebliche Umsatzzuwächse. Es hat also rund vier Jahre gedauert, bis der Erfolg eintrat.

Nun hat ein Produkt wie fritz-kola noch einen gewissen Sex-Appeal, ganz im Gegensatz zu Beratungsleistungen. Es wäre daher vermessen, anzunehmen, dass die Kunden zu Ihnen strömen, nur weil Sie eine Rede vor der IHK gehalten oder ein Buch veröffentlicht haben. Oder dass ein Geschäftsführer, wenn er einen Artikel von Ihnen liest, vor Begeisterung im Zickzack hüpft und Sie vom Fleck weg engagiert. Das ist höchst unwahrscheinlich. Im Beratermarketing sind schnelle Erfolge schlicht eine Illusion. Es geht hier um den Aufbau einer Marke – und der braucht mindestens drei bis vier Jahre. Zumal Sie als Berater nun einmal nur ein mäßig interessantes Produkt haben, das Sie einer mäßig interessierten Zielgruppe anbieten.

Indizien für den Marketingerfolg

Wie kann man ein systematisches Marketing durchhalten, wenn sich der Erfolg erst nach vier Jahren zeigt? Heißt das dann, bis dahin im Nebel zu stochern, also nicht zu wissen, ob das Marketingkonzept überhaupt greift? Dieser Einwand liegt nahe, lässt sich aber entkräften: Ob das Marketing in die richtige Richtung geht, ist auch anhand von Indizien erkennbar – harte Auftragszahlen braucht es hierfür nicht.

Eines dieser Indizien ist die Resonanz bei den Medien. Wer Artikel veröffentlichen will, muss Redakteure und Fachjournalisten von seinen Themen überzeugen. Je größer die Medien sind, desto kritischer gehen sie in der Regel mit Themenvorschlägen um. Was bei einem guten Journalisten ankommt, dürfte auch für die Zielgruppe des Beraters interessant sein. Dasselbe gilt für ein Buchkonzept: Wenn es den harten Filter eines Verlags passiert, wird es wahrscheinlich auch die Zielgruppe interessieren. Sollten also Ihre Themen bei Redaktionen und Verlagen ständig durchfallen, ist das ein Warnzeichen: Vermutlich sprechen Sie mit Ihrem Angebot dann kein Leidensthema Ihrer Zielgruppe an.

Ein weiteres Indiz: Sie stellen fest, dass Ihnen persönlich bekannte Kunden oder Kollegen von Ihnen gehört, zum Beispiel den einen oder anderen Artikel gelesen haben. Das ist immerhin ein Nachweis, dass man Sie wahrnimmt.

Drittes Indiz ist Feedback. Werden Sie auf Artikel, Vorträge oder Ihr Buch angesprochen? Gibt es Anfragen von Journalisten, die an Ihrem Thema interessiert sind? Gibt es Rezensionen Ihres Buchs, etwa bei Amazon? Diese Reaktionen bedeuten nicht, dass schon zusätzliche Aufträge entstehen. Doch können Sie an solchen »weichen« Signalen erkennen, ob Ihre Kernideen und damit auch Ihre Marke allmählich Fuß fassen. Daraus lässt sich schließen, dass Sie mit Ihren Werbe- und PR-Maßnahmen vermutlich auf dem richtigen Weg sind.

Grund zur Freude haben Sie, wenn erstmals ein neuer Kunde sich nicht auf Empfehlung meldet, sondern weil er Sie unmittelbar wahrgenommen hat – zum Beispiel einen Vortrag von Ihnen gehört oder einen Artikel gelesen hat. Eine solche Anfrage ist ein starkes Signal, dass das Marketingkonzept greift. Es kann allerdings dauern, bis es dazu kommt. Manchmal sind drei Jahre lang kaum Erfolge erkennbar – und dann kommt plötzlich der Durchbruch.

Ersetzen Sie kurzfristige Erfolgserwartungen und das damit verbundene jährliche »Marketing by Zufall« durch Sensibilität für weiche Signale. Protokollieren Sie die Reaktionen zum Beispiel in einem zentralen Dokument, das Sie im Intranet hinterlegen. Daraus lässt sich dann ein kleiner Bericht erstellen, den Sie am Jahresende mit Ihren Mitberatern diskutieren. So bekommen Sie ein gutes Gespür dafür, ob der Marketingkurs stimmt.

Ein Fehler wäre es jedoch, die weichen Signale für harte Konsequenzen zu missbrauchen – nach dem Motto: »Dieser Artikel hat zwölf Reaktionen ausgelöst, der andere Artikel nur drei, also verfolgen wir das Thema des zweiten Artikels nicht mehr.« Das wäre ein Rückfall ins kurzfristige Erfolgsdenken und läge im Widerspruch zum Markenaufbau.

Illusion 2: Eine Einzelmaßnahme reicht aus

Berater A veröffentlicht Artikel und hofft darauf, dass sich neue Kunden melden. Berater B schaltet Anzeigen und erwartet, dass daraus Aufträge resultieren. Berater C setzt auf Mailings und rechnet damit, dass sein Geschäft in Gang kommt. Berater D hält Vorträge, weil er davon ausgeht, dass Zuhörer ihn im Anschluss buchen. Berater E quält sich monatelang mit seinem Buch, weil er hofft, dass die Leser diese Mühe mit einem Ansturm auf seine Beratungsleistungen danken. Fünf hoffnungsvolle Berater.

Die Hoffnung stirbt bekanntlich zuletzt. Doch um es überspitzt zu formulieren: Es gibt kein einziges Instrument in Werbung und PR, das für sich genommen in der Lage ist, direkte Umsätze zu generieren. Wie in Kapitel 3 ausgeführt, haben Werbung und PR in der Beraterbranche die Funktion, die Markenbotschaft ins Bewusstsein potenzieller Kunden zu bringen, sodass diese sich melden, wenn sie irgendwann einmal einen Beratungsbedarf haben. Mit einer Einzelmaßnahme gelingt das kaum, da braucht es das Zusammenwirken unterschiedlicher Instrumente.

Viel erreicht haben Sie, wenn sich nach einigen Jahren Werbung und PR Interessenten etwa in dem Tenor melden: »Ich bin auf Sie aufmerksam geworden, habe schon öfter von Ihnen gehört. Ich habe folgendes Anliegen …« Oder: »Ich weiß gar nicht mehr, wie ich auf Sie aufmerksam geworden bin, ich bin immer mal wieder auf Sie gestoßen …« Solche Sätze belegen, dass die Summe Ihrer Einzelmaßnahmen greift: Ein Interessent ist an verschiedenen Stellen auf Sie aufmerksam geworden. Irgendwann hat er sich Ihren Namen gemerkt und später den Kontakt gesucht.

Illusion 3: Erfolg ist messbar

Wie laufen Ihre Marketingbesprechungen ab? Wenn Sätze wie diese auffällig häufig fallen, könnte das auf die dritte Illusion, das Denken in Messbarkeit, hinweisen: »Wir haben zu wenige Besuche auf unserer Internetseite.« – »Auf den ersten Artikel hat sich keiner gemeldet, aber beim zweiten gab es zehn Reaktionen. Das Thema des ersten kommt offensichtlich nicht an.« – »Wie viele Exemplare meines Buchs habe ich verkauft?« – »Wie viele Leute haben sich auf unser Mailing gemeldet?«

Natürlich ist es richtig und wichtig, diese Zahlen zu kennen. Wenn ein Experte für Suchmaschinenoptimierung Ihre Homepage optimiert hat, sollten Sie schon prüfen, ob die Besucherzahlen steigen. Ebenso bieten die Reaktionen auf Artikel, Anzeigen oder Mailings Hinweise darauf, ob ein PR- oder Marketinginstrument funktioniert. Die Gefahr liegt jedoch darin, diese Zahlen als harte Erfolgsindikatoren zu interpretieren – denn es ist schlicht nicht messbar, wie sich einzelne Werbe- und PR-Maßnahmen auf den Geschäftserfolg auswirken.

Im Vertrieb können Sie feststellen, dass Sie im Jahr 100 Leute kontaktiert, zwölf Termine gemacht und daraus zwei Aufträge generiert haben. Das ist ein klarer, nachvollziehbarer Prozess. Ganz anders bei Werbung und PR: Hier wirken die Maßnahmen langfristig und ohne aufwendige Marktforschung ist nicht nachvollziehbar, welche Reaktionen eine Maßnahme in den Köpfen der Zielgruppe hervorgerufen hat. Ein Artikel kann so begeistern, dass zehn potenzielle Kunden ihn kopieren; es kann aber auch sein, dass ihn niemand zu Ende liest. Auf die neue Webseite kommen 20 Besucher, die höchst angetan sind und sich die Seite merken. Es kann aber auch sein, dass 600 Besucher kommen, die gelangweilt weiterklicken. Das alles wissen Sie nicht, weil Sie nicht in die Köpfe der Zielgruppe hineinsehen können. Auch Coca-Cola weiß nicht, ob eine Anzeigenkampagne erfolgreich war – erst aufwendige Marktforschung gibt da Auskunft.

Die Empfehlung lautet deshalb: Stellen Sie fest, welche Reaktionen es auf PR- und Werbemaßnahmen gibt – aber überbewerten Sie diese Ergebnisse nicht. Es handelt sich bei diesen Zahlen lediglich um weiche Indikatoren, die signalisieren können, ob die Richtung insgesamt stimmt.

Illusion 4: Marketing ist zu 100 Prozent steuerbar

Die vierte Illusion ist der Glaube an die Steuerbarkeit von Werbung und PR. »Wenn wir alles richtig machen, treffen die Erfolge auch wie erwartet ein«, sind viele Berater überzeugt. Die Realität zeigt jedoch, dass das nicht stimmt. Als kleines Beratungsunternehmen können Sie immer nur versuchen, mit Ihren begrenzten Mitteln das bestmögliche Maßnahmenbündel umzusetzen. Wie die einzelnen Maßnahmen jedoch bei der Zielgruppe ankommen, haben Sie nicht zu 100 Prozent in der Hand. Es bleibt immer ein Rest an Unsicherheit.

Selbst erfahrene Verlagsagenten sahen schon Buchkonzepte scheitern, von denen sie sich einen Bestseller erhofft hatten. Ebenso gibt es die umgekehrten Fälle: Auf einen kleinen Artikel in einem unbedeutenden Online-Magazin meldet sich ein Redakteur des *manager magazins*, der daraus eine große Geschichte macht – und das Thema schlägt wie eine Bombe ein.

Es kommt also auf eine Portion Glück an. Auch bei professionellem Marketing hängt der Erfolg zu etwa 20 Prozent vom Zufall ab. Es gilt die Faustformel »Handwerk mal Glück«. Ohne Glück bleibt ein Mailing, ein Artikel oder ein Buch erfolglos, doch ebenso wenn das handwerkliche Können fehlt. Während sich das Handwerk erlernen oder bei einem Dienstleister einkaufen lässt, bleibt das Glück ein unsicherer Faktor. Auch deshalb empfiehlt es sich, in Werbung und PR nicht auf eine einzige Maßnahme zu setzen. Wenn Sie fünf Maßnahmen auf der Agenda haben, gilt auch fünf Mal die Formel »Handwerk mal Glück«. Bei zwei glücklosen Maßnahmen bleiben immer noch drei, die wirken (können).

5.2 Abschied vom Zufallsprinzip: Den Mix bereiten

Halten wir also fest: PR- und Werbemaßnahmen wirken langfristig, ihr Erfolg ist kaum messbar, eine Einzelmaßnahme reicht nicht aus – und es bleibt stets ein Rest an Unsicherheit. Nun stellt sich die Frage, wie Sie unter diesen Prämissen an die Auswahl der Instrumente herangehen. Gibt es eine Strategie, um vom jährlich neu aufgelegten »Marketing by Zufall« loszukommen? Wie können Sie den für Ihr Unternehmen optimalen Marketingmix festlegen?

Die richtigen Marketinginstrumente auswählen

Bewährt hat sich folgende systematische Herangehensweise. Zunächst listen Sie die Werbe- und PR-Instrumente auf, die Sie für sinnvoll und möglich halten. Die wichtigsten werden in den folgenden Abschnitten dieses Kapitels kurz beschrieben. Anhand der Liste wählen Sie nun einen Instrumentenmix aus, den Sie Jahr für Jahr überprüfen und anpassen, vielleicht auch durch ein neues Instrument ergänzen. Dabei ist es entscheidend, nicht in jährlichen Planungshorizonten zu denken, sondern den Einsatz der Instrumente langfristig auszulegen.

Für den optimalen Mix gibt es kein allgemein gültiges Rezept. Die meisten Inhaber oder Geschäftsführer eines Beratungsunternehmens haben aber in der Regel ein gutes Gespür dafür, welche Instrumente zu ihnen und ihrem Unternehmen passen könnten. Wer gerne Reden hält, wird Vorträge auf seine Agenda setzen. Soll das Unternehmen sich in einem Spezialgebiet inhaltlich positionieren, liegt es nahe, sich auf Fachartikel oder die Erstellung einer Studie zu fokussieren. Auf diese Weise entsteht bereits ein erster, intuitiv zusammengestellter Marketingmix.

Es gibt nun zwei Informationsquellen, um dieses Ergebnis abzusichern, gegebenenfalls auch zu korrigieren und zu ergänzen. Die erste Quelle sind Kollegen und Experten der Beratungsbranche, deren Einschätzung Sie einholen sollten. Die zweite Quelle, auf die wir im Folgenden näher eingehen, ist die Erfahrungswelt des Kunden.

Anknüpfen an die Erfahrungswelt des Kunden

Die Aktionen in Werbung und PR sollen die Zielgruppe möglichst oft und bei möglichst vielen Gelegenheiten erreichen. Das klingt banal, ist aber Ausgangspunkt eines nützlichen Gedankenexperiments, das Ihnen hilft, den richtigen Instrumentenmix zusammenzustellen. Nehmen Sie sich hierfür zwei bis drei Stunden Zeit. Wenn Sie verschiedene Zielgruppen haben, wiederholen Sie die Übung für jede Zielgruppe.

Stellen Sie sich einen typischen Vertreter Ihrer Zielgruppe vor, etwa den Geschäftsführer eines mittelständischen Unternehmens. Zeichnen Sie seine Arbeitswoche nach: Der Geschäftsführer kommt montags ins Büro. Die Sekretärin begrüßt ihn. Er sieht sich die E-Mails an, die von der Sekretärin bereits vorsortiert sind. Dann arbeitet er. In der Mittagspause liest er eine Zeitung. Danach fährt er zu einem Geschäftstermin, mit der Bahn ... Beschreiben Sie den Alltag dieses Entscheiders möglichst präzise. Welche Zeitung liest er in der Mittagspause? Womit beschäftigt er sich, wenn er in der Bahn sitzt? Was nimmt er mit? Mit wem telefoniert er? An welchen Meetings nimmt er teil? Welche Vorträge, Seminare oder Kongresse besucht er? Auf welche Messen geht er? Mit wem trifft er sich dort?

Überlegen Sie nun anhand Ihrer Notizen, bei welchen Gelegenheiten dieser Geschäftsführer auf eine PR- oder Werbemaßnahme Ihres Unternehmens treffen könnte. Gehen Sie hierzu die einzelnen Marketinginstrumente durch:

- *Artikel.* Wann liest er Zeitungen und Zeitschriften. In der Mittagspause, im Zug? Was liest er da?
- *Newsletter.* Wann ruft er seine E-Mails auf? Stößt er dann auf den Newsletter oder hat die Sekretärin ihn womöglich aussortiert?
- *Messen.* Auf welche Messen geht er? Bei welcher Gelegenheit könnte er Ihnen da begegnen?
- *Vorträge.* Welche Veranstaltungen besucht er, welche Themen interessieren ihn dort? Ist Ihres dabei?
- *Studien.* Welches Thema brennt ihm auf den Nägeln? Passt dazu die von Ihnen geplante Studie? Würde er sie lesen?
- *Anzeigen.* Welche Magazine blättert er durch? Welche Anzeigen könnten ihm dann auffallen?

Abschließend bewerten Sie das Ergebnis. Überlegen Sie, bei welchen Instrumenten die Wahrscheinlichkeit am größten ist, dass der Geschäftsführer Ihrem Unternehmen begegnet. Markieren Sie die Instrumente, bei denen Sie damit rechnen, dass der Kunden mindestens drei bis vier Mal im Jahr auf Sie aufmerksam wird.

Erfahrungsgemäß wirkt diese Übung ernüchternd. Viele Berater merken jetzt, wie schwierig es sein wird, den Markt mit ihrer Markenbotschaft zu durchdringen. Deutlich wird aber auch, wie sehr es darauf ankommt, sich systematisch mit dem richtigen Mix auseinanderzusetzen.

Die wichtigsten Werbe- und PR-Instrumente für Berater

Bevor Sie nun den Mix für Ihr Marketing bereiten, ist es ratsam, die möglichen Zutaten zu kennen. Aus Erfahrung kommen für Berater vor allem elf Instrumente infrage: die Publikation von Artikeln, die Erwähnung in großen Medien wie *FAZ*, *Wirtschaftswoche* oder *manager magazin*, der öffentliche Auftritt mit Vorträgen, das Buch in einem renommierten Verlag, das Buch im Selbstverlag, die eigene Studie, der Auftritt bei Messen, die Nutzung des Web 2.0, die Suchmaschinenoptimierung, Anzeigen und Mailings. In den folgenden Abschnitten lernen Sie diese Instrumente näher kennen. Dahinter steht die Idee, Ihnen Orientierung zu geben und Sie in die Lage zu versetzen, das für Ihr Unternehmen optimale Maßnahmenbündel zusammenzustellen. Auf Einzelheiten der Umsetzung gehen wir nicht ein, dies würde den Rahmen dieses Buchs sprengen.

5.3 Instrument 1: Artikel

Artikel zu schreiben hat sich aus verschiedenen Gründen als Einstieg in die PR-Arbeit bewährt. Zum einen ist der Aufwand im Vergleich zu anderen Marketingkanälen überschaubar. Zum anderen bieten viele Fach- und Branchenzeitschriften gute Chancen, Artikel zu platzieren. Diese Publikationen werden meist von kleinen Redaktionen erstellt, die offen für extern angebotene Themen sind. Nicht zuletzt lässt sich die Zielgruppe mit Artikeln meistens gut erreichen; zumindest die besseren Branchenmedien werden durchaus auch von Geschäftsleitungen wahrgenommen.

Zwischen Idee und gedrucktem Artikel stehen einige Hürden. Hinzu kommt, dass es mit einer einmaligen Veröffentlichung nicht getan ist. Damit das Instrument »Artikel« wirkt, braucht es Kontinuität – zum Beispiel alle drei Monate eine Veröffentlichung. Das wiederum erfordert eine systematische Herangehensweise.

Passende Themen finden

Um regelmäßig publizieren zu können, hat sich eine Themensammlung bewährt. Am besten veranstalten Sie einen kleinen Workshop, um gemeinsam mit Ihren Mitberatern einen Grundstock möglicher Themen zu erarbeiten. Folgende Fragen können die Diskussion in Gang bringen:

- Wie lauten die Leidensdruckthemen unserer Zielgruppe?
- Welches Problem unserer Kunden können wir am besten lösen?
- Welche Projekte haben wir mit Kunden umgesetzt?
- Was wird auf unserem Gebiet immer wieder falsch gemacht?
- Welche aktuellen Themen und Trends gibt es derzeit auf unserem Themenfeld – und wie denken wir darüber?
- Welches sind die drei provokativsten Thesen, die wir derzeit zu unserem Fachbereich formulieren können?
- Worüber schreiben und referieren Wettbewerber und andere Experten? Welche Aspekte könnten wir aufgreifen und mit unseren Erfahrungen »weiterdrehen«?

Bewerten Sie dann die gesammelten Themen nach den Aspekten Relevanz, Neuigkeitswert und Beitrag zur Positionierung:

- Hat das Thema in der aktuellen Situation einen konkreten Nutzen für sehr viele Leser?
- Enthält das Thema interessante Aspekte, die wirklich neu sind?

- Transportiert das Thema zumindest teilweise unsere inhaltliche Positionierung?

Anhand dieser drei Kriterien können Sie auf einfache Weise tragfähige Themen identifizieren und zwei bis drei Themen auswählen, mit denen Sie starten.

Machen Sie es sich zur Gewohnheit, die Themensammlung laufend fortzuschreiben. Ergänzen Sie die Liste, wenn Ihnen eine Idee kommt – sei es nach einem Gespräch beim Kunden, in der Diskussion mit Kollegen oder bei der Lektüre einer Fachzeitschrift. Setzen Sie von Zeit zu Zeit das Thema »Artikelschreiben« auf die Tagesordnung der Mitarbeiterbesprechung, um die Liste zusammen mit Ihren Mitberatern durchzugehen.

Ein Fehler wäre es, nun gleich mit dem Schreiben loszulegen. Wenn Sie ein gutes Thema gefunden haben, bieten Sie es zuerst einer Redaktion an. Zum einen wissen Sie ja nicht, ob die Idee tatsächlich auf Zustimmung stößt. Warum also das Risiko eingehen, einen Artikel zu schreiben, der dann abgelehnt wird? Zum anderen sind die Chancen für eine Veröffentlichung deutlich größer, wenn der Redakteur nicht gleich den fertigen Text erhält. Er kann dann noch einige Hinweise geben, damit der Text in Form und Inhalt zu den speziellen Gepflogenheiten der Zeitschrift passt. Zudem hat er die Gewissheit, dass er einen exklusiven, speziell für seine Zeitschrift verfassten Artikel erhält.

Die Zeitschrift auswählen

Bei welcher Zeitschrift bieten Sie Ihr Thema an? Generell lassen sich zwei Gruppen von Publikationen unterscheiden. Auf der einen Seite gibt es die kleineren Fach- und Branchenzeitschriften, die kleine Redaktionen haben und deshalb auch Namensartikel externer Autoren veröffentlichen. Auf der anderen Seite stehen die großen Medien, die über gut besetzte Redaktionen verfügen und die Artikel in der Regel selbst schreiben. Zu diesen großen Medien zählen Branchenleitmedien wie zum Beispiel *Automobilwoche*, *Textilwirtschaft* oder *Computerwoche*, Wirtschaftsmedien wie *Wirtschaftswoche* oder *manager magazin* und die großen Tageszeitungen wie *FAZ*, *Süddeutsche Zeitung* und *Handelsblatt*.

Im Falle des eigenen Artikels kommen die kleineren Redaktionen infrage, die an Namensartikeln von Fremdautoren interessiert sind. Hierunter fallen Branchenmedien (Automobilbranche, Handel, Banken und Versicherungen, Chemie et cetera), Fachmedien (für Personalverantwortliche, Marketingexperten, Controller et cetera), Magazine von Verbänden und IHK-Zeitschriften, aber auch Unternehmermedien, die sich branchenübergreifend an Unternehmer oder Führungskräfte richten. Auch Online-Medien veröffentlichen Namensartikel – und werden zunehmend wahrgenommen.

Es gibt eine einfache Methode, die infrage kommenden Zeitschriften zu identifizieren: Erkundigen Sie sich bei einigen Ihrer Kunden, welche Publikationen sie lesen und warum sie bestimmte Medien bevorzugen. Mit einer kleinen Internetrecherche können Sie sich anschließend näher über die genannten Zeitschriften informieren. Lassen Sie sich ein Probeexemplar zuschicken, um zu analysieren, ob und in welcher Form hier ein Artikel von Ihnen erscheinen könnte.

Den Artikel anbieten

Ist die Zeitschrift ausgewählt, benötigen Sie eine Strategie, den geplanten Artikel der Redaktion zu »verkaufen«. Bringen Sie hierzu das Thema mit einem Satz auf den Punkt: Welche Kernaussage möchten Sie den Lesern der Zeitschrift vermitteln? Spitzen Sie das Thema auf eine klare These zu, übertreiben Sie dabei ein wenig, um die Neugier des Redakteurs zu wecken. Damit steigt die Chance, dass Ihr Thema unter den vielen Angeboten, die eine Redaktion jeden Tag erhält, tatsächlich auffällt.

Idealerweise finden Sie noch einen aktuellen Aufhänger für Ihr Thema. Anlässe können zum Beispiel ein bevorstehender Kongress sein, Ergebnisse einer noch unveröffentlichten Studie, ein neuer Aspekt zu einer aktuellen Diskussion, eine bevorstehende Gesetzesänderung, die unerwartete Konsequenz eines aktuellen Trends, ein neuer Trend mit gravierenden Folgen, ein Leidensdruckthema bei vielen Lesern.

Nach diesen Vorarbeiten verfassen Sie ein etwa halbseitiges Exposé, das folgende Punkte enthält:

- Titel des Artikels
- einen »Heißmacher« von fünf bis zehn Zeilen, der die Kernbotschaft enthält und auch deutlich macht, warum das Thema gerade jetzt so spannend und wichtig ist
- eine kurze Inhaltsangabe des geplanten Artikels
- eine kurze Information zum Autor, ergänzt durch einen Hinweis auf seine Internetseite

Senden Sie das Exposé mit einer kurzen Begleit-E-Mail an die Redaktion der ausgewählten Zeitschrift – und warten Sie etwa eine Woche ab. In der Regel wird sich der Redakteur melden. Hat er Interesse, vereinbart er mit Ihnen Inhalt, Umfang, Abgabetermin des Artikels sowie einige weitere Formalia, die oft auch in den »Autorenrichtlinien« der Zeitschrift zusammengefasst sind.

Wenn der Redakteur nicht antwortet, hat es sich bewährt, direkt telefonisch nachzufassen. Gehen Sie vorher noch einmal die Argumente durch, die für Ihren Themenvorschlag sprechen: Was ist das Neue an dem Thema? Warum ist das Thema so wichtig? Warum sollte gerade diese Zeitschrift das Thema gerade jetzt aufgreifen?

Den Artikel aktiv einsetzen

Belassen Sie es nicht bei der Freude, das gedruckte Werk in Händen zu halten – und bei der Hoffnung, dass jetzt die Leser des Magazins auf Sie aufmerksam werden. Nutzen Sie den Artikel auch gezielt für Marketing und Vertrieb. Zum Beispiel können Sie auf Ihrer Internetseite kurz über den neu erschienenen Artikel berichten und anbieten, dass Interessenten ihn kostenlos erhalten. Holen Sie hierfür jedoch die Genehmigung der Redaktion ein.

Auch für die Akquise lassen sich selbst geschriebene Publikationen hervorragend einsetzen. Zum Beispiel können Sie möglichen Kunden anstelle einer Broschüre Ihre neuesten Veröffentlichungen schicken. Oder wärmen Sie bestehende Kontakte auf: Gehen Sie Ihre Kontaktliste durch und überlegen Sie, für wen ein bestimmtes Thema interessant sein könnte. Senden Sie diesen Kontakten dann den jeweiligen Artikel mit einem kurzen Anschreiben zu. Verfahren Sie mit jedem Artikel auf diese Weise, denn Sie wissen ja: Nur durch ständige Wiederholung bekommen Sie Ihre Markenbotschaft in die Köpfe.

Das Instrument »Artikel« entfaltet seine Wirkung nur, wenn es langfristig und strategisch eingesetzt wird. Eine interessante strategische Möglichkeit kann darin liegen, vorübergehend alle Aktivitäten auf eine bestimmte Branche zu konzentrieren, um auf diese Weise gezielt die Wahrnehmung bei einer Teilzielgruppe zu erhöhen. Angenommen Ihr Beratungsunternehmen ist auf Change-Management spezialisiert und branchenübergreifend tätig, hat aber zuletzt einige größere Projekte bei Banken umgesetzt. Dann können Sie überlegen, ein Jahr lang speziell die Bankenbranche zu »bearbeiten«, indem Sie aus den Projektbeispielen Themen generieren und in Bankmedien veröffentlichen. Wenn Sie das Jahresmotto »Banken« parallel dazu auch noch in anderen Kanälen spielen, etwa bei der Medienarbeit für große Medien oder bei Vorträgen und Messen, durchdringen Sie dieses spezielle Marktsegment, ohne auf Dauer auf den Bankensektor festgelegt zu sein. Sie haben lediglich die PR- und Werbeaktivitäten vorübergehend in diese Richtung gelenkt.

5.4 Instrument 2: Große Medien

Einmal in der *FAZ* sein. Wer möchte das nicht? Viele Berater träumen von den großen Medien. Und es hat ja wirklich etwas für sich, wenn Sie auf Ihrer Webseite oder in Ihrem Lebenslauf sagen können: »Die *FAZ* sagt über mich …« Oder wenn die *Wirtschaftswoche* davon spricht, dass Sie als »Vorzeigeberater der Branche« gelten. Solche Zitate können hervorragend für das Marketing ausgeschlachtet werden.

Die Präsenz in großen Medien ist für einen Berater umso sinnvoller, je höher in der Hierarchie die Entscheider angesiedelt sind, die über seine Beratungsaufträge befinden – denn je höher die Entscheidungsebene, desto mehr beschäftigt man sich mit Wirtschafts- oder Branchenleitmedien statt mit Fach- oder Branchenmagazinen.

Ein Blick in die »großen Medien« zeigt, dass Berater hier tatsächlich vorkommen. Meist werden sie als Experten zitiert, in der Regel mit einem kurzen Zitat, ganz selten mit Foto. Oder sie tauchen im Zusammenhang mit einer Studie auf. Typisch ist der Fall, bei dem etwa das *manager magazin* über eine Studie berichtet, die das Magazin zusammen mit einem Verband, einer Hochschule und einem Beratungsunternehmen durchführte.

Redakteure legen die Messlatte besonders hoch

Die großen Medien sind eine eigene Welt. Die Redaktionen setzen hier vor allem auf eigene Themen, zumindest sollte ein Thema aktuell sein, Neuigkeiten enthalten und eine breite Leserschaft interessieren. Hat ein Redakteur ein Thema oder eine interessante neue These entdeckt, sucht er Belege und Beispiele. Er benötigt Expertenzitate, die seine These untermauern, Studien, die seine These belegen, und Praxisbeispiele, die seine These illustrieren. Genau an dieser Stelle sind Berater für ihn interessant, die als praxisnahe Experten nicht nur über eigenes Wissen verfügen, sondern auch Ansprechpartner aus der Praxis vermitteln können.

Allerdings sind die Redaktionen wählerisch. Anfragen von Beratern gehören zum redaktionellen Alltag – und jeder Redakteur weiß, dass es einem Berater letztlich darum geht, mit seinem Namen in einem Artikel zu erscheinen. Auch wenn das angebotene Thema spannend klingt, wird der Redakteur sich daher zunächst ein Bild von der Expertise des Beraters machen wollen. Zum Beispiel möchte er wissen, ob der Berater zu seinem Thema einige Unternehmensbeispiele und Ansprechpartner nennen kann. Die meisten Berater müssen an dieser Stelle passen und damit hat sich die Anfrage in der Regel erledigt.

Für den Erfolg in den großen Medien sind deshalb Kontakte zu Unternehmenschefs, die nicht medienscheu sind und gerne einmal in der *Wirtschaftswoche* oder im *manager magazin* stehen, ein besonders wertvolles Kapital. Manchmal entsteht dann ein Geschäft auf Gegenseitigkeit: Der Redakteur erhält vom Berater hin und wieder ein heißes Thema oder einen interessanten Kontakt, wofür er ihn dann gelegentlich in seinen Artikeln zitiert.

Große Medien haben ihre Tücken

Manchmal hat der Erfolg einen bitteren Beigeschmack. Da haben Sie es geschafft und erscheinen mit Ihrem Namen in einem renommierten Medium – doch die Zitate wirken aus dem Zusammenhang gerissen und passen nicht mehr zu Ihrer Positionierung. Ein besonders krasses Beispiel: Ein Eventberater erzählte einem Redakteur der *Wirtschaftswoche* stolz von einer gelungenen Incentive-Veranstaltung, die er in einem großen Unternehmen organisiert hatte. Wie es der Zufall wollte, arbeitete der Redakteur gerade an einer kritischen Geschichte, die den Nutzen solcher Incentives infrage stellte. Er hatte hierzu eine brandaktuelle Studie auf dem Tisch liegen. Was war die Folge? Der Berater fand sich als prominentes Beispiel in einer Story wieder, bei der es um das Thema »Hinausgeworfenes Geld bei Firmenveranstaltungen« ging. Fakten und Zitate stimmten. Doch der Zusammenhang, in dem dieser Berater zitiert wurde, schadete seiner Positionierung.

Das Beispiel zeigt: Während sich bei den kleinen Fach- und Branchenblättern das Risiko in der Regel darauf beschränkt, dass die Redaktion den Artikel ablehnt, haben die großen Medien ihre Tücken. Es kann Ihnen passieren, dass der Redakteur Ihre Aussagen in einen unerwarteten, auch unangenehmen Zusammenhang stellt. Hinzu kommt ein weiteres Risiko, das häufig übersehen wird: Was Sie einem Journalisten gegenüber sagen, kann dieser auch verwenden. Gesagt ist hier gesagt. Auf die nachgeschobene Bitte, eine Aussage nicht zu veröffentlichen, können Sie sich im Zweifel nicht verlassen. Anders als bei den meisten Fachzeitschriften ist es bei den großen Magazinen und Tageszeitungen zudem nicht möglich, einen Artikel vor Drucklegung noch einmal zur Durchsicht zu erhalten.

Der Weg in die großen Medien

Aus der Tatsache, dass die Redakteure der großen Medien für ihre Artikel Experten benötigen, lässt sich vor allem ein Schluss ziehen: Es kommt darauf an, in den Köpfen der Redakteure als Experte präsent zu sein. Wenn es gelingt, auf die mentale Shortlist der maßgeblichen Redakteure zu kommen, ist der Effekt ähnlich wie bei den Kunden: Die Redakteure werden von sich aus auf Sie zukommen, wenn sie zu einem Thema Ihre Expertise brauchen können. Die Markenbotschaft sollte sich daher nicht nur an mögliche Kunden, sondern auch an die Redaktionen der großen Medien richten. Wie immer beim Markenaufbau ist auch hier langer Atem erforderlich. Es kommt darauf an, ebenso kontinuierlich wie behutsam Kontakte zu Redaktionen aufzubauen. Der beste Weg dahin sind gute Themenvorschläge, denen die Eigen-PR nicht anzumerken ist. Entscheidend ist ein inhaltlich spannender Aspekt, der für viele Leser interessant sein könnte.

Überprüfen Sie eine Themenidee deshalb kritisch, bevor Sie die E-Mail an den Redakteur abschicken. Wenn Sie die folgenden sechs Fragen mit Ja beantworten, dürfte das Thema den Kriterien der Redaktion standhalten:

1. Ist das Thema für die Redaktion relevant? Für die Leser relevant, aktuell, neu, spannend, exklusiv, nutzenbringend: Das sind die Kriterien, an denen eine Redaktion tagaus, tagein mögliche Themen prüft. Wird diese Messlatte verfehlt, landet ein Vorschlag im Papierkorb.

2. Bin ich wirklich Experte für das vorgeschlagene Thema? Rechnen Sie damit, dass der Redakteur Ihre Expertise überprüft – nicht nur durch eine kurze Internetrecherche, sondern auch durch Gespräche mit anderen Spezialisten.

3. Kann ich dem Redakteur Unternehmensbeispiele nennen, die mein Thema belegen? Es ist sehr wahrscheinlich, dass der Redakteur Ihre Praxiserfahrung testet, indem er nach konkreten Fällen und Ansprechpartnern bei Unternehmen fragt.

4. Habe ich das Thema und damit die zentrale These des Artikelvorschlags plakativ formuliert? Zögern Sie nicht, ein Thema drastisch zu vereinfachen und auf eine Kernaussage hin zuzuspitzen. Der Redakteur sollte das Gefühl haben, er verpasst eine echte Story, wenn er Ihnen nicht zuhört.

5. Kann ich mit meinem Namen zu der These stehen? Zuspitzen und provozieren – ja! Aber gleichzeitig müssen Sie das Gesagte auch vertreten können. Der Redakteur braucht eine »wasserdichte« Story. Liefern Sie ihm Hintergrundinformationen, wenn er Sie danach fragt. Setzen Sie sich dabei auch selbst in Szene, argumentieren Sie mit eigenen Erfahrungen. Schließlich ist es ja Ihr Ziel, dass der Redakteur Sie in seinem Artikel zitiert. Überlegen Sie aber genau, was Sie sagen wollen und können.

6. Weiß ich, in welches Ressort mein Artikelvorschlag passt und wer der zuständige Redakteur ist? Bevor Sie mit einer Redaktion in Kontakt treten, sollten Sie die Publikation kennen. Welche Ressorts gibt es? Wo könnte Ihr Thema stehen? In welcher Form? Wer dürfte der zuständige Redakteur sein?

Über die Bande spielen

Den großen Medien können Sie sich auch indirekt nähern, indem Sie bei weniger bedeutenden Magazinen oder Plattformen publizieren, die aber von den Redakteuren der Großen wahrgenommen werden. Es geht also darum, über die Bande zu spielen: Ein Artikel in einem kleinen Online-Magazin wie management-praxis.de wird von einem Redakteur der *Wirtschaftswoche* gelesen, der daraufhin das Thema aufgreift, um eine eigene Story daraus zu machen. Auch Weblogs sind ein schönes Spielfeld: Die Redakteure großer Magazine schreiben teilweise eigene Blogs, die wiederum von Kollegen anderer Redaktionen verfolgt werden. Dort immer mal wieder einen Diskussions- oder Gastbeitrag zu publizieren, kann eine gute Strategie sein, um in den großen Redaktionen aufzufallen.

Ebenso sind die Online-Redaktionen der großen Medien eine Möglichkeit. Dort unterzukommen ist deutlich einfacher als in der Printredaktion. Wenn Sie es aber bis *Wirtschaftswoche Online* oder *Faz.net* geschafft haben, dann kann das auch ein Fuß in der Tür zur gedruckten Ausgabe sein.

Eine weitere Strategie kann es sein, den Umweg über freie Journalisten zu nehmen, die für große Medien tätig sind. Sie benötigen für ihre Arbeit laufend gute Themen, die sie ihren Redaktionen anbieten können. Wenn Sie einen Freien von einem Thema überzeugen, wird er versuchen, es in einer seiner Redaktionen unterzubringen. Die Chancen stehen dann gut, dass er Sie in seinem Artikel zitiert.

5.5 Instrument 3: Vortrag

Werbung und PR wirken langfristig. Wenn jedoch ein Beratungsunternehmen partout darauf besteht und trotzdem wissen will, mit welchem PR-Instrument sich am ehesten schnell neue Kunden gewinnen lassen, dann ist die Antwort eindeutig: mit Vorträgen.

Wie die anderen Instrumente trägt auch ein Vortrag zum langfristigen Markenaufbau bei. Er ist hierfür sogar besonders gut geeignet, weil Sie gleich mehrmals mit Ihrer Zielgruppe in Berührung kommen: Erst lesen die Teilnehmer Ihren Namen in der Ankündigung, dann stellt der Veranstalter Sie vor – und schließlich hört das Publikum Ihnen zu. Gleichzeitig sind Vorträge aber auch eine hervorragende Möglichkeit, direkt mit der Zielgruppe in Kontakt zu kommen und so auch unmittelbar Kunden zu gewinnen. Das Besondere an einem Vortrag ist ja, dass die Anwesenden eine Stunde lang in einem Raum »eingesperrt« sind und Ihnen zuhören müssen. So bietet sich eine einzigartige Gelegenheit, das Publikum zu begeistern und von Ihrem Unternehmen zu überzeugen.

Eine gute Rede stellt zwei wichtige Anforderungen: Sie reißt das Publikum mit und bietet einen konkreten Nutzen. Nach einem gelungenen Vortrag haben die Zuhörer hoffentlich nicht nur Spaß gehabt, sondern nehmen auch zwei oder drei Aspekte mit, die sie wirklich interessant finden und über die sie noch weiter nachdenken möchten.

Die erste Anforderung wirft die grundsätzliche Frage auf, ob es tatsächlich Ihr Ding ist, ein Thema vor Publikum unterhaltsam darzustellen. Wenn Sie sich eher schwer damit tun, bestimmen Sie lieber einen Partner oder Mitberater zum »Hausredner« Ihres Unternehmens. Bei der zweiten Anforderung, dem konkreten Nutzen, kommt es vor allem auf die Wahl und Formulierung des Themas an. Gehen Sie hier wie bei der Themensuche für die Fachartikel vor oder greifen Sie auf die bereits angelegte Themensammlung zurück (siehe Abschnitt 5.3).

Im Regionalen einsteigen – und systematisch ausbauen

Als Einstieg in das »Vortragsgeschäft« hat es sich bewährt, unten anzufangen. Suchen Sie gezielt Vortragsforen, bei denen Sie im Kleinen beginnen können, zum Beispiel bei Regionaltreffen der Unternehmer- oder Branchenverbände. Dort besteht häufig Bedarf an Rednern, sodass Sie zunächst im regionalen Rahmen Erfahrungen sammeln und sich an eine optimale Vortragsweise herantasten können. Haben Sie bei zwei oder drei dieser regionalen Foren gesprochen, ist der Weg zu einer deutschlandweiten Veranstaltung relativ einfach. Nach einem gelungenen Vortrag spricht der Regionalkreis-Vorsitzende gerne eine Empfehlung aus, wenn die »Muttergesellschaft« des betreffenden Verbands eine große Konferenz plant. So schaffen Sie den Aufstieg in die bundes- oder europaweiten Veranstaltungen dieser Verbände.

Weitere Gelegenheiten finden Sie bei Messen und Kongressen oder bei Vortragsveranstaltern der freien Wirtschaft. Prüfen Sie auch, ob es bei Ihren Kunden Anlässe gibt, als Redner aufzutreten, zum Beispiel bei einer Jahrestagung, einem Mitarbeitertreffen oder einem Kundenforum.

Den Vortrag anbieten: Exposé und Video

Wie bei einem Artikel benötigen Sie auch für einen Vortrag ein Exposé, um Ihr Thema einem Veranstalter anzubieten. Es ist ähnlich aufgebaut – enthält also Titel, Heißmacher, Gliederung und Informationen zum Autor. Einen wichtigen Unterschied gibt es allerdings: Beim Exposé eines Fachartikels genügt ein einfaches Textdokument, denn einem Redakteur kommt es ausschließlich auf den Inhalt an. Demgegenüber richtet sich das Redeexposé an den Veranstalter und direkt an die Zielgruppe, wird also auch selbst zum Transporteur der Marke. Es sollte daher, wie der Marktauftritt insgesamt, aus der Hand eines Grafikers gestaltet sein.

Um gerade auch größere Veranstalter für ein Vortragsangebot zu begeistern, kann ein Video hilfreich sein, mit dem Sie zeigen, dass Sie ein guter Redner sind und wirklich Unterhaltung und Nutzen bieten. Zeichnen Sie hierzu einen Ihrer Vorträge auf. Die Tonqualität muss stimmen, die Bildqualität ist nicht so wichtig – denn der Veranstalter soll ja nur erkennen, dass Sie ein mitreißender Redner sind.

Bewährt hat es sich, regelmäßig auf die Calls for Papers zu antworten, die von großen Veranstaltern verschickt werden, wenn sie zum Beispiel für einen Kongress nach Rednern suchen. Es lohnt sich, diese Fragebögen für die wichtigsten Kongresse auf Ihrem Gebiet regelmäßig auszufüllen, auch wenn Sie im ersten oder zweiten Jahr nicht zum Zuge kommen. Damit bringen Sie auf jeden Fall Ihren Namen ins Spiel – und werden auf diese Weise bekannter.

5.6 Instrument 4: Buch

Nach wie vor ist das Buch die Königsdisziplin des Beratermarketings. Wenn Ratsuchende nicht so recht wissen, was sie von einem Berater halten sollen und sich fragen, ob er wirklich kompetent ist – sobald er sein Buch auf den Tisch legt, sind die Diskussionen beendet und die Zweifel beseitigt. Kein anderes Medium begründet so stark den Ruf des Experten. Das Buch ist auch Eintrittskarte zu großen Medien, Radio und TV, denn Journalisten sehen darin einen Kompetenzausweis. Einem Autor trauen sie zu, dass er Experte auf seinem Gebiet ist.

Doch der Weg zum eigenen Buch ist steinig. Das fängt damit an, ein tragfähiges Thema zu finden und zu formulieren, geht weiter mit dem Ausarbeiten eines Exposés für den Verlag – und hört mit der Abgabe des Manuskripts noch lange nicht auf. Es folgen Abstimmungen mit dem Lektor, Überarbeitungen und Nachrecherchen, das Erstellen von Grafiken und das Korrekturlesen der Fahnen. Schließlich wird erwartet, dass der Autor sich am Marketing seines Buchs beteiligt. Von der ersten Idee bis zum Erscheinen eines Buchs können leicht zwei bis drei Jahre vergehen.

Die Vorteile eines renommierten Verlags

Die erste große Schwierigkeit liegt darin, einen Verlag zu gewinnen. Sicher: Man kann es sich an dieser Stelle einfach machen und im Selbstverlag publizieren – auch dafür gibt es Argumente (siehe Abschnitt 5.7). Vieles spricht aber doch für den anstrengenden Weg, bei einem renommierten Verlag zu erscheinen. Zu nennen sind hier vor allem vier Argumente.

- *Verlage sind ein guter Filter.* Ein Verlag weiß in der Regel, was am Markt ankommt. Verlage sind hier vergleichbar mit den Redaktionen der großen Wirtschaftsmedien: Publiziert wird nur, was eine harte Prüfung bestanden hat. Entscheidet sich ein Verlag für das Buchprojekt, besteht eine gute Chance, dass das Thema die Zielgruppe wirklich interessiert. Nicht zulässig ist jedoch der Umkehrschluss – dass die Idee schlecht ist, wenn ein Verlag sie ablehnt. Möglicherweise passt das Projekt dann nur nicht ins Verlagsprogramm.
- *Die Veröffentlichung in einem renommierten Verlag gilt als Qualitätsauszeichnung.* Ein starkes Argument! Immerhin geht es darum, dass Sie sich als Experte positionieren wollen. Wenn Sie bei einem renommierten Verlag erscheinen, hat das einen ähnlichen Effekt wie Zitate in der *FAZ* oder der *Süddeutschen Zeitung*. Sie profitieren dann vom Qualitätsanspruch und Renommee des Mediums. Es ist schon ein Unterschied, ob Sie bei Campus oder im Selbstverlag veröffentlichen.
- *Der Verlag hilft bei der Vermarktung.* Dieses Argument wird häufig unterschätzt. Richtig ist zwar, dass sich auch mit gutem Marketing die Auflage nur begrenzt erhöhen lässt. Mit Blick auf den Markenaufbau kommt es jedoch weniger auf die Zahl der verkauften Bücher an. Viel wichtiger

sind die zusätzlichen Effekte, die durch die Werbung für das Buch entstehen:

- Der Verlag versendet Pressemitteilungen über einen Presseverteiler, den er in vielen Jahren aufgebaut hat. Auf diese Weise gelangt Ihr Name direkt in die Redaktionsstuben der Redakteure, die sich speziell für Ihr Thema interessieren.
- Redakteure, die an dem Buch interessiert sind, erhalten kostenlos ein Rezensionsexemplar zugesandt.
- Es erscheinen Rezensionen, über die Ihr Name zusammen mit der Botschaft des Buchs verbreitet wird – in Zeitungen und Zeitschriften, auf Internetplattformen oder bei Amazon.

Mit diesen PR-Aktivitäten, gedacht für den Verkauf des Buchs, schafft der Verlag gleichzeitig zahlreiche Gelegenheiten, dass Medien und mögliche Kunden mit Ihnen und Ihrem Thema in Berührung kommen. Im Fahrwasser des Verlags erreichen Sie so einen beachtlichen Bekanntheitsgrad, der zum Markenaufbau beiträgt. Beim Selbstverlag hingegen müssten Sie die PR für das Buch selbst in die Hand nehmen – und würden schnell feststellen, dass das Interesse der Medien für ein selbst verlegtes Buch nur mühsam zu wecken ist.

- *Die Bücher der renommierten Verlage sind in den Redaktionen präsent.* Wirtschaftsredaktionen, aber auch Redaktionen bei Radio und Fernsehen stehen in Kontakt mit Verlagen. Die Pressereferenten der renommierten Verlage besuchen die Redaktionen der wichtigsten Medien mehrmals im Jahr, um ihnen die neuen Bücher vorzustellen. Die im Frühjahr und Herbst erscheinenden Verlagsprogramme werden von Redakteuren ausgewertet, interessante Buchthemen aufgegriffen. Umgekehrt sucht ein Redakteur, der ein eigenes Thema recherchiert, unter den Buchautoren nach geeigneten Experten – und da sind die Buchtitel der renommierten Verlage die erste Quelle.

Alles in allem lässt sich festhalten: Ein Buch in einem renommierten Verlag stellt eine sehr attraktive Möglichkeit dar, Ihre Bekanntheit zu erhöhen und Ihre Positionierung als Experte zu festigen.

Nicht ganz einfach: Den richtigen Verlag finden

Bevor Sie ein Buch schreiben, benötigen Sie einen Verlag. Nun hat es ein Lektor Tag für Tag mit vielen unverlangt eingesandten Angeboten zu tun. Verschärfend kommt hinzu: Lektoren warten nicht auf eingehende Manuskripte, sondern betreiben eine aktive Programmstrategie – denn nur mit einem eigenen Verlagsprogramm kann sich der Verlag auf dem Buchmarkt positionieren. Eine Buchidee muss daher nicht nur gut sein, sondern auch ins Verlagsprogramm passen.

Anstatt selbst einen Verlag zu suchen und die Verhandlungen mit dem Verlag zu führen, können Sie diesen Part auch einem Literaturagenten oder spezialisierten Berater überlassen. Ein Agent stellt in der Regel etwa 20 Prozent des Autorenhonorars in Rechnung, sodass Ihnen im Vorfeld keine Kosten entstehen und Sie auch kein finanzielles Risiko eingehen. Der Berater hat den Vorteil, dass er nicht nur die Verlagsseite kennt, sondern gleichzeitig Ihre Positionierung im Blick behält. Er bezieht das Buchprojekt in den Gesamtkontext Ihrer Marketingstrategie ein, ist also in erster Linie Anwalt Ihrer Interessen.

Bei der Entscheidung für einen Verlag ist zu beachten, dass unterschiedliche Interessen im Spiel sind:

- *Interesse des Verlags.* Jeder Buchverlag hat sein Verlagsprogramm. Er sucht nach Buchkonzepten, die hierfür passen.
- *Interesse des Lesers.* Der Leser erwartet ein spannendes Buch, das den Titel einlöst und echten Nutzen bietet. Das bedeutet auch Offenheit vonseiten des Autors. Die kleinen und großen Geheimnisse, die Sie als Berater eigentlich vor der Konkurrenz verbergen möchten, sind genau das, was der Leser schätzt. Manchmal ein Balanceakt!
- *Interesse des Literaturagenten.* Wenn Sie einen Agenten einschalten, muss das Buchkonzept auch ihn überzeugen und seine Vorstellungen berücksichtigen.
- *Ihr eigenes Interesse.* Das Buch soll Ihre Positionierung und Markenbotschaft bekannt machen.

Vier Interessen also, die einander teilweise widersprechen. Während Ihr vorrangiges Ziel der Aufbau Ihrer Marke ist, möchte der Agent das Buchkonzept möglichst so zuschneiden, dass es in das Programm des anvisierten Verlags passt. Die Gefahr besteht, dass am Ende der Verhandlungen ein Buchkonzept herauskommt, das nicht mehr wirklich auf Ihre Marke einzahlt. In diesem Fall sollten Sie den Autorenvertrag nicht unterschreiben. Bevor Sie Ihre Buchidee zu sehr verbiegen, kann es auch sinnvoll sein, auf eine Veröffentlichung im Selbstverlag auszuweichen (siehe Abschnitt 5.7).

Die Vorarbeit: Exposé und Probekapitel

Um Ihre Buchidee an einen Verlag zu »verkaufen«, benötigen Sie ein Exposé und ein Probekapitel. Anhand des Exposés kann sich der Lektor einen Überblick über das Projekt machen und das Probekapitel zeigt ihm, ob Sie das Autorenhandwerk beherrschen und tatsächlich schreiben können. Folgende acht Elemente sollte das Exposé enthalten:

1. *Arbeitstitel.* Finden Sie einen aussagekräftigen Arbeitstitel für Ihr Buch. Zwar wird der endgültige Titel vom Verlag festgelegt, doch fällt ein guter Arbeitstitel dem Lektor auf und weckt sein Interesse für den Vorschlag.

2. *Heißmacher (»Teaser«).* Präsentieren Sie nun Ihre Buchidee in 15 bis 30 Zeilen. Ziel ist es, den Lektor dafür zu begeistern. Wie lautet ist die Kernaussage des geplanten Buches? Warum ist das Thema gerade aktuell? Warum verspricht das Buch gute Verkaufszahlen?

3. *Vorläufiges Inhaltsverzeichnis.* Stellen Sie nun anhand eines kommentierten Inhaltsverzeichnisses Inhalt und Struktur des Buchs vor. Erklären Sie nach jeder Kapitelüberschrift kurz, was in dem Kapitel stehen soll – und machen Sie den roten Faden deutlich, der die Inhalte verbindet.

4. *Zielgruppen des Buchs.* Beschreiben Sie kurz, aber präzise die Hauptzielgruppe (Position, Funktion, Branche). Erwähnen Sie gegebenenfalls weitere Zielgruppen, für die das Buch interessant sein könnte.

5. *Verkaufsargumente für das Buch.* Überlegen Sie, wie ein Buchhändler Ihr Werk empfehlen könnte. Stellen Sie kurz die Verkaufsargumente zusammen.

6. *Konkurrenztitel.* Stellen Sie fest, welche Bücher zu Ihrem Thema bereits erschienen sind und wie sich Ihr Buch hiervon abgrenzt. Was ist an Ihrem Buch neu, anders, spektakulär? Führen Sie die Konkurrenztitel einzeln auf und stellen Sie die Unterschiede zu Ihrem geplanten Werk dar.

7. *Unterstützung der Vermarktung.* Beschreiben Sie kurz, was Sie zum Verkauf des Buchs beitragen können.

8. *Autor.* Stellen Sie sich kurz vor. Neben der fachlichen Kompetenz interessiert den Verlag auch, ob Sie als Persönlichkeit »ziehen«, also für den Buchmarkt attraktiv sind. Belegen Sie Ihre Kompetenz anhand Ihres Lebenslaufs und nennen Sie Ihre bisherigen Veröffentlichungen zum Thema.

Fast immer unterschätzt:
Der Aufwand für das Schreiben

Der Aufwand für das Schreiben hängt von Thema, Umfang und Schreiberfahrung ab, wird aber fast immer unterschätzt. Wer sein erstes Buch schreibt, sollte ganz grob eine reine Schreibzeit von 60 bis 90 Tagen veranschlagen. Die meisten Buchprojekte geraten in Zeitnot, weil Kundenprojekte Vorrang haben und die für das Buchprojekt eingeplanten Zeiten dahinschmelzen. Oft hilft es, das Zeitproblem einmal aus einer anderen Perspektive zu betrachten: Begreifen Sie das Buchprojekt als Chance, sich mit Ihrem Kernthema ernsthaft auseinanderzusetzen. Vielleicht veranstalten Sie zusammen mit Ihren Mitberatern drei oder vier kleine Workshops, die Sie langfristig terminieren. Wenn Sie die Inhalte des Buchs auf diese Weise gemeinsam erarbeiten und reflektieren, wirkt das nicht nur motivierend, sondern gibt dem Schreibprozess auch eine zeitliche Struktur.

Das Schreiben eines Buchs verlangt nicht nur Ausdauer, sondern ist mit Blick auf den Zeitaufwand und die dadurch entstehenden Umsatzausfälle auch teuer. Alternativ können Sie einen Ghostwriter engagieren, dessen Honorar dann in der Regel zwischen 15 000 und 30 000 Euro liegt (siehe Interview am Ende des Kapitels).

Marketing: Das Buch wird zum Botschaftsträger

Ein Buch lässt sich hervorragend als ein Vehikel nutzen, um die Markenbotschaft Ihres Unternehmens zu transportieren und Ihre Zielgruppe zu erreichen. Vor allem deshalb lohnt es sich, den Verlag bei der Vermarktung des Buchs tatkräftig zu unterstützen. Klären Sie hierzu, welche Maßnahmen der Verlag selbst plant – und machen Sie eigene Anregungen. Suchen Sie hierfür nach Aufhängern, die einen Journalisten dazu veranlassen könnten, sich mit dem Buch, dem Thema oder mit Ihnen selbst (dem »Autor und Experten«) zu befassen. Folgende Überlegungen helfen dabei:

- Warum ist Ihr Thema gerade jetzt und heute so wichtig?
- Welche Thesen in Ihrem Buch sind besonders provokativ?
- Welche Einzelaspekte könnte man als eigene Story herausgreifen?
- Kennen Sie eine Erfolgsgeschichte, die Ihre zentrale These oder das in Ihrem Buch vorgestellte Modell belegt und die Sie einem Journalisten exklusiv anbieten könnten?
- Sind Sie bereit, interessierten Journalisten für Interviews und Gespräche zur Verfügung zu stehen?

5.7 Instrument 5: Buch im Selbstverlag

Immer öfter entdecken Berater die Möglichkeit, ein Buch im Selbstverlag oder per Book-on-Demand herauszugeben. Das liegt nicht nur daran, dass sie sich auf diese Weise die Suche nach einem etablierten Verlag ersparen. Auch strategisch kann diese Variante sinnvoll sein: Das selbst hergestellte Buch haben sie zu 100 Prozent unter Kontrolle – Inhalt und Form können sich strikt an den eigenen Interessen, also vor allem an der Marke des Unternehmens, ausrichten.

Ein weiterer Vorteil: Auch kleinere Umfänge sind möglich. Kein Fachbuchverlag druckt ein »Büchlein« von 60 Seiten. Für das Marketing eines Beratungsunternehmens kann das aber eine schöne Option sein. Ein so kleines Werk lässt sich sehr gut im Vertrieb einsetzen. Zum Beispiel können Sie es im Nachgang einer Messe an die neu geknüpften Kontakte schicken. Oder Sie bieten bei einem Vortrag an, es gegen Visitenkarte zuzusenden. Sicher: Wer ein solches Büchlein etwas despektierlich als »bessere Broschüre« bezeichnet, hat damit nicht ganz unrecht. Das Buch im Eigenverlag ist dann aber eben doch die *bessere* Broschüre, weil es fundiertes Wissen vermittelt und durch seine Form Seriosität ausstrahlt.

Ein selbst verlegtes Buch lässt sich vor allem nutzen, um mit Interessenten ins Gespräch zu kommen. Es spricht ein spannendes Thema an und geht inhaltlich in die Tiefe. Es wirkt dadurch weniger werblich als eine Broschüre und doch sind Inhalt und Design exakt auf die Markenbotschaft zugeschnitten. Während Sie beim Buchverlag auf dessen Standardformate angewiesen sind, können Sie als Selbstverleger entscheiden, ob Sie hochglanz-vierfarbig drucken und ein edles Cover mit Prägung, angepasst an die Farbe Ihrer Firma, einsetzen möchten. Hinzu kommt, dass eine Publikation von 50 bis 60 Seiten ihren Zweck als Dialoginstrument voll erfüllt, aber weit weniger Schreibaufwand erfordert als ein klassisches Fachbuch von 260 Seiten.

Eine interessante Option kann darin liegen, eine kleine Reihe im Selbstverlag herauszugeben. Angenommen, Ihr Unternehmen beschäftigt mehrere Berater, die auf eigene Themen spezialisiert sind und von Zeit zu Zeit Vorträge halten. Warum sollte man diese ohnehin erarbeiteten Inhalte nicht nutzen, um zum Beispiel jedes halbe Jahr ein kleines Buch daraus zu machen?

5.8 Instrument 6: Studie

Ähnlich wie das Buch ist die eigene Studie etwas Gestandenes. Sie kann eine beachtliche Resonanz auslösen – und weckt zumindest das Interesse der Fachmedien, manchmal sogar der großen Medien. Der Begriff »Studie« mag in den meisten Fällen etwas hoch gegriffen sein. In der Regel handelt es sich um eine einfache Befragung, die ihren Zweck durchaus erfüllt – sofern bestimmte Qualitätskriterien eingehalten werden. So sollten für die Auswertung mindestens 100 Datensätze vorhanden sein. Im Falle einer echten Studie kann es nützlich sein, einen Wissenschaftler als Partner zu gewinnen. Auf diese Weise sichern Sie nicht nur die wissenschaftliche Seite der Studie ab, sondern können später auch öffentlich auf die Kooperation mit dem Lehrstuhl X der Universität Y hinweisen – was ein guter Imageeffekt sein kann.

Denkbar ist aber noch eine Nummer größer: Holen Sie neben dem Professor aus der Universität als weiterer Partner ein renommiertes Magazin mit an Bord. Mit einem spannenden Thema lässt sich das Interesse einer Redaktion durchaus gewinnen – zumindest ist es einen Versuch wert. Geben Sie der Redaktion dann die Gelegenheit, den Fragebogen selbst noch um ein oder zwei Aspekte zu erweitern. Je früher und je stärker die Redaktion involviert ist, desto größer wird am Ende die Story sein, die sie aus den Ergebnissen der Studie macht.

In der Beraterbranche ist die eigene Studie noch immer ein unterschätztes, relativ wenig genutztes PR-Instrument. Eine Studie bringe doch nichts wirklich Neues, über das Thema sei doch im Grunde schon alles gesagt, wird häufig eingewendet. Das mag zwar stimmen. Trotzdem hat eine aktuelle Studie immer einen Neuigkeitswert, der gerne wahrgenommen wird. Medien benötigen ständig neues Futter – und auch die Verantwortlichen in den Unternehmen nehmen gerne zur Kenntnis, wenn eine Studie bereits erkannte Trends bestätigt und Entscheidungen noch einmal absichert.

Wie bei einem Artikel oder Buchprojekt kommt es auch bei einer Studie auf ein Thema an, das die Positionierung unterstützt und die Zielgruppe beschäftigt. Überlegen Sie deshalb, für welches brennende Problem Ihrer Zielgruppe Sie eine Lösung anbieten. Wenn Sie dieses Problem dann zum Thema einer Studie machen, können Sie anhand der Ergebnisse Ihren Kunden gegenüber in etwa so argumentieren: »Wir haben über 120 Unternehmen befragt, die dieses Problem haben. Mehrheitlich sagen diese, dass die Lösung so aussehen könnte. Genau das denken wir auch …« Gibt es eine bessere Möglichkeit, mit potenziellen Kunden ins Gespräch zu kommen?

Einsatzmöglichkeiten einer Studie

Eine Studie lässt sich vielfältig einsetzen. Zum Beispiel hilft sie in der Kaltakquise, den Kontakt zu den Entscheidern herzustellen. Wenn Sie bei einem Akquiseanruf erklären, Sie hätten eine Untersuchung zu neuen Markttrends erstellt, ob das für den Geschäftsführer interessant sein könnte – dann wird die Sekretärin vermutlich darum bitten, die Studie doch zuzuschicken. Wie die Erfahrung zeigt, sind selbst Konzernvorstände auf diesem Weg erreichbar. In der Akquise hat sich die Studie als schnelle Brücke zu den Entscheidern der Kundenunternehmen hervorragend bewährt.

Wenn Sie als Berater gerne Reden halten, kann eine Studie in doppelter Hinsicht nützlich sein. Zunächst liegt es nahe, die Ergebnisse inhaltlich für den Vortrag auszuwerten, um die These des Vortrags mit exklusiven Zahlen zu belegen. Darüber hinaus können Sie am Ende des Vortrags den Zuhörern anbieten, die Studie gegen Visitenkarte zuzusenden. Das ist ein schöner Folgeimpuls, der wertvolle neue Kontakte bringt.

Nicht zuletzt ist die Studie hervorragend für die Medienarbeit geeignet. Bewährt hat sich folgende Strategie: Bieten Sie die Ergebnisse der Studie zunächst exklusiv einer Zeitschrift an. Warten Sie ab, bis der Artikel dort erschienen ist. Lösen Sie dann mindestens vier bis fünf interessante Einzelaspekte aus der Studie heraus. Machen Sie daraus eigenständige Themen, die Sie verteilt über die kommenden Monate verschiedenen Medien anbieten oder zu Pressemitteilungen verarbeiten.

Drei Wege zur eigenen Studie

Die vielfältigen Einsatzmöglichkeiten einer Studie rechtfertigen in der Regel den Aufwand. Um eine Studie zu erarbeiten, stehen im Wesentlichen drei Wege zur Auswahl:

- *Sie machen die Studie selbst.* Das bietet sich an, wenn Sie im eigenen Haus über die notwendigen Ressourcen verfügen – also zum Beispiel Juniorberater, Praktikanten oder Werkstudenten beschäftigen. Dann dürfte es kein Problem sein, selbst Fragebögen zu entwickeln und Befragungen durchzuführen.
- *Sie schalten einen Panel-Anbieter ein.* Diese Vorgehensweise eignet sich, wenn Sie eher in die Breite gehen, also Konsumentenbefragungen oder Befragungen von Mitarbeitern und Führungskräften der unteren Unternehmensebenen planen. Bei Stichproben mit 200 oder 300 Befragten werden hier gute Ergebnisse erzielt. Weniger geeignet ist dieser Weg für Befragungen in den oberen Führungsebenen, etwa um die Meinung von Vorständen oder Geschäftsführern abzufragen. Ein Panel-Betreiber verfügt über eine große Anzahl an befragungswilligen Personen, aus denen er dann je nach Auftraggeber und Studie eine Gruppe für die Befragung aus-

wählt. Für einige Tausend Euro können Sie eine Befragung durchführen lassen und erhalten dann die ausgefüllten Fragebögen zurück.

- *Sie arbeiten mit einer studentischen Unternehmensberatung zusammen.* Diese Vorgehensweise hat sich gut bewährt. Studentische Unternehmensberatungen übernehmen diese Aufträge gerne und führen sie in der Regel sehr gut aus. Nahezu an jeder Universität gibt es eine solche Beratung, die Ihnen auch bei Konzeption, wissenschaftlicher Absicherung und Auswertung helfen kann.

5.9 Instrument 7: Messe

Als Berater besuchen Sie vermutlich gelegentlich auch Messen, um dort Kunden zu treffen oder sich über neue Trends zu informieren. Mit dem PR-Instrument »Messe« ist jedoch etwas anderes gemeint: Ihr Unternehmen tritt selbst auf der Messe auf, positioniert sich also mit einem eigenen Stand inmitten Ihrer Zielgruppe.

Vor allem ein Aspekt unterscheidet den Messeauftritt von anderen Instrumenten wie Artikel, Bücher oder Studien: Er ist auf persönliche Begegnungen angelegt. Potenzielle Kunden erhalten die Gelegenheit, Sie und Ihre Mitberater kennenzulernen, und bekommen so ein unmittelbares Bild von Ihrer Persönlichkeit, Ihrem Auftreten und Ihren Methoden. Das setzt natürlich voraus, dass Sie eine Messe auswählen, auf der Sie Ihr Zielpublikum tatsächlich antreffen.

Die Wahl der richtigen Messe

Wenn Sie einen Messeauftritt erwägen, gibt es zwei Möglichkeiten. Zum einen können Sie eine Messe wählen, bei der sich Beratungsunternehmen präsentieren. Typisches Beispiel sind Personalmessen, bei denen sich traditionell viele Berater darstellen, um Kontakte zu Personalverantwortlichen zu knüpfen. Die zweite Möglichkeit ist deutlich spannender: Sie treten auf Messen auf, bei denen nur wenige Beratungsunternehmen präsent sind. Dazu zählen vor allem Branchenmessen, Fachmessen und regionale Wirtschaftsmessen:

- Der Auftritt auf einer *Branchenmesse* bietet sich an, wenn Ihr Unternehmen sich auf eine Branche spezialisiert hat. Als Berater für Maschinenbauer können Sie überlegen, auf eine Maschinenbaumesse zu gehen; als Berater für Automobilzulieferer präsentieren Sie sich auf einer Messe, bei der sich die Automotive-Leute treffen.

- Etwas anders gelagert sind *Fachmessen*. Dort treffen sich vor allem die Spezialisten, weniger die Entscheider. Dennoch ist es erwägenswert, etwa bei einer IT-Fachmesse Flagge zu zeigen, wenn Ihr Unternehmen hochspezialisierte IT-Beratungsleistung anbietet. Mit Ihrem Auftritt demonstrieren Sie Ihre Expertise; Sie sind mit Ihrem Namen präsent und festigen damit Ihre Positionierung.

- Wenn Ihr Beratungsunternehmen regional aufgestellt ist, kann der Auftritt bei einer *regionalen Wirtschaftsmesse* eine gute Idee sein. Vor allem zu mittelständischen Unternehmen der Region lassen sich hier Kontakte knüpfen.

Kosten und Nutzen einer Messebeteiligung

Ein Messeauftritt beansprucht einen relativ großen Teil des Marketingbudgets – was kleine Beratungsunternehmen und Einzelkämpfer häufig abschreckt. »Wer allerdings Wert auf professionelles Marketing legt und weitere Wege zur Bekanntheit sucht, findet auf Messen ein perfektes Forum«, urteilt Miriam Zagel, freie Marketingexpertin im Team Giso Weyand. »Nirgendwo sonst kann man mit potenziellen Kunden so viele Gespräche in so kurzer Zeit führen. Auf Messen werden die Neuheiten präsentiert und wahrgenommen, hier kann man mitreden und die Meinungsführerschaft mitbestimmen.«

Ein Messeauftritt hat bei Beratungsunternehmen vor allem die Funktion, die Bekanntheit bei der Zielgruppe zu erhöhen, also auf die Marke einzuzahlen. Wie bei den anderen PR- und Werbeinstrumenten lässt sich der Effekt nicht messen, vielmehr ist auch der Messeauftritt Teil einer langfristig angelegten Markenstrategie. Ob ein Messeauftritt sich lohnt, lässt sich daher nur anhand von Indizien abschätzen, etwa den Reaktionen der Besucher des Messestands.

Darüber hinaus kann eine Messebeteiligung auch ein Vertriebsinstrument sein. Ziel ist es dann, auf der Messe Aufträge zu generieren. Achten Sie aber darauf, dass die Kommunikation am Messestand nicht in reine Verkaufsgespräche abgleitet. Das Markenziel sollte Vorrang vor dem schnellen Geschäftsabschluss haben. Führen Sie die Gespräche so, dass Sie in einen Dialog mit potenziellen Kunden kommen, anstatt auf eine Beauftragung zu drängen. Umso größer ist die Chance, dass ein Interessent sich später an Sie erinnert, wenn er Ihre Beratungsleistung tatsächlich benötigt.

Wenn Sie den Messeauftritt als Vertriebsinstrument nutzen und kalkulieren wollen, können Sie anhand der folgenden Fragen überprüfen, ob sich der Aufwand lohnt:

- Wie viel kostet der Messeauftritt genau? Rechnen Sie alle Kosten zusammen:
  - Standmiete und Nebenkosten wie Strom, Internet, Standreinigung et cetera
  - Sondergenehmigung für Standbau und Aktionen
  - Messestand, Ausstattung, Dekoration
  - Personalkosten vor, während und nach der Messe
  - Anfahrt und Unterbringung
  - Bewirtung der Gäste und Standbetreuer
  - Informationsmaterial, Marketingartikel
- Wie viele Aufträge müssen Sie akquirieren, um diese Kosten zu decken?
- Wie viele Vertriebsgespräche müssen Sie führen, damit Sie diese Aufträge voraussichtlich bekommen?

Entscheidend ist in jedem Fall die Nachbearbeitung. Bedenken Sie: Ihre Standbesucher haben auf der Messe zahlreiche Gespräche geführt – nicht nur mit Ihnen. Damit sie sich an Sie erinnern, ist es also klug, sie schnell wieder zu kontaktieren. Melden Sie sich deshalb, wenn möglich, gleich am nächsten Tag mit einer E-Mail und bedanken Sie sich für das Interesse. Im Idealfall haben Sie im Gespräch einen Folgeimpuls vereinbart. Schicken Sie dem Interessenten dann die versprochenen Unterlagen, zum Beispiel Ihren Fachartikel, Ihr Buch oder Ihre neue Studie, zu.

5.10 Instrument 8: Web 2.0

Facebook, Twitter, Google+, aber auch das eigene Weblog: Es gibt zahlreiche Möglichkeiten, im Internet präsent zu sein. Sich dort in Bild und Text mit seinen Themen zu profilieren, an Foren teilzunehmen oder selbst Diskussionen zu initiieren – diese Aktivitäten lassen sich unter dem Schlagwort Web 2.0 oder Social Media zusammenfassen. Doch was bringen sie für Berater?

Die Diskussion, ob ein Berater im Web 2.0 präsent sein sollte, wird oft ideologisch geführt. Viele Berater wollen auf keinen Fall bei Facebook vertreten sein, das sei doch viel zu unseriös, ohnehin sei die Kundschaft dort nicht vertreten. Andere dagegen möchten unbedingt mitmachen, können es aber nicht wirklich begründen. Fest steht: Das pauschale Argument »Meine Zielgruppe ist da nicht« hat seine Gültigkeit verloren. Um herauszufinden, ob eine Teilnahme am Web 2.0 für die Unternehmensstrategie sinnvoll ist, hilft es, sich die folgenden Fragen zu stellen.

Frage 1: Ist meine Zielgruppe dort präsent?

Notieren Sie, wer genau zu Ihrer Zielgruppe zählt. Denken Sie dabei nicht nur an die Entscheider, die über Ihre Beratungsleistung entscheiden, sondern auch an Mittler. Ein Beispiel: Im Falle eines Produktionsberaters für mittelständische Betriebe sind Geschäftsführer und Produktionsleiter die Entscheider und damit die Hauptzielgruppe. Interessant sind aber auch Personen, die den Entscheidern zuarbeiten und Empfehlungen geben können. Zu diesen Mittlern gehören die Assistenz der Geschäftsleitung, die Assistenz des Produktionsleiters, aber auch Schlüsselmitarbeiter, die im Unternehmen immer wieder Anstöße geben, weil sie gerne Projekte leiten oder sich in einem Spezialthema gut auskennen.

Halten Sie auch fest, welche Multiplikatoren für Ihr Geschäft interessant sind. Welche Medien kommen infrage? Gibt es Zielgruppen, von denen Sie empfohlen werden könnten, zum Beispiel Private-Equity-Gesellschaften, Banken, Steuerberater, Rechtsanwälte oder Verbände?

Führen Sie nun anhand Ihrer Notizen eine kleine Recherche durch. Sind diese Entscheider, Mittler und Multiplikatoren tatsächlich im Web 2.0 präsent? Legen Sie sich hierzu gegebenenfalls einen privaten Facebook- und Twitter-Account an. Wahrscheinlich werden Sie bei Ihrer Recherche einige Überraschungen erleben. Selbst Geschäftsführer finden sich gelegentlich auf Facebook, und sei es nur, weil die Tochter den Account eingerichtet hat. Ziemlich sicher treffen Sie auf Redakteure und Journalisten, die Sie zum Beispiel aus *FAZ*, *Handelsblatt* oder den Branchenmedien kennen – denn für Journalisten sind die sozialen Medien längst ein Rechercheinstrument geworden.

Frage 2: Bin ich bereit, dafür Geld zu investieren?

Das zweite Kriterium, um über eine Teilnahme am Web 2.0 zu entscheiden, ist der finanzielle Aufwand. Sind Sie bereit, dafür Geld zu investieren? Die Firmenseite auf Facebook darf dem Eindruck Ihrer Homepage nicht nachstehen. Maßstab sind auch hier die Regeln der Marke. Um einen durchdachten und professionellen Auftritt sicherzustellen, kommen Sie kaum ohne die Unterstützung einer Agentur aus.

Frage 3: Bin ich bereit, dafür Zeit zu investieren?

Eine Plattform wie Facebook, Google+ oder Twitter lebt davon, dass die Teilnehmer immer wieder Themen anstoßen und sich an Diskussionen beteiligen. Es kommt also darauf an, mit der Online-Gemeinde zu interagieren: Stellen Sie Ihre Themen zur Diskussion, beantworten Sie zeitnah Kommentare, diskutieren Sie aber auch bei anderen Teilnehmern mit.

Web 2.0 ist also zeitaufwendig. Die entscheidende Frage ist: Können oder wollen Sie diese Zeit investieren? Haben Sie Lust darauf? Viele glauben, sie könnten »ein bisschen Facebook« machen und einen Praktikanten, Werkstudenten oder Juniorberater damit betrauen. Das ist ähnlich unsinnig wie der Auftrag an den Juniorberater, »ein bisschen Buch zu schreiben«. Ein Juniorberater kann beim Projekt »Web 2.0« Teilaufgaben übernehmen, doch in den Foren müssen Sie als Inhaber oder Geschäftsführer selbst präsent sein. Stellen Sie sich Facebook als einen großen Besprechungsraum vor, in dem sich Kunden und andere Persönlichkeiten aus Ihrer Zielgruppe treffen. Wollen Sie da wirklich einen Praktikanten hinschicken? Wenn Sie Ihre Gäste nicht selbst empfangen und mit ihnen diskutieren, macht die Veranstaltung wenig Sinn.

Frage 4: Habe ich in den klassischen Kanälen schon etwas gemacht?

Nur in Ausnahmefällen empfiehlt es sich, im Marketing allein mit Web 2.0 zu beginnen und es als Hauptinstrument einzusetzen. Das kann der Fall sein, wenn Sie etwa Technologie-Start-ups beraten. In der Regel sollte das Marketing jedoch in den klassischen Kanälen schon angelaufen sein und erst dann durch Web 2.0 ergänzt werden. Dann können Sie zum Beispiel Ihren Messeauftritt mit Twitter-Meldungen begleiten, einen Vortrag bei Facebook ankündigen oder am Rande eines Kongresses ein Interview führen, das Sie als Audiodatei auf Ihr Weblog stellen und zugleich über Twitter bewerben.

Schon diese wenigen Beispiele zeigen: Web 2.0 kann sehr spannend sein, wenn Sie es mit den klassischen Marketingaktivitäten kombinieren.

5.11 Instrument 9: Suchmaschinen

Die meisten Interessenten steuern die Internetseite eines Beraters gezielt an; Suchmaschinen spielen für sie bei der Suche nach einem Berater eher eine untergeordnete Rolle. Dennoch sind sie für das Marketing ein wichtiges Instrument: Zum einen sollte sichergestellt sein, dass Ihr Beratungsunternehmens bei der Eingabe des Namens unter den ersten Suchergebnissen erscheint. Zum anderen stellt sich dann doch die Frage, was mit den Ratsuchenden geschieht, die via Google einen Berater finden wollen. Es ist durchaus eine Überlegung wert, ob Sie mit einer Suchmaschinenoptimierung oder über Google Adwords auch diese Interessenten »abfangen« können.

Suchmaschinenoptimierung

Search Engine Optimization (SEO), zu Deutsch Suchmaschinenoptimierung, ist allgemein ein großes Thema. Das liegt auch daran, dass viele Agenturen sich darauf verlegt haben und vom Glauben an Traffic und Internetwunder profitieren. Fest steht jedoch: Eine Suchmaschinenoptimierung kann schnell viel Zeit und Geld kosten. Prüfen Sie deshalb kritisch, welche Rolle Suchmaschinen bei Ihrer Zielgruppe spielen. Angenommen, Sie sind Change-Management-Berater: Es dürfte eher unwahrscheinlich sein, dass potenzielle Kunden in Google einfach das Suchwort »Change-Management« eingeben, sich die ersten fünf Suchergebnisse ansehen und eines davon auswählen. Durchaus möglich erscheint es jedoch, dass ein Interessent das Suchwort mit einem zweiten Begriff eingrenzt, also zum Beispiel »Change-Management Hamburg« eingibt. Als regional aufgestellte Beratung, die Change-Management im Großraum Hamburg anbietet, kann das PR-Instrument »Suchmaschinen« dann doch eine Option sein.

Selbst wenn nur wenige Kunden über eine Suchmaschinenrecherche zu Ihnen finden, gibt es einige SEO-Maßnahmen, die wenig aufwendig sind und deshalb als Pflichtprogramm eines Internetauftritts gelten können. Mit ihnen lassen sich ein höheres Ranking bei den Suchergebnissen und eine bessere Darstellung des Suchergebnisses erzielen.

Effekt 1: Das Ranking pushen

Die Grundlagen für eine Suchmaschinenoptimierung legt der Programmierer, indem er den Internetauftritt technisch so auslegt, dass Google & Co. die Texte perfekt einlesen können. Hierzu muss die Seite auf eine bestimmte

Weise strukturiert und vor allem die Links müssen sauber programmiert sein. Diese Standards erfüllt heute jeder verantwortungsbewusste Programmierer. Hierauf können dann weitere Maßnahmen aufbauen, die das Ranking bei den Suchergebnissen zusätzlich verbessern.

Eine Möglichkeit besteht darin, die Texte für die Suchfunktion von Google zu optimieren. Da eine Suchmaschine Texte nicht verstehen, sondern nur lesen kann, muss ein Text die Suchbegriffe enthalten. Hierbei kommt es nicht auf eine möglichst häufige Wiederholung dieser Schlüsselwörter an, sondern auf ihre strategische Platzierung – etwa in Überschriften, Bildunterschriften und gut verteilt im eigentlichen Text. Der Nachteil dabei ist, dass die Anforderungen der Suchmaschine möglicherweise dem schön formulierten, knackigen Text zuwiderlaufen, den Sie für Ihren Internetauftritt verfasst haben. Also müssen Sie abwägen, was wichtiger ist: ein Text, der auf Google optimal zugeschnitten ist, oder ein Text, der Ihre potenziellen Kunden bestmöglich anspricht. Im ersten Fall ist Ihr Unternehmen auf der Suchmaschinenergebnisliste besser platziert, während im zweiten Fall die Chance größer ist, dass beim Leser der Funke überspringt.

Die wohl wichtigste Strategie, um die Platzierung auf der Ergebnisliste zu verbessern, ist das sogenannte Linkbuilding. Gemeint ist damit der Aufbau von Links, die von anderen, möglichst populären Internetseiten auf die eigene Seite weisen. Solche »Backlinks« kann man bei Dienstleistern kaufen, was jedoch gegen die Richtlinien der Suchmaschinenanbieter verstößt und daher zu schlechteren Positionen auf der Ergebnisliste führt.

Die Alternative läuft darauf hinaus, selbst für gute Backlinks zu sorgen, indem Sie eigene Beiträge zu Ihrem Thema auf möglichst starken Seiten platzieren – und dort einen Link auf Ihren Internetauftritt setzen. Das Prinzip lautet also: »Ich schreibe einen Artikel, der auf *Spiegel Online* veröffentlicht wird, und am Ende des Textes gibt es einen Link zu meiner Seite.« *Spiegel Online* wäre eine sehr starke und für Google vertrauenswürdige Seite, eine Seite mit hohem »Trust«, wie es im SEO-Jargon heißt. Für das Ranking Ihres Internetauftritts wäre ein solcher Backlink viel wert.

Linkaufbau ist kontinuierliche Fleißarbeit, die viel Zeit kostet. Wenn jedoch Artikelschreiben ohnehin zu Ihren favorisierten Marketingaktivitäten zählt, relativiert sich dieser Aufwand. Dann können Sie auch Artikel für Online-Medien schreiben und quasi nebenbei den Linkaufbau für Ihre Internetseite betreiben. Stellen Sie hierzu einen Plan für »Medienarbeit 2.0« auf: Welche Portale, Plattformen oder Nachrichtenseiten gibt es, die von Ihren Kunden besucht werden und Fremdartikel veröffentlichen? Welche davon haben nicht nur inhaltlich Renommee, sondern sind auch gut vernetzt und damit bei den Suchmaschinen geschätzt? Wenn Sie dort regelmäßig publizieren, erreichen Sie mit diesen Artikeln nicht nur direkt Ihre Zielgruppe, sondern leisten damit auch einen Beitrag zur Suchmaschinenoptimierung.

Effekt 2: Den Sucheintrag aufhübschen

Wenn Sie sich nach einer Google-Suche die Suchergebnisse von Beratern ansehen, stellen Sie fest: Fast immer beginnt der Kurztext mit »Herzlich willkommen bei …« Das ist an dieser Stelle unschön und verschwendet zudem Platz, auf dem Wichtigeres stehen könnte. Die Ursache liegt darin, dass die Suchmaschine automatisch einen Textausschnitt greift, den sie für gut und richtig erachtet.

Wenig bekannt ist die Möglichkeit, den Eintrag in den Suchergebnissen ohne größeren Aufwand »aufzuhübschen«. Für einen SEO-Experten ist es kein Problem, die Auswahl des Textausschnitts zu beeinflussen und festzulegen, welchen Kurztext Google anzeigen soll. Überlegen Sie also, wie der Eintrag aussehen soll. Formulieren Sie hierzu einen Satz mit etwa 20 Worten. So können Sie schon auf der Ergebnisliste Tätigkeit und Markenbotschaft Ihres Unternehmens vermitteln.

Google Adwords

Bereits mit einem kleinen Werbebudget lassen sich Adwords-Anzeigen schalten. Gemeint sind damit die kleinen Textanzeigen, die neben den Google-Suchergebnissen erscheinen. Welche Anzeigen dort jeweils auftauchen, hängt von den Suchbegriffen ab, die der Nutzer eingibt. Als Auftraggeber einer solchen Anzeige können Sie steuern, bei welcher Suchworteingabe Ihre Anzeige erscheint.

Nun ist eine Adwords-Kampagne keineswegs trivial. Zum einen gilt es, in wenigen Worten auszudrücken, worum es geht – denn das Format der Anzeige ist exakt vorgegeben. Zum anderen ist die Wahl der richtigen Schlüsselwörter entscheidend, deren Kosten unter anderem von der Zahl der Mitbewerber für das jeweilige Schlüsselwort abhängen. Bei einer Adwords-Anzeige zahlen Sie nicht für die Anzeigenschaltung, sondern nur dann, wenn ein Nutzer auf die Anzeige klickt. Je nach gewähltem Keyword können das wenige Cent pro Klick sein, bei einem Schlüsselwort mit hoher Mitbewerberdichte aber auch mehrere Euro. Mit einer geschickten Keyword-Strategie ist es durchaus möglich, für wenig Geld gute Werbeeffekte zu erzielen. Die Kunst liegt darin, recht spezielle Schlüsselbegriffe zu wählen, die nur von wenigen Mitbewerbern genutzt werden, nach denen aber viele potenzielle Kunden suchen.

Google stellt verschiedene Analysetools zu Verfügung, die hierbei helfen können. Eine solche Analyse ergibt dann zum Beispiel, dass bei der Wahl eines sehr allgemeinen Schlüsselworts wie etwa »Change-Management« eine Anzeige zu teuer wird. Mit der Eingrenzung »Change-Management Hamburg« kann sich das Bild jedoch wandeln – und es stellt sich heraus, dass es für einen im Raum Hamburg tätigen Berater durchaus eine Option ist, mit Adwords-Anzeigen auf sich aufmerksam zu machen. Investieren Sie einfach einmal 100 Euro im Monat und experimentieren Sie ein wenig, um ein Gefühl für Kosten und Erfolgsaussichten zu bekommen.

Wenn Sie eine kostspielige Suchmaschinenoptimierung vermeiden wollen, können Adwords-Anzeigen durchaus eine Alternative sein. Ein Interessent stößt dann bei der Google-Suche immerhin auf Ihre Anzeige – und gelangt darüber mit einem Klick auf Ihre Internetseite. So gesehen kann Adwords ein ganz guter Dreh sein, um auch ohne große Suchmaschinenoptimierung die Interessenten abzufangen, die einen Berater via Google suchen.

Außer Adwords bietet Google noch weitere Produkte an, die neben ihrer eigentlichen Funktion die Suchergebnisse positiv beeinflussen können. Hierzu zählen zum Beispiel Google+, ein soziales Netzwerk ähnlich wie Facebook, und Google Places, das über die Eintragung von Unternehmensdaten via Google Maps funktioniert. Auch wenn ein Beratungsunternehmen potenzielle Kunden über diese Produkte in der Regel kaum erreicht, kann ihre Nutzung eine Überlegung wert sein: Ein hinterlegtes Profil bei Google+ und Google Places verbessert die Auffindbarkeit bei der Google-Suche und damit die Platzierung des Suchergebnisses.

5.12 Instrument 10: Anzeigen

Anzeigen gehören zu den klassischen Werkzeugen aus dem Instrumentenkasten der Werbung. Sie kommen bei Beratern nur wenig zum Einsatz – und sind gerade deshalb interessant. Anzeigen schalten vor allem große Unternehmen. Wenn Sie als kleines Beratungsunternehmen ebenfalls auf Anzeigen setzen, fällt das auf und hat einen guten Image-Effekt. Doch auch hier kommt es auf Kontinuität an; eine einmalige Anzeige bringt kaum einen Nutzen. Der Effekt der Wiedererkennung, der für den Markenaufbau so wichtig ist, erfordert alle zwei bis drei Monate eine Anzeige – und das über mehrere Jahre.

Um die Wirkung zu verstärken, hat es sich bewährt, über längere Zeit im selben Medium zu annoncieren. Anstatt also in der *FAZ* den ganzen Etat mit einer einzigen Anzeige zu verpulvern, ist es die bessere Alternative, ein Jahr lang regelmäßig Anzeigen in einer Fachzeitschrift zu buchen. Auf diese Weise ist es möglich, zu vergleichsweise günstigem Anzeigenpreis die eigene Zielgruppe tatsächlich zu erreichen.

Die Inhalte einer Anzeigenreihe können ganz unterschiedlich sein. Zum Beispiel lässt sich auf eine Studie hinweisen, die Sie erstellt haben. Wenn Sie einen Vortrag halten oder auf einer Messe auftreten, bietet es sich an, mit einer Anzeige darauf aufmerksam zu machen. Aber auch eine aktuelle Entwicklung oder eine neue Gesetzeslage kann ein Aufhänger sein. Entscheidend ist, dass das Thema Ihre Zielgruppe bewegt – und zugleich Ihre Positionierung unterstützt.

5.13 Instrument 11: Mailings

Die meisten Geschäftsführer werden heute mit E-Mails, Newslettern und anderer elektronischer Post eingedeckt. Ein klassisches Mailing per Briefpost ist da etwas Besonderes – es fällt eher auf. Genau deshalb kann es ein interessantes Instrument sein.

Zunächst ist das Mailing ebenfalls ein Instrument der Markenführung. Es hat die Funktion, an die Marke zu erinnern. Die Aussendungen haben dann allein den Zweck, bestehende Kontakte warmzuhalten und die Botschaft des Beratungsunternehmens ins Gedächtnis zu rufen. Ein Mailing kann aber auch im Rahmen der Akquise eingesetzt werden. Typisches Beispiel: Ein Berater versendet an ausgewählte, von ihm selbst recherchierte Adressen einen Artikel, der ein brennendes Problem der Empfänger anspricht. Im Anschreiben weist er darauf hin, dass er eine Lösung entwickelt hat und bei Interesse gerne ein Gespräch hierüber führen würde. Er fügt hinzu, dass er sich erlauben wird, in den nächsten Tagen diesbezüglich anzurufen. Das telefonische Nachfassen ist ein wichtiger Baustein dieser Strategie. Um aber nicht bei 100 oder 200 Adressaten in kürzester Zeit nachtelefonieren zu müssen, empfiehlt es sich, die Briefe sukzessive zu versenden.

Ähnlich wie bei Anzeigen lassen sich für ein Mailing vielfältige Anlässe finden. Das kann eine Studie sein, auf die Sie aufmerksam machen und die der Empfänger, wenn er möchte, anfordern kann. Aber auch ohne direkte Response-Möglichkeit sind Mailings sinnvoll. Entscheidend sind neben dem Thema eine gute Ansprache und eine originelle Idee, die beim Empfänger haften bleiben. Ein auf Sicherheitssysteme spezialisierter Berater verschickte zum Beispiel eine rote Karte. Darauf hatte er die Notfälle aufgelistet, zu denen er Rat anbietet – ergänzt um seine Telefonnummer. Der Gedanke dahinter: Die hochwertig und originell gemachte Karte wird ein potenzieller Kunde kaum wegwerfen. Wenn dann tatsächlich einmal ein akutes Sicherheitsproblem eintritt, erinnert er sich an die Karte und ruft die darauf angegebene »Notfallnummer« an.

»Der Ghostwriter kann ein Sparringspartner des Autors sein«

Interview mit Christian Deutsch, freier Redakteur und Ghostwriter im Team Giso Weyand

Was bringt ein Ghostwriter – und was kostet er?
Das hängt natürlich vom einzelnen Buchprojekt ab. Aus Erfahrungswerten kann man sagen: Mit Ghostwriter braucht ein Autor 30 Tage für das Schreiben seines Buchs, ohne Ghostwriter 90 Tage. Hierfür zahlt er dann leicht ein Honorar zwischen 20 000 und 30 000 Euro.

Es bleibt also trotz Ghostwriter noch ein beachtlicher Part beim Autor hängen?
Das ist richtig. Indem der Autor das Schreiben an einen Ghostwriter abgibt, delegiert er schätzungsweise zwei Drittel der Arbeit. Aufgabe des Autors bleibt es, die Entwürfe durchzuarbeiten, auch die Abstimmungen mit dem Verlag und das Korrekturlesen bleiben an ihm hängen. Vor allem aber muss er den inhaltlichen Part beisteuern, also die Zeit für die persönlichen Gespräche mit dem Ghostwriter investieren.

Wie vermittelt der Autor seine Inhalte an den Ghostwriter?
Vorwiegend im persönlichen Gespräch. Für jedes Kapitel liefert der Autor dem Ghostwriter den inhaltlichen Input. Als Leitfaden dient dabei die Gliederung, die der Autor bei dem Gespräch Punkt für Punkt durchgeht. Der Ghostwriter stellt Fragen, wenn ihm inhaltlich etwas unklar ist oder er glaubt, der Text müsste an einer Stelle durch ein anschauliches Beispiel ergänzt werden. So entsteht ein Austausch, bei dem der Inhalt eines Kapitels gemeinsam erarbeitet und festgelegt wird. Der Ghostwriter zeichnet das Gespräch auf und erstellt dann einen Text, den der Autor einige Wochen später erhält.

Bekommt der Autor dann schon einen fertigen Entwurf des Kapitels?
Das gelingt nur in Ausnahmefällen. Normalerweise steht das Kapitel auf Anhieb zu etwa 70 Prozent. Meist genügt dann ein längeres Telefonat, in dem der Autor mit dem Ghostwriter seine Ergänzungs- und Änderungswünsche bespricht. Eine dritte Bearbeitungsschleife sollte nicht mehr erforderlich sein. Bewährt hat sich aber eine gemeinsame Abschlussredaktion, wenn das gesamte Manuskript vorliegt.

Wie finden Autor und Ghostwriter zusammen?
Es gibt verschiedene Wege, einen Ghostwriter zu finden. Wer mit einer PR-Agentur oder einem Berater zusammenarbeitet, kann hierüber einen geeigneten Kandidaten finden. Ein anderer Weg ist die direkte Kontaktaufnahme zu Wirtschafts- oder Fachjournalisten. Sofern es sich nicht um angestellte Redakteure handelt, können sie an einem Ghostwriting-Auftrag interessiert sein. Für entscheidend halte ich es, die Zusammenarbeit zu proben. Hierzu bietet sich das Probekapitel an, das der Autor mit dem Exposé einreichen muss. Am Ende eines solchen Probeauftrags sollte der Autor dann entscheiden, ob er mit dem Ghostwriter zusammenarbeiten möchte. Immerhin geht es um eine enge, sich über Monate hinziehende Zusammenarbeit, bei der er zwangsläufig auch Vertrauliches erzählen wird.

Wann startet dann das eigentliche Ghostwriting-Projekt?
Den Auftrag an den Ghostwriter sollte der Autor erst erteilen, wenn er den Autorenvertrag mit dem Verlag unterschrieben hat. Nur dann ist eine Arbeit innerhalb eines abgesicherten Rahmens möglich. Auf dieser Grundlage können dann Autor und Ghostwriter einen eigenen Ghostwriter-Vertrag abschließen.

Einmal abgesehen von der Zeitersparnis – wo liegt aus Ihrer Erfahrung der Hauptnutzen des Ghostwriters?
Ich sehe vor allem zwei große Vorteile: Zum einen setzt die Zusammenarbeit mit dem Ghostwriter den Autor unter Zugzwang. Die Termine für die einzelnen Kapitel sind getaktet, er erhält regelmäßig die Kapitelentwürfe, der Prozess schreitet voran. Die Chancen, das Projekt termingerecht abzuschließen, stehen damit ungleich besser als bei eigenem Schreiben.

Und der zweite Vorteil?
Der Ghostwriter kann ein Sparringspartner bei der Erstellung des Buchs sein. Ein Beispiel: Oft kämpft der Autor mit der Fülle seines Wissen und seiner Erfahrung. Als Experte auf seinem Gebiet hat er die Tendenz, zu viel

Stoff in ein Kapitel hineinzupacken. Darunter leidet jedoch die Verständlichkeit, weil der Text dann überfrachtet ist und den Leser überfordert. Hier ist es die Rolle des Ghostwriters, in der Diskussion mit dem Autor einen gangbaren Weg zu finden – also einerseits zu vereinfachen, andererseits das fachlich erforderliche Niveau zu halten. Für einen journalistisch erfahrenen Ghostwriter gehört es zum Handwerk, komplexe Inhalte auf das Wesentliche zu reduzieren. Das kann für den Autor eine große Hilfe sein.

Zusammenfassung

Werbung und PR zählen zu den wichtigsten Lebensadern eines Beratungsunternehmens. Und doch herrschen Chaos und Missverständnisse vor, wenn es um die Festlegung und Umsetzung der Maßnahmen geht:

- Man glaubt, der Erfolg sei nach einem Jahr sichtbar – tatsächlich dauert es mehrere Jahre. Doch statt abzuwarten, bis eine Maßnahme wirkt, wird sie schon nach einem Jahr wegen vermeintlicher Wirkungslosigkeit aus dem Marketingplan gestrichen.
- Die Vielfalt der möglichen Werbe- und PR-Maßnahmen lässt sich kaum überblicken. Wie und wann sie wirken, ist unklar. Meistens sind es dann zufällige Erfahrungen, auf denen die Marketingplanung aufbaut. Gemacht wird, was man kennt oder sich im Vorjahr bewährt hat: der Artikel in der Branchenzeitschrift, der Vortrag beim Verbandstag, der vierteljährliche Newsletter.

Diesem »Marketing by Zufall« lässt sich mit einem Konzept begegnen, das den Zeithorizont von der Jahresplanung auf drei bis vier Jahre erweitert. Aus einer Liste möglicher Instrumente wird in einem systematischen Auswahlverfahren ein geeigneter Mix zusammengestellt, jährlich überprüft und gegebenenfalls angepasst.

Speziell für das Beratermarketing haben sich elf Instrumente bewährt, die für den Mix zur Verfügung stehen: die Publikation von Artikeln, die Erwähnung in großen Medien wie *FAZ*, *Wirtschaftswoche* oder *manager magazin*, der öffentliche Auftritt mit Vorträgen, das Buch in einem renommierten Verlag, das Buch im Selbstverlag, die eigene Studie, der Auftritt bei Messen, die Nutzung des Web 2.0, die Suchmaschinenoptimierung, Anzeigen und Mailings.

Kapitel 6

Vertrieb

Kunden akquirieren

Fast wie ein Sechser im Lotto

Endlich ist er am Telefon, der Geschäftsführer eines großen mittelständischen Maschinenbauers. Der Anrufer, Inhaber einer Beratung für Führungskräfteentwicklung, möchte ihn als Kunden akquirieren. Er stellt sich kurz vor und leitet das Gespräch direkt auf das Thema. »Wir sind spezialisiert auf Führungskräfteentwicklung in Ihrer Branche«, erklärt er. »Seit über 15 Jahren machen wir praktisch *nur* die Führungskräfte im Maschinenbau fit. Wir sprechen deren Sprache, wissen um deren Alltag und die täglichen Probleme – wie zum Beispiel die Probleme mit den Produktionshelfern, die neu von einer Zeitarbeitsfirma kommen.«

Der Geschäftsführer zeigt sich interessiert. Sein Unternehmen habe vor einem Jahr mit einem externen Trainer ein Programm für die Nachwuchsführungskräfte begonnen, erzählt er. Nach der ersten Runde seien die Teilnehmer richtig begeistert gewesen. Dann fragt er: »Was meinen Sie, soll ich die zweite Runde wieder zusammen mit dem alten Anbieter machen oder wollen Sie das übernehmen?« Dem Berater ist klar, dass er wohl ein wenig auf die Probe gestellt wird. »Wissen Sie, einen Auftrag hätten wir schon gerne, so ist das nicht«, bekennt er offenherzig. »Aber wenn Ihre Nachwuchskräfte schon dabei sind, bestimmte Verfahrensweisen und Leitlinien zu lernen, wenn Sie mit denen gerade ein bestimmtes Modell etablieren haben – da wäre es aus didaktischen Überlegungen heraus unklug, jetzt im Galopp das Pferd zu wechseln.«

Das ist offenbar genau das, was der Geschäftsführer hören möchte. »Wenn Sie das so sehen«, antwortet er, »dann möchte ich Sie gerne einladen, bei uns mit der Seniormannschaft einen zweitägigen Führungsworkshop zu machen.«

Großes Kino! Ein Anruf – ein Auftrag. Der Traum jedes Beraters, wenn er sich dazu durchringt, ein Akquisegespräch zu führen. Nur: Der Erfolg dieses Beraters gleicht eher einem Sechser im Lotto denn der Realität. Es war ein ebenso glücklicher wie unwahrscheinlicher Zufall, dass ausgerechnet zum Zeitpunkt des Anrufs ein Bedarf speziell für dieses Beratungsangebot bestand – und der Kunde dann auch noch bereit war, dem unbekannten Anrufer den Auftrag zu geben. Die Erfahrung zeigt, dass Kaltakquise in der Beratungsbranche fast nie zu einem schnellen Auftrag und nur selten zu kurzfristigen Terminen mit möglichen Auftraggebern führt. Doch wozu dann der Aufwand? Welchen Sinn hat der Vertrieb am Telefon für ein Beratungsunternehmen?

Es stimmt: Der Vertrieb führt fast nie zum schnellen Auftrag. Das ist der Grund, warum 99 Prozent der Beratungsunternehmen ihre Vertriebsbemühungen wieder einstellen, bevor es spannend wird. Weil die schnellen Erfolge ausbleiben, geben sie auf. Doch um Erfolge zu sehen, müssten sie ein Jahr, vielleicht auch eineinhalb oder zwei Jahre in den regelmäßigen Aufbau der Beziehungen investieren. Darin liegt die große Chance: In der Beraterbranche bietet ein systematisch betriebener, langfristig angelegter und sympathischer Vertrieb die Möglichkeit, sich von der Konkurrenz abzuheben.

Genau wie bei den Werbe- und PR-Instrumenten geht es auch im Vertrieb darum, mit möglichen Kunden überhaupt in Kontakt zu kommen – und diese Kontakte dann warmzuhalten, bis eines Tages tatsächlich ein Beratungsbedarf entsteht. Nicht die kurzfristige Aktion zählt, sondern die Kontinuität. Der Vertrieb ist damit ein weiteres Instrument, um mehr Eisen ins Feuer zu bekommen. »Gute Akquise ist kein Hexen-, sondern ein Handwerk«, gibt Angelika Eder, freie Vertriebsexpertin im Team Giso Weyand ihren Kunden mit auf den Weg. Gut gemacht, kann der Vertrieb sogar ein sehr effektives Instrument sein, denn er hat zwei große Vorzüge: Erstens knüpfen Sie aktiv Kontakte zu potenziellen Kunden – sind also nicht darauf angewiesen, dass ein Interessent zufällig einen Artikel liest oder einen Vortrag von Ihnen hört und sich dann irgendwann meldet. Zweitens erhalten Sie sofort ein Feedback und können direkt feststellen, inwieweit sich der Kunde von Ihrem Angebot angesprochen fühlt.

Entscheidend für den Vertriebserfolg ist seine Verknüpfung mit dem Marketing. Es kommt darauf an, die »kalt« angesprochenen Kunden warmzuhalten, das heißt, auf eine möglichst unaufdringliche und attraktive Weise zu binden. Damit aus den Kontakten eines Tages Aufträge entstehen, braucht es »Erinnerungsmeilensteine«, um im Bewusstsein des Kunden präsent zu bleiben. Das kann zum Beispiel durch das Zusenden von Artikeln, die Einladung zu Veranstaltungen, durch einen Newsletter oder andere Instrumente des Dialogmarketings (siehe Kapitel 7) geschehen.

Für ein expandierendes Beratungsunternehmen ist der Vertrieb häufig ein wichtiger Baustein, um das Geschäft kontinuierlich aufzubauen und die Auslastung zu sichern. Das gilt umso mehr, als es meist zwei bis drei Jahre dauert, bis die Instrumente des Sogmarketings greifen. Zumindest bis dahin bleibt kaum eine andere Möglichkeit, als aktiv auf potenzielle Kunden zuzugehen. In der Praxis stellt sich dabei vor allem ein Problem: Die meisten Berater mögen die Rolle des Verkäufers nicht und schrecken deshalb vor der Kaltakquise zurück. Sicher, es gibt auch jene Beratertypen, die mit einer gewissen Hoppla-jetzt-komm-ich-Mentalität einfach anrufen und – mit etwas Glück – auf ein Gegenüber treffen, dem diese erfrischend-freche Art gefällt. Auch so kann man ins Geschäft kommen. In aller Regel kostet es einen Berater jedoch Überwindung, die Rolle des Verkäufers einzunehmen. Genau an diesem Punkt scheitert bei vielen Beratungsunternehmen die Akquise. Wie lässt sich diese Hürde nehmen?

Viele Berater scheuen vor allem die Kaltakquise, weil sie glauben, sich dadurch zum Bittsteller zu degradieren. Doch diese Angst ist unbegründet (Abschnitt 6.1). Indem Sie einen pfiffigen Gesprächseinstieg entwickeln (Abschnitt 6.2 und 6.3) und sich gründlich auf den Akquiseanruf vorbereiten (Abschnitt 6.4), heben Sie das Kundengespräch auf Augenhöhe. Jetzt müssen Sie nur noch den Mittler oder Entscheider erreichen (Abschnitt 6.5), für sich gewinnen und von Ihrem Angebot überzeugen (Abschnitt 6.6) – und das am besten kontinuierlich (Abschnitt 6.7).

6.1 Eine Frage der Haltung

Angelika Eder weist darauf hin, dass es für einen Verkaufsprozess ein grundlegender Unterschied ist, ob ein potenzieller Kunde auf Sie zukommt oder ob Sie ihn aktiv ansprechen. Im ersten Fall hat der Interessent ein gutes Stück des Wegs allein zurückgelegt. Er hat sich bereits entschieden, eine bestimmte Leistung zu kaufen. Er ruft Sie an, weil er Sie zumindest in die engere Auswahl gezogen hat. Die Instrumente des Sogmarketings zielen darauf ab, diesen angenehmen Zustand zu erreichen. Im zweiten Fall stellt sich die Situation gänzlich anders dar. Nun rufen Sie an, weil Sie möchten, dass der Kunde bei Ihnen kauft. Wahrscheinlich weiß dieser Kunde noch gar nicht, dass es

Sie und Ihr Angebot überhaupt gibt. Womöglich weiß er nicht einmal, dass er Ihre Leistung brauchen könnte. In dieser eher unangenehmen Situation kommt es auf eine gute Argumentation an, um Ihr Anliegen auf eine überzeugende und angenehme Weise zu vermitteln.

Sogmarketing versus Vertrieb

So ist es kein Wunder, dass vielen Beratern der Griff zum Telefon schwerfällt, wenn es um Akquise geht. Sie möchten lieber angerufen werden, als selbst anrufen zu müssen. Wird ein Berater angerufen, fühlt er sich als Experte und Problemlöser, eben als gefragter Berater; automatisch findet ein Austausch auf Augenhöhe statt. Ruft er dagegen selbst an, sieht er sich in der Rolle des Verkäufers. Anstatt gefragt zu sein, fühlt er sich jetzt als Bittsteller, der erreichen möchte, dass der andere ihm seine Leistung abkauft.

Doch mal abgesehen von dieser persönlichen Abneigung gegen die Rolle des Verkäufers: Widerspricht die Kaltakquise nicht auch strategisch dem Sogmarketing? Die Idee des Sogmarketings ist ja, dass der Berater aus der Haltung eines souveränen Experten heraus einen Dialog auf Augenhöhe anbietet. Wie passt zu diesem Bild die Vorstellung eines Bittstellers, der seine Beratungsleistung erst noch verkaufen muss? Man stelle sich nur die Situation vor, in der sich der Interessent bei der Frage nach dem Honorar zurücklehnt und sagt: »Sie haben sich doch bei mir gemeldet – sie wollen doch einen Auftrag!« Diese Bedenken sind berechtigt, wenn eine solche Asymmetrie zwischen Verkäufer und möglichem Kunden tatsächlich entsteht. Die Herausforderung liegt deshalb darin, den Vertrieb so zu gestalten, dass die souveräne Haltung des Beraters erhalten bleibt. Gelingt das, steht der Vertrieb nicht im Widerspruch zum Sogmarketing, sondern wird zu einer guten Ergänzung.

Notlage macht zum Bittsteller

Eines gilt es unter allen Umständen zu vermeiden: Kaltakquise aus der Not heraus. Wenn Sie unbedingt Aufträge benötigen, spürt Ihr Gegenüber den Druck, unter dem Sie stehen. Sie versuchen dann zu überzeugen, reden viel, wirken unentspannt. Das jedoch stößt Ihren Gesprächspartner eher ab. Er wünscht sich einen gelassenen Sparringspartner, der selbst erfolgreich ist – der sich über Aufträge freut, ihnen aber nicht hinterherrennt.

Tatsächlich ringen sich Berater leider oft erst dann zur Kaltakquise durch, wenn die Aufträge ausbleiben und ihr eigener Leidensdruck sie dazu zwingt.

Die psychologische Ausgangslage für eine gute Akquise ist damit denkbar schlecht, das Abgleiten in die Rolle des Bittstellers fast unvermeidlich. Lassen Sie es also am besten gar nicht so weit kommen! Viele gut geführte Beratungsunternehmen sind gerade dann im Vertrieb aktiv, wenn die Auftragslage gut ist. Dann fällt es wesentlich leichter, souverän aufzutreten. Eine Grundregel für einen erfolgreichen Vertrieb lautet daher: Sorgen Sie für eine kontinuierliche Akquise, auch in guten Zeiten, wenn Sie ausgebucht sind. Auf diese Weise entsteht ein steter Zufluss an neuen Kontakten, die später zu Aufträgen führen können. So haben Sie immer genügend Eisen im Feuer – und genau darin liegen ja Sinn und Zweck des Vertriebs.

Die größte Hürde

Was bleibt, ist die Hürde am Anfang – die Abneigung vieler Berater, die Rolle eines Verkäufers anzunehmen und den Akquiseanruf zu tätigen. Dahinter steht nicht zuletzt der weit verbreitete Glaubenssatz, Verkaufen habe mit Klinken putzen, mit sich anbieten und sich anbiedern zu tun. Dem lässt sich entgegenhalten, dass bei einem Verkaufsgespräch im Kern ein Abgleich zwischen Kunde und Anbieter stattfindet. Wenn Sie einem potenziellen Kunden eine Leistung anbieten, wird dieser prüfen, inwieweit er diese Leistung brauchen kann, und dann entscheiden, ob er sie kauft. Das ist ein nüchterner Prozess zwischen zwei Partnern, der durchaus auf Augenhöhe erfolgen kann. Um diese Anfangshürde zu nehmen, kommt es also darauf an, eine Bittstellersituation von vornherein zu vermeiden. Hierfür gibt es bewährte Strategien.

6.2 Strategische Überlegungen: Das EVN-Modell

Um im Vertrieb die strategische Basis zu legen, hat sich das EVN-Modell bewährt. EVN steht dabei für »Eigenschaft«, »Vorteil« und »Nutzen« eines Produkts oder einer Leistung. »Das Modell beschreibt sehr schön eine Strategie, die dazu geeignet ist, die Kaltakquise als einen Prozess auf Augenhöhe mit dem Kunden zu gestalten«, erklärt Angelika Eder, freie Vertriebsexpertin im Team Giso Weyand.

Jede Leistung, die Sie im Markt anbieten, hat bestimmte *Eigenschaften*. Das gilt für herkömmliche Produkte wie Lebensmittel, Autos oder Kleidung ebenso wie für Beratungsleistungen. Die Eigenschaften sind auf der Sachebene eindeutig beschreibbar. Meist fällt es nicht schwer, zum Beispiel bei einem Beratungskonzept die Eigenschaften wie etwa die Besonderheiten der Methodik zu identifizieren und zu notieren.

Die Eigenschaften eines Produkts sind natürlich nicht zufällig entstanden, sondern vom Anbieter bewusst in der Erwartung konzipiert, dass der Kunde sie brauchen kann. Damit sind wir bereits beim zweiten Schritt des Modells: Als Anbieter verknüpfen Sie mit den Eigenschaften bestimmte *Vorteile*, die Ihr Beratungskonzept bietet. Halten Sie auch diese Vorteile schriftlich fest.

Im dritten Schritt nehmen Sie schließlich einen Perspektivwechsel vor – weg vom Produkt, hin zum Kunden. Nun fragen Sie, inwiefern die beschriebenen Vorteile für den Kunden einen *Nutzen* darstellen könnten. Doch Vorsicht! So wichtig dieser Perspektivwechsel ist, hat er doch nur eine begrenzte Reichweite. Ob nämlich ein Vorteil für Ihren Kunden tatsächlich einen Nutzen bringt, können Sie nicht wissen; Ihr Urteil stützt sich hier zunächst nur auf Annahmen. Viele Verkäufer tappen in die Falle, mit ihrer Nutzenargumentation ihre potenziellen Kunden zu bevormunden.

Ein Beispiel aus der Personalentwicklung verdeutlicht, wie leicht die Nutzenüberlegungen aufs Glatteis führen können. Ein innovativ denkender Vertriebsberater kam auf die Idee, die technische Möglichkeit eines Webinars auszuprobieren. Für Firmen könnte es charmant sein, so überlegte er, für ein Training nicht immer eine ganze Mannschaft aus dem Alltagsgeschäft herausreißen und in ein Seminarhotel verfrachten zu müssen. So entwickelte er ein Webinar und war fest davon überzeugt, seinen Kunden damit einen wertvollen Nutzen zu bieten. Doch nun kommt der springende Punkt: Ob das Webinar für einen Kunden tatsächlich einen Nutzen hat, kann der Berater nicht wissen! Anstatt den Nutzen einfach vorauszusetzen, sollte er im Akquisetelefonat deshalb erst einmal nachfragen: »Lieber Interessent, ich hatte früher ein zweitägiges Zeitmanagementtraining, das ich jetzt an einem Abend auch in Form eines Webinars anbiete. Ihre Mitarbeiter brauchen nirgendwo mehr hinreisen, das spart Kosten und Zeit. Aus meiner Sicht ist das ein großer Vorteil. Wie sehen Sie das, wäre das für Sie von Nutzen?« Die Antworten können sehr überraschen. Der eine wird die Idee mit dem Webinar tatsächlich gut finden, ein anderer dagegen könnte sagen: »Das ist eine schöne Idee, aber wissen Sie: Wir machen mit unserer Vertriebsmannschaft traditionell einen Weiterbildungstag – und die Mitarbeiter freuen sich das ganze Jahr darauf, sich wenigstens einmal im Jahr zu sehen.«

Die Frage nach dem Nutzen hat einen bemerkenswerten Nebeneffekt: Sie hebt den Akquiseanruf auf Augenhöhe mit dem Angerufenen. Es findet ein Austausch statt, der für beide Seiten spannend ist. Der Unternehmer erfährt von einem innovativen Weiterbildungstool, denkt vielleicht zum ersten Mal über die Vorteile eines Webinars nach, während der Berater den tatsächlichen Nutzen seines Angebots einschätzen lernt.

Befassen Sie sich also intensiv mit dem möglichen Nutzen der einzelnen Produktvorteile – unterstellen Sie jedoch nicht, dass dieser Nutzen im Einzelfall gegeben ist. Aus dieser Erkenntnis lässt sich eine einfache, aber wirkungsvolle Strategie ableiten, mit der Sie das Kundengespräch auf Augenhöhe heben können:

- Beschreiben Sie dem potenziellen Kunden prägnant die Vorteile Ihres Produkts.
- Bieten Sie ihm den möglichen Nutzen in Form einer Frage oder vorsichtigen Annahme an.
- Geben Sie ihm Zeit, das Angebot nachzuvollziehen und sich dazu zu positionieren.

Auf diese Weise kommen Sie in ein konstruktives Gespräch. Es gelingt Ihnen, gemeinsam mit dem Kunden zu sondieren, ob er mit dem Angebot etwas anfangen kann – und unter welchen Umständen er Ihre Leistung brauchen könnte.

6.3 Eine Brücke zum Kunden

Der klassische Vertrieb arbeitet mit großen Adressdatenbeständen. Viele Menschen werden angerufen, in der Hoffnung, dass der eine oder andere Auftrag hängen bleibt. Das war lange Zeit die gängige Methode, die auch das Bild des Verkäufers als Klinkenputzer befördert hat. Zumindest für die Beraterbranche hat sich ein anderer Weg bewährt – nämlich eine sehr individuelle und gezielte Ansprache möglicher Kunden. Anstatt breit zu streuen, sprechen Sie als Berater nur die Unternehmen an, mit denen Sie gerne zusammenarbeiten wollen. Nehmen Sie sich die Zeit, diese Wunschkunden auszuwählen. Treffen Sie eine kleine, aber qualitativ hochwertige Auswahl.

Um die verheißungsvollen »Kandidaten« erfolgreich anzusprechen, benötigen Sie einen guten Grund für den Anruf. Es ist wichtig, einen individuellen Einstieg für das Gespräch zu finden, der Aufmerksamkeit weckt und den möglichen Kunden dazu veranlasst, sich mit Ihrem Angebot auseinanderzusetzen. Man kann es auch so ausdrücken: Sie bauen ihm eine gedankliche Brücke, auf der er Ihnen entgegenkommen kann. Die Form dieser Brücke kann sehr unterschiedlich, auch persönlich sein, zum Beispiel: »Ich bin in diesem Autohaus schon seit 15 Jahren Kunde, viele Jahre auch als Saab-Liebhaber. Wie Sie das machen, gefällt mir ausgesprochen gut. Jetzt möchte ich Ihnen mein Verkaufstraining anbieten ...« Eine ebenso einfache wie erfolgreiche Brücke ließ sich ein Organisationsberater einfallen, an dessen Grundstücksgrenze sich ein Wunschkunde ansiedelte. Lediglich ein Garten trennte die Büroräume des Beraters vom Gebäude der Firma. Der Berater rief einfach an: »Guten Tag, lieber Herr Nachbar, ich bin der Berater, der direkt an Ihrem Grundstück hintendran sitzt ...« Selbstverständlich bekam er einen Termin.

Wieder anders die Brücke, die sich der Berater für Führungskräfteentwicklung aus dem einleitenden Beispiel dieses Kapitels ausgedacht hatte: Er traf offensichtlich den Nerv des Geschäftsführers, indem er souverän mit seiner Kompetenz und Branchenerfahrung spielte – »seit 15 Jahren«, »*nur* für Führungskräfte im Maschinenbau«, »tägliche Probleme mit den Produktionshelfern«.

Möglicherweise wäre dieser Berater auch mit einer ganz anderen Brücke erfolgreich gewesen. Zum Beispiel hätte er auch sagen können:

- »In unserer Regionalpostille habe ich gelesen, dass Sie in diesem Jahr 50 neue Mitarbeiter einstellen wollen. Da brauchen Sie womöglich auch neue und vor allem gut geschulte Führungskräfte?«
- »Unser Standort ist bei Ihnen um die Ecke. Wäre es für Sie nicht angenehm, für etwaige ›Feuerwehr-Coachings‹ den Referenten ganz in der Nähe und damit praktisch keine Reisekosten zu haben?«
- »Eigentlich wollte ich Sie schon auf der Maschinenbaumesse in München ansprechen – schöner Stand übrigens! –, aber da hat es einfach nicht geklappt. Deshalb möchte ich mich jetzt nach der Messe noch einmal mit Ihnen zum Thema Führungstraining in Verbindung setzen.«

Die Brücke schafft die Legitimation für den Anruf

Wenn ein Akquisegespräch schlecht läuft oder der Berater sich gar nicht erst dazu durchringen kann, zum Hörer zu greifen, liegt das häufig an der fehlenden Brücke. Sie ist so wichtig, weil sie dem Anruf eine Legitimation gibt. Genau das macht Akquise ja oft so schwer: Der Berater fühlt sich nicht berechtigt, anzurufen. Er hat er das Gefühl, mit seinem Anruf zu stören, unbefugt in die Welt seines Gegenübers einzudringen – und gerät so in die Bittstellerfunktion, die er unbedingt vermeiden möchte. Entwerfen Sie also im Vorfeld des Anrufs eine solide Brücke, die den Angerufenen wirklich abholt. Sie schafft eine Legitimation für den Anruf, bietet einen Einstieg ins Gespräch und weist den Weg, um zum Inhaltlichen zu kommen. Ob der Angerufene die Brücke dann akzeptiert und dem Anrufer auf ihr entgegengeht oder ob er sie als brüchig und nicht tragfähig erachtet, bleibt seine Entscheidung.

Akzeptiert der Angerufene die Brücke, haben Sie das Ziel Ihres Anrufs schon fast erreicht. Nun ist der Gesprächspartner bereit, sich auf Ihr Thema einzulassen. Es entsteht ein inhaltlicher Austausch, bei dem es um substanzielle Informationen geht. Der Angerufene positioniert sich zu der Leistung, die Sie ihm anbieten, und entwickelt dazu eine Einstellung. Diese Meinung nehmen Sie genau und gründlich auf – und reagieren darauf möglichst so, dass ein weiterer Kontakt folgen kann.

Vorgehensweise: Wie Sie die Brücke bauen

Um eine tragfähige Brücke zu entwerfen, bietet sich ein Vorgehen in zwei Stufen an: Zunächst wählen Sie einen Kreis möglicher Wunschkunden aus – und überlegen sich dann für jeden dieser Kunden eine geeignete Ansprache. Eine Konzentration auf Wunschkunden ist angesichts des Akquisitionsaufwands ohnehin sinnvoll, hat aber mit Blick auf den Brückenschlag eine besondere Bedeutung: Wenn Sie ein Unternehmen wirklich gerne als Kunden hätten, fällt es relativ leicht, einen guten Aufhänger zu finden.

Die Selektion der Wunschkunden beginnt üblicherweise mit einer quantitativen Recherche, die sich an der Positionierung des Beratungsunternehmens orientiert und anhand von Kriterien wie Branche, Region, Umsatz oder Mitarbeiterzahl erfolgt. Dieser formale Auswahlprozess lässt sich auch mithilfe eines Adressanbieters durchführen.

Anspruchsvoller ist der nun folgende Schritt: Nehmen Sie sich die Liste, die Ihnen die Adressbroker-Datenbank ausgegeben hat, persönlich vor. Sehen Sie sich die Internetauftritte der einzelnen Unternehmen an und lassen Sie Ihr Gefühl sprechen: Mit welcher dieser Firmen würden Sie gerne zusammenarbeiten? Finden Sie heraus, ob das Unternehmen, mit dem Sie sich gerade befassen, ein Wunschkunde sein kann. Selbst wenn Sie die Akquise an einen Dienstleister delegieren wollen, ist es ratsam, die qualitative Überprüfung der möglichen Kunden selbst vorzunehmen – denn hier spielen Erfahrung und Bauchgefühl eine große Rolle.

Auch für diese qualitative Prüfung ist es möglich, klare Kriterien zu definieren. Überlegen Sie, woran genau Sie Ihren Idealkunden festmachen. Zum Beispiel können Sie festlegen, dass er vorwärtsgewandt, modern, innovativ, ambitioniert sein soll. Natürlich finden Sie in keiner Datenbank die Aussage: »Dieser Kunde ist ambitioniert.« Wenn Ihnen aber das moderne Design des Internetauftritts gefällt, wenn Sie entdecken, dass die Geschäftsführer des Unternehmens regelmäßig in einem eigenen Blog publizieren, wenn die Internetseite mit einer eigenen Rubrik explizit junge Absolventen von Universitäten anspricht – dann können Sie aus solchen Indizien schließen: Dieses Unternehmen wird von ambitionierten Leuten geführt, die wirklich etwas erreichen wollen.

Mit der Auswahl der Wunschkunden vollzieht sich ein interessanter psychologischer Effekt. Bereits hier verlassen Sie die Position des Bittstellers, denn Sie entscheiden sich ja ganz bewusst für bestimmte potenzielle Partner. Ob der andere das, was Sie ihm anbieten, dann auch möchte, liegt ohnehin in dessen Entscheidungsbereich. Was aber bleibt, ist die Tatsache, dass Sie den anderen ausgewählt haben – und zwar aus ganz bestimmten Gründen, anhand bestimmter Kriterien, die Sie ihm auch konkret benennen können. Diese intensive Auseinandersetzung mit den einzelnen Kunden erleichtert es, einen Anlass für das Akquisetelefonat zu finden. Hilfreich ist dabei die Frage: »Warum biete ich meine Leistung ausgerechnet diesem Kunden an?« Bei einem Wunschkunden können Sie problemlos die Kriterien benennen, nach denen Sie das Unternehmen ausgewählt haben. Zudem fällt es Ihnen sicher leicht, sich konkrete Projekte auszumalen, die Sie dort gerne realisieren würden. Aus all dem lässt sich in der Regel relativ einfach eine schlüssige Brücke entwerfen, mit der Sie den Kunden abholen können.

6.4 Den Akquiseanruf vorbereiten

Nun fehlt nicht mehr viel und Sie sind für den Akquiseanruf gewappnet. Um am Telefon sicher aufzutreten, ist es sinnvoll, sich zu drei Fragen Gedanken zu machen:

- Wer bin ich?
- Wie lautet mein konkretes Angebot?
- Was ist das Ziel des Gesprächs?

Frage 1 hilft Ihnen, den Gesprächspartner in den ersten entscheidenden Sekunden zu gewinnen. Frage 2 dient dazu, dem Zuhörer kurz und klar das Anliegen zu schildern. Bei Frage 3 machen Sie sich das konkrete Ziel des Anrufs bewusst.

Frage 1: Wer bin ich?

Der Kunde hat keine Ahnung, wer ihn anruft. Also möchte er wissen, wer Sie sind und in welcher Rolle Sie auftreten. Sind Sie Vertriebsmitarbeiter oder der Geschäftsführer selbst? Aus welcher Branche kommen Sie? Wie groß ist Ihr Unternehmen? Die Antwort auf diese Fragen sollte bereits aus Ihrem ersten Satz hervorgehen. Ihr Gesprächspartner benötigt diese Informationen, damit er Ihre Rolle einschätzen und sich zu Ihnen positionieren kann. Das trägt entscheidend dazu bei, dass er sich in der Gesprächssituation wohlfühlt.

Im Anschluss an diese Basisinformation möchte der Angerufene noch etwas mehr über Sie wissen. Überlegen Sie deshalb, wie Sie sich vorstellen. Welcher Weg hat Sie zu dem geführt, was Sie heute tun, und zu dem gemacht, der Sie heute sind? Greifen Sie erst zum Hörer, wenn Sie Ihren Werdegang unbefangen und ohne Zögern in zwei bis drei Sätzen darstellen können.

Selbstverständlich erwartet ein Kunde, dass ein Anbieter von Beratungsleistungen sich sowohl in der Branche seiner Kunden als auch auf dem Beratermarkt auskennt. Überlegen Sie deshalb, wie Sie Ihren Kunden spüren lassen, dass Sie seine Sprache sprechen und um die Probleme seiner Branche wissen. Rechnen Sie aber auch damit, dass Ihr Kunde im Gespräch abklopft, wie sehr Sie in Ihrem Markt zu Hause sind – sei es, dass er einige Namen Ihrer Mitbewerber einstreut, um Ihre Reaktion zu testen, oder nach den neuesten Branchentrends fragt, über die er gerade einen Artikel gelesen hat.

Frage 2: Was biete ich an?

Bei der Frage nach dem eigenen Angebot tun sich viele Berater schwer. Sie neigen dazu, ihre Leistungen umfassend zu präsentieren. Das wirkt oft schon im Internetauftritt ausufernd und langweilig – im Falle eines kurzen Telefonanrufs gefährdet es den Akquiseerfolg. Es kommt deshalb darauf an, das Angebot passend für den Telefonverkauf auf den Punkt zu bringen. Die Zeit am Telefon ist extrem kurz und reicht nur, um einen einzelnen Aspekt des Angebots vorzustellen. Nur: Welcher genau sollte das sein? Vertriebsexpertin Angelika Eder verwendet an dieser Stelle gerne das Bild eines Schaufensters: So wie ein Einzelhändler in sein Schaufenster einen Blickfang stellt, so verfügt auch der Akquisiteur bei seinem Anruf nur über einen kleinen Raum, auf dem er das Angebot attraktiv präsentieren kann. Überlegen Sie, welches Teilstück Sie in dieses »Schaufenster« stellen, um am Telefon die Aufmerksamkeit des Zuhörers einzufangen.

Scheuen Sie sich nicht, hierfür nur ein Produkt aus Ihrem Portfolio auszuwählen – und dieses dann auch noch radikal zu vereinfachen. Meist gelingt es nur so, dem Interessenten am Telefon ein Angebot verständlich zu vermitteln. Die Vorstellung eines groß angelegten, komplexen Change-Management-Programms mit vielen möglichen Bausteinen und ergebnisoffenem

Ausgang ist für die Telefonakquise sicher weniger geeignet als ein Zwei-Tages-Training mit dem griffigen Titel: »Neu in der Führungsfunktion: Die ersten 100 Tage gut überstehen.«

Die Frage lautet also: Wie stelle ich mein Produkt kurz, knapp, klar und sympathisch dar? Ein komplexes Beratungsprodukt »telefontauglich« darzustellen ist sicher eine Herausforderung. Eine Hilfe kann hier das vorgestellte EVN-Modell sein, das sich mit Eigenschaften, Vorteilen und Nutzen eines Angebots befasst: Welche der Produkteigenschaften lassen sich als Stellschraube für den Verkauf ins Feld führen? Welche Vorteile sind damit verbunden? Inwiefern könnten diese Vorteile für den Kunden von Nutzen sein? Feilen Sie an Ihrer mündlichen Produktpräsentation, bis Sie in der Lage sind, die Vorteile in zwei bis drei Sätzen flüssig vorzutragen.

Frage 3: Was ist das Ziel des Gesprächs?

Beim Erstkontakt stehen die Ziele weitgehend fest: Sie wollen feststellen, ob der Angerufene wirklich Ihr Wunschkunde ist – und dann eine Möglichkeit finden, mit diesem Kunden in Kontakt zu bleiben. Der Anruf dient also auch dazu, Informationen zu sammeln: Was ist zu tun, um einen Auftrag zu erhalten? Wie ist das Unternehmen mit Blick hierauf organisiert? Wer entscheidet wie und wann?

Im Anschluss an diesen Anruf justieren Sie die Ziele neu. Hat sich das Unternehmen tatsächlich als ein Wunschkunde herausgestellt, führen Sie ihn als A-Kunde in Ihrer Kontakte-Datenbank. Hinterlässt der Anruf eher das Gefühl, dass dieser Kunde nicht wirklich passt und aus der Sache vermutlich nichts wird, stufen sie ihn in der Priorität zurück. Schon dieses Beispiel zeigt: Spätestens bei den Folgekontakten variieren die Gesprächsziele immer mehr. Bewährt hat sich hier ein CRM-System, das eine Einteilung in A-, B- und C-Kunden ermöglicht (mehr dazu in Kapitel 7).

Das Ziel eines Anrufs kann gelegentlich auch darin liegen, einen Kontakt bewusst zu beenden – etwa wenn Sie mit einer Firma seit zwei Jahren im lockeren Kontakt sind, sich aber noch nie ein Auftrag abgezeichnet hat. In einem solchen Fall rufen Sie diesen Kunden an und zwingen ihn zu einer Entscheidung, etwa in dem Tenor: »Wir kennen uns jetzt seit zwei Jahren und haben immer einmal wieder miteinander gesprochen. Bei Ihnen liegt das Angebot für die XY-Beratung. Kommen wir da noch irgendwie zusammen?« Kein Geschäftspartner wird Ihnen böse sein, wenn Sie auf diese Weise Tacheles reden und gegebenenfalls einen Schlusspunkt hinter diesen Akquiseprozess setzen.

Fragenkatalog vorbereiten

Als letzte Vorbereitung auf den Akquiseanruf empfiehlt sich ein Fragenkatalog – nicht um diesen stur abzuarbeiten, sondern um das Gespräch souverän führen zu können. Erst durch gezielte Fragen erhalten Sie die Informationen, die Sie zur Beurteilung des Kunden benötigen. Vor allem aber hilft der Fragenkatalog, während des Telefonats das Heft in der Hand zu behalten und das Gespräch zu steuern – sowohl in Bezug auf den Inhalt wie auch in Bezug auf Form und Länge.

Bei der Aufstellung des Fragenkatalogs ist es nützlich, ganz bewusst offene und geschlossene Fragen zu verwenden. Offene Fragen beginnen mit den typischen »W-Frageworten« (wo, wie, was, warum). Da man auf diese Fragen nicht einfach mit Ja oder Nein antworten kann, ziehen sie eine ausführlichere Antwort nach sich und animieren dazu, etwas in eigenen Worten zu formulieren. Im Verkauf beginnen offene Fragen oft mit Formulierungen wie: »Sagen Sie mir bitte ...«, »Wie sehen Sie ...?« oder »Was halten Sie von ...?«. Zu Beginn eines Gesprächs sind solche Fragen gut geeignet, um dem Gesprächspartner die Chance zu geben, sich frei zu artikulieren und das Gespräch in eine Richtung zu lenken, die ihm wichtig ist. Geschlossene Fragen hingegen sind klare Entscheidungsfragen, das heißt, sie lassen nur die Möglichkeit zu, mit Ja oder Nein zu antworten. Im Verkaufsgespräch beginnen sie mit Formulierungen wie: »Ist es Ihnen recht, wenn ...?« oder »Darf ich ...?«. Diese Fragen eignen sich gut, um sprichwörtlich den Sack zuzumachen.

Um die wichtigsten Fragen zu identifizieren, stellen Sie sich am besten den möglichen Ablauf des Gesprächs vor. Angenommen, Sie bieten als Vertriebsberater ein Verkaufstraining an und telefonieren mit dem Geschäftsführer eines größeren Mittelständlers. Den inhaltlichen Teil des Akquisetelefonats könnten Sie dann mit einer offenen Frage beginnen: »Herr Müller, ich wüsste gern von Ihnen, wie Sie Ihren Seminareinkauf organisieren.« Sie lassen den Gesprächspartner erzählen und schreiben möglichst viel mit. Nun interessiert Sie, wie das Unternehmen seine Trainer sucht. Wieder eine offene Frage. Schließlich wollen Sie herausbekommen, wo für den Kunden der tatsächliche Nutzen liegt. Hierzu fragen Sie: »Herr Müller, was ist Ihnen bei einem Trainingsanbieter wichtig?« Gegen Ende des Gesprächs stellen Sie vermehrt geschlossene Fragen, um mit Ihrem Gesprächspartner klare Verabredungen zu treffen: »Herr Müller, ist es Ihnen recht, wenn ...« Nun soll er entscheiden, ob Sie ihm etwas zuschicken, ob und wann Sie wieder anrufen oder ihn besuchen sollen.

6.5 Die Sekretariatshürde nehmen – den Entscheider erreichen

Sekretärinnen und Assistenten, weiblich wie männlich, bekleiden häufig eine einflussreiche Position im Unternehmen. Machen Sie sich diese Menschen zum Freund! Die Erfahrung zeigt: Wenn Sie es nicht schaffen, die Sekretärin für sich zu gewinnen, werden Sie auch beim Geschäftsführer oder Entscheider kaum weiterkommen – wenn Sie ihn überhaupt erreichen.

Natürlich muss man differenzieren. Da gibt es auf der einen Seite die top-qualifizierte Sekretärin, die Perle des Unternehmens, die über alles Bescheid weiß und häufig großen Einfluss auf den Entscheider hat. Eine solche Sekretärin kann sofort einschätzen, ob für ein bestimmtes Angebot möglicherweise Bedarf besteht. Auf der anderen Seite gibt es auch die anderen, die wenig Ahnung haben, weil sie ganz neu oder nur auf Zeit in dieser Position sind.

In jedem Fall sitzt die Sekretärin am längeren Hebel, wenn Sie anrufen. Natürlich ist ihr klar, dass Sie Kaltakquise betreiben und es um einen Erstkontakt geht, von dem der Chef nichts weiß. Die Entscheidungskompetenz, wie es weitergeht, liegt in diesem Augenblick allein in ihren Händen – und es wäre für sie überhaupt kein Problem, das Anliegen nicht weiterzugeben. Das ist ja auch in Ordnung so: Aufgabe einer guten Assistenz ist es, ihrem Chef den Rücken freizuhalten. Als Akquisiteur bleibt Ihnen kaum etwas anderes übrig, als die Machtverhältnisse an dieser Stelle zu akzeptieren und sich damit zu arrangieren. Zu bedenken gilt auch, dass die Sekretärin stets ihren persönlichen Filter anlegt: »War mir dieser Anrufer sympathisch, hat er sich angenehm vorgestellt?« Jenseits des inhaltlichen Anliegens bildet sie sich ihre Meinung und wird die Angelegenheit dementsprechend an ihren Chef weitergeben. Ein unsensibler Umgang mit der Sekretärin des Entscheiders kann dazu führen, dass Sie in diesem Unternehmen keine Chance mehr haben.

Doch wie nehmen Sie nun am besten die Hürde Sekretariat?

Die Sekretärin gewinnen

Manche Fälle laufen so oder so ähnlich ab: Der Anrufer, der es gewohnt ist, mit den Chefs zu sprechen, lässt sich die beharrlichen Nachfragen der Sekretärin nicht gefallen. Er fängt an, sie unter Druck zu setzen, bis hin zu einer Drohung: »Wenn Sie mich jetzt nicht zu Ihrem Chef durchstellen, rufe ich ihn gleich über Handy an und Sie haben morgen Ihre Kündigung auf dem Tisch.« Zugegeben ein krasses Beispiel – doch solches Verhalten kommt vor und führt auch tatsächlich dazu, dass die Sekretärin an den Chef durchstellt. Die Gefahr ist jedoch groß, dass gerade in der Beraterbranche diese Methode das eigentliche Ziel der Akquise gefährdet: Wer wie ein Berater hochwertige Dienstleistungen verkauft, ist auf ein Vertrauensverhältnis zum Kunden angewiesen. Mit Drohungen und Tricks lässt sich jedoch kein Vertrauen aufbauen.

Versuchen Sie es stattdessen mit Charme und Witz, gewinnen Sie die Sekretärin für sich und ihr Anliegen. Wenn sie sagt: »Sie sind schon der dritte, der heute anruft …«, dann können Sie auch einmal herzhaft lachen und entgegnen: »Ja, ja, das ist schlimm, immer diese Telefonverkäufer.« Erklären Sie Ihr Anliegen – und bitten Sie dann um Hilfe. Eine Bitte auszusprechen erweist sich immer wieder als starkes Werkzeug, denn wer ist nicht gern hilfsbereit? Formulieren Sie Ihre Bitte daher ganz konkret: »Jetzt brauche ich bitte einmal Ihre Hilfe. Wer ist denn in Ihrem Unternehmen für das Qualitätsmanagement in der Produktion zuständig? Und kann ich ihn oder sie vielleicht sogar heute sprechen?« Bleiben Sie wertschätzend. Erkennen Sie ausdrücklich an, wenn die Sekretärin Ihnen weitergeholfen hat. So gewinnen Sie eine Unterstützerin, die Ihnen auch in Zukunft Auskunft gibt und Sie im richtigen Augenblick an den Tisch des Entscheiders bringt.

Zum Handwerk gehört es, auf die Stimmung am anderen Ende der Leitung zu achten. Klingt die Stimme sehr gestresst oder eher entspannt? Was passiert in diesem Sekretariat gerade? Versuchen Sie, die Situation wahrzunehmen und darauf zu reagieren. Zum Beispiel ist es Freitagnachmittag, kurz vor 16 Uhr. Die Sekretärin nimmt das Telefon und ist hörbar gut gelaunt. Lassen Sie sich anstecken, sagen Sie ihr, dass Sie sich freuen, dass in diesem Unternehmen um diese Zeit überhaupt noch jemand ans Telefon geht und dann auch noch eine so gute Stimmung herrscht. Solcher Smalltalk, verbunden mit einem kleinen Lacher, dauert keine 30 Sekunden, schafft aber sofort eine angenehme Gesprächsatmosphäre. Anschließend erklären Sie Ihr fachliches Anliegen – und in aller Regel ist Ihnen die Sekretärin dann sehr zugewandt.

Wie Sie im Einzelfall vorgehen, hängt vor allem davon ab, ob Sie es mit besagter Perle des Unternehmens zu tun haben oder mit einer noch unerfahrenen Assistenzkraft. Deshalb ist es wichtig, zunächst die Kompetenz der Gesprächspartnerin herauszufinden – etwa indem Sie bestimmte Fachausdrücke einflechten. Wenn Sie als Berater auf Managementsysteme spezialisiert sind, können Sie auch ganz direkt fragen, ob es im Unternehmen ein Qualitätsmanagement gibt. Stockt die Gesprächspartnerin oder räumt sie ein, dass sie mit dem Begriff nichts verbindet, kommen Sie bei ihr inhaltlich nicht weiter und benötigen definitiv einen anderen Ansprechpartner. Mit etwas Glück stellt die Dame Sie dann gleich an den Entscheider durch. Andernfalls fragen Sie nach einem anderen geeigneten Ansprechpartner. Im Idealfall haben Sie bereits einige Namen vorrecherchiert und können fortfahren: »Dann müsste ich doch mit Herrn Maier, dem Produktionsleiter sprechen. Wann ist der denn zu erreichen?«

Völlig anders verläuft das Gespräch, wenn die Sekretärin fit ist und mit dem Thema etwas anfangen kann. In diesem Fall bewegt sich das Gespräch schnell auf einer fachlichen Ebene und Sie können sogleich klären, wer für das Qualitätsmanagement verantwortlich ist und wer gegebenenfalls über eine anstehende Zertifizierung in der Produktion entscheidet. Im Grunde führen Sie mit der Sekretärin schon ein ganz ähnliches Gespräch, wie Sie es mit dem Entscheider selbst tun würden – zumal Sie ja davon ausgehen können, dass beide miteinander reden.

Auf dem Weg zum Entscheider

Versteifen Sie sich nicht darauf, den Entscheider gleich ans Telefon zu bekommen. Wenn das nicht auf Anhieb klappt, ist das nicht weiter schlimm. Die Sekretärin, ebenso wie andere Mitarbeiter, die im Umfeld des Entscheiders arbeiten, können zu Ihrem Anliegen bereits Informationen beisteuern – meist nur punktuell, manchmal auch umfassend. So können Sie bereits vieles vorab klären, was Ihnen wiederum hilft, das Unternehmen, den Entscheider und Ihre Chancen besser einzuschätzen.

Der auf Managementsysteme spezialisierte Berater kann zum Beispiel vom Produktionsleiter erfahren, wie sich das Unternehmen auf eine neue Qualitätsnorm in der Produktion vorbereitet und welcher Beratungsbedarf in diesem Zusammenhang eventuell besteht. Für einen Personalberater kann es sehr nützlich sein, zunächst mit einem Mitarbeiter aus der Personalabteilung zu telefonieren.

Ebenso kann auch die Sekretärin selbst ein wichtiger Ansprechpartner sein. Erweist sie sich im Telefongespräch als kompetent, bietet sich folgende Strategie an: Anstatt das Sekretariat als Hürde zu sehen, die es zu überwinden gilt, und darauf zu drängen, dass Ihre Unterlagen an den Chef weitergeleitet werden, suchen Sie die Zusammenarbeit. Sie binden die Sekretärin inhaltlich mit ein, agieren gemeinsam mit ihr – und bauen im Idealfall mit ihr zusammen die Brücke zum Entscheider. Klären Sie in diesem Fall zunächst gemeinsam mit der Sekretärin, ob das Angebot für das Unternehmen interessant sein könnte. Wenn ja, können Sie in etwa so verbleiben: »Ich schicke Ihnen das Material zu und wüsste dann gerne von Ihnen, ob das in dieser

Form für Ihren Chef interessant ist. Vielleicht können wir beide dann noch einmal miteinander telefonieren?« Entwickelt sich die Beziehung konstruktiv weiter, nehmen Sie die Sekretärin auch in die Kontaktdatenbank Ihres Unternehmens auf, um sie künftig als Mittlerin fest ins Dialogmarketing einzubeziehen (mehr dazu in Kapitel 7).

Letztlich ist jedoch ein Gespräch mit dem Entscheider unumgänglich – denn nur er verfügt über das Budget und hat die Befugnis, Sie zu beauftragen. In manchen Unternehmen erreichen Sie ihn relativ schnell, in anderen kann es sehr lange dauern. Manchmal erklärt die Assistentin, ihr Chef sei zu »80 Prozent außer Haus«, Sie sollten es daher »weiter probieren«. Dann bleiben Sie beharrlich, das gehört mit zum Handwerk. Vielleicht beißen Sie sich am Inhaber eines konservativ geführten mittelständischen Familienbetriebs auch die Zähne aus, weil sich das Unternehmen gegenüber Beratern grundsätzlich abschottet. Wenn es gut läuft, bittet Sie die Assistentin des Geschäftsführers, »etwas Schriftliches« zu schicken. Da bleibt nur die Hoffnung, dass Ihre Unterlagen überzeugen und die Sekretärin diese an ihren Chef mit den Worten weiterleitet, dass »der am Telefon ganz vernünftig redet«. Wieder wird deutlich: Die Sekretärin als Verbündete zu gewinnen kann Gold wert sein.

6.6 Das Akquisetelefonat – die Brücke schlagen

Sie haben Sie es geschafft, der Entscheider ist am Telefon. Nun zahlt sich Ihre gute Vorbereitung aus: Sie haben eine knappe, sympathische Begrüßungsformel entwickelt, die Ihnen nun flüssig über die Lippen kommt. Gute Telefonate sind immer direkt, daher kommen Sie schnell zum Punkt. Sie schlagen die Brücke, die Sie sich überlegt haben. Auf die Frage, worum es geht, haben Sie eine schlüssige Antwort parat.

Interessiert sich Ihr Gegenüber jetzt für das Angebot und fängt an, hierzu Fragen zu stellen, haben Sie schon fast gewonnen. Lassen Sie sich nicht beirren, wenn ihr Gesprächspartner im weiteren Verlauf Einwände gegen Ihr Produkt vorbringt. Das ist ein gutes Zeichen, denn es zeigt, dass er sich konkret mit Ihrem Angebot befasst und über die Möglichkeiten eines Einsatzes in seinem Unternehmen nachdenkt. Aus diesen Einwänden können Sie schließen, was den Entscheider tatsächlich bewegt und für ihn wirklich von Nutzen sein kann – eine sehr wertvolle Information.

Ein Beispiel: Wenn Sie ein Change-Management-Projekt vorschlagen und sich darüber mit dem Entscheider austauschen, sagt er relativ spät im Gespräch möglicherweise: »Ja, das wäre gar nicht so verkehrt. Bloß bei uns hat niemand die Zeit, Sie als Berater einzuarbeiten und sich mit Ihnen so weit zu befassen, dass Sie Ihre Arbeit machen können.« Missverstehen Sie diesen Einwand nicht als einen Versuch des Gesprächspartners, Sie loszuwerden. Deutlich wird vielmehr, dass der Kunde sich mit Ihrem Vorschlag offensichtlich beschäftigt und jetzt anfängt zu überlegen, ob das Projekt umsetzbar ist. Er denkt über die Chancen und Begrenzungen nach – und teilt Ihnen diese Begrenzungen mit. Nun ist es an Ihnen, darauf zu reagieren. Etwa so: »Ja, das Problem kenne ich. Das ist bei anderen Kunden auch so. Deshalb habe ich mir dazu drei Möglichkeiten überlegt ...«

Merken Sie es? Das Gespräch bewegt sich längst auf Augenhöhe. Ihr Gesprächspartner sieht Sie in der Rolle des Beraters, mit dem er sich über ein Problem austauscht – von der Bittstellersituation eines Akquisiteurs keine Spur. Stattdessen werden die Argumente für und gegen das Change-Management-Projekt ausgetauscht und gemeinsam überlegt, ob und auf welche Weise das Projekt vielleicht doch machbar sein könnte.

Konkrete Vereinbarung

Vergessen Sie nicht, gegen Ende des Gesprächs das weitere Vorgehen festzulegen. Der mühsam geknüpfte Kontakt zum Entscheider soll ja nicht gleich wieder abreißen! Behalten Sie das Heft stets in der Hand – nicht nur während des Erstanrufs, sondern auch während des gesamten noch folgenden Akquiseprozesses. Meistens ist ja noch eine Reihe an Kontakten notwendig, bis es zum ersten persönlichen Treffen kommt.

Häufig besteht die Vereinbarung beim ersten Gespräch lediglich darin, eine schriftliche Information zu schicken. Dieses Vorgehen ist sinnvoll, doch hat es sich bewährt, gleich noch einen Schritt weiter zu gehen, etwa in dem Tenor: »Ich weiß, dass Sie zeitlich ziemlich unter Druck stehen. Aber Sie werden verstehen, wenn wir Ihnen dieses Konzept jetzt zuschicken, möchten wir gerne ein Feedback haben. Wir wollen ja wissen, ob wir zusammen ein Projekt machen können. Wir sollten dann kurz darüber sprechen, wie es weitergeht.« Diese Argumentation ist nachvollziehbar: Der Kunde bekommt die gewünschten Informationen – und Sie möchten im Gegenzug ein solides Feedback. In aller Regel akzeptiert der Entscheider eine solche Haltung.

Guter Vertrieb ist nicht nur eine Frage der Haltung, sondern auch von Disziplin und Handwerk. Achten Sie deshalb darauf, dass die schriftlichen Unterlagen nicht nach einem Standardschreiben aussehen, sondern wirklich zum Gesagten passen. Formulieren Sie den Brief oder die E-Mail so, dass sich der Leser positiv an das Gespräch erinnert fühlt. Wiederholen Sie schriftlich, was Sie mündlich besprochen und verabredet haben. Die beigefügten Unterlagen sollten das Besprochene zusammenfassen und können in einigen Aspekten auch mehr ins Detail gehen, als dies im Telefonat möglich war. Versenden Sie die versprochenen Unterlagen gleich nach dem Gespräch – und denken Sie daran, den angekündigten Anruf in Ihrer Terminplanung zu vermerken.

6.7 Vertriebsunterstützung – Kontinuität sichern

Erfolgreicher Vertrieb erfordert vor allem eines: Kontinuität. Auch wenn Ihr Unternehmen gut ausgelastet ist und genügend Aufträge vorhanden sind, dürfen die Vertriebsaktivitäten nicht abreißen. Nur so kann es gelingen, mithilfe des Vertriebs einen Interessentenstamm aufzubauen und dauerhaft vorzuhalten, der die Entwicklung des Unternehmens langfristig absichert.

Was heißt das konkret? Erfahrungsgemäß lassen sich in einer Stunde etwa fünf Anbahnungsgespräche führen, hinzu kommt die Vorbereitung. Bewährt hat es sich, jede Woche ein festes Zeitfenster für die Akquise zu reservieren, zum Beispiel einen halben Tag. Mit den Akquiseanrufen generieren Sie Wiedervorlagen, die zeitlich auseinanderdriften und sich deshalb relativ problemlos terminieren lassen. Doch nicht nur die Akquise verlangt Kontinuität, hinzu kommt die systematische Pflege der Kontakte mit den Instrumenten des Dialogmarketings – denn Vertrieb ist nur sinnvoll, wenn die mühsam gewonnenen Kontakte nicht erkalten.

Vor diesem Hintergrund stellt sich die Frage, welche Unterstützung Sie benötigen. Notwendig ist in jedem Fall eine Vertriebsassistenz, die an fällige Kontakttermine erinnert, die CRM-Datenbank pflegt und auch Aussendungen wie Newsletter oder Weihnachtskarten übernimmt. Im Falle eines mittleren Beratungsunternehmens läuft es meistens darauf hinaus, hierfür eigens einen Vertriebsassistenten einzustellen.

Wenn Sie als Geschäftsführer die Kaltakquise nicht selbst vornehmen können oder wollen, können Sie hierfür einen Akquisiteur einstellen oder einen freiberuflichen Akquisiteur engagieren. Ihm kommt eine Eisbrecherfunktion zu: Seine Aufgabe ist es, den Kunden neugierig zu machen und Interesse für das Angebot zu wecken. Sobald es dann ums Fachliche geht, treten Sie selbst auf den Plan und übernehmen die Kommunikation. Wichtig ist, diese Schnittstelle zwischen Ihnen und dem Akquisiteur sauber zu definieren. Was Sie dabei beachten müssen, erfahren Sie im folgenden Interview.

»Ein guter Vertrieb dokumentiert jeden Kundenkontakt«

Interview mit Angelika Eder, freie Vertriebsexpertin im Team
Giso Weyand

Vielen Beratern fällt die Rolle des Telefonverkäufers schwer. Woran liegt das aus Ihrer Erfahrung?

Dafür gibt es vor allem zwei Gründe: Ein Produkt anzubieten ist für viele Menschen gleichbedeutend mit »mich anbieten« – und daraus wird im Kopf ganz schnell »mich anbiedern«. Anders ausgedrückt: Man empfindet es als akustisches Klinkenputzen. Und der zweite Grund: Es fehlt eine Verabredung mit dem Gesprächspartner, den man anrufen möchte. In der Rolle des Verkäufers hat der Berater das Gefühl, unberechtigt in den Tagesablauf eines ihm unbekannten Menschen einzubrechen. Das verunsichert ihn, denn er weiß nicht, wie der andere reagiert.

Ist diese Angst vor der Reaktion des Angerufenen überhaupt berechtigt?

Nein. Wenn man das Telefonat ordentlich vorbereitet, bleibt das Gespräch in aller Regel sehr höflich. Wir bewegen uns ja im BtoB-Bereich, wo man im menschlichen Umgang miteinander eine Form der Business-Höflichkeit wahrt. Die Telefonate, die wirklich schlecht laufen, bei denen man sich menschlich angefasst fühlt, liegen im Promillebereich. Etwas anderes ist natürlich, wenn der Gesprächspartner ablehnend wirkt, weil er kein Interesse am Angebot hat. Das kommt natürlich vor und dagegen sollte man innerlich gewappnet sein. Denn: Der Gesprächspartner lehnt nicht Sie als Person ab, sondern lediglich Ihre Sache, also das Angebot.

Wann ist es sinnvoll, den Vertrieb an einen externen Vertriebsexperten zu delegieren?

Das kann sinnvoll sein, wenn man es zeitlich nicht schafft – wenn dieser halbe Tag, den man sich jede Woche für Akquise vorgenommen hat, einfach nicht aufzubringen ist. Oft sind es aber auch psychologische Gründe, etwa wenn das Lampenfieber vor dem Telefonat so groß ist, dass der Berater nach einer anderen Lösung sucht. Entweder er nutzt dann andere Wege der Kunden-Erstansprache wie zum Beispiel Mailings, Social-Media-Strategien oder Vorträge. Oder er engagiert eben einen Vertriebsexperten, der ihm die Akquiseanrufe abnimmt.

Angenommen, Sie übernehmen einen solchen Auftrag. Was erwarten Sie dann von Ihrem Auftraggeber, also dem Berater?

Er sollte seine Wunschkunden bereits ausgewählt haben, zumindest aber die Kundenmerkmale sehr klar herausarbeiten. Ich halte es für entscheidend, dass er sich mit seinen Kunden selbst beschäftigt hat, bevor er die Akquise abgibt. Wenn ich einen Kunden anrufe, möchte ich vom Berater vorher wissen, warum er genau diesen Kunden ansprechen möchte.

Aus diesen Informationen konstruieren Sie dann die Brücke, mit der Sie im Akquisetelefonat den Kunden erreichen wollen?
Richtig. Das Gedankenkonstrukt muss vom Berater kommen, das Umsetzen im Telefonat ist dann meine Aufgabe.

Normalerweise gibt es nach dem ersten Akquiseanruf noch keinen Termin mit dem Kunden ...
Nein, das ist äußerst unwahrscheinlich. Warum sollte er gerade jetzt einen Berater brauchen? Die Situation, in der man den möglichen Kunden antrifft, ist eigentlich immer gleich: kein Bedarf, kein Leidensdruck, kein Geschäft. Dass es gleich beim Erstkontakt oder auch bei einem der folgenden Kontakte zum Auftrag kommt, darf man nicht erwarten. Das ist und bleibt die seltene Perle.

Wie wichtig ist es, dass der Akquisiteur auch fachlich-inhaltlich einigermaßen fit ist?
Gerade im Beratungsgeschäft, bei dem wir es ja mit einer sehr hochwertigen Dienstleistung zu tun haben, kann man es sich kaum erlauben, jemanden anrufen zu lassen, der einfach nur einen Leitfaden abliest. Der Erfolg hängt davon ab, dass der Akquisiteur sowohl das Beratungsprodukt als auch den Kunden versteht. Dazu muss er sich mit dem Unternehmen befasst haben und braucht diese Brücke zum Kunden. Vielleicht sollte er sich auch einmal etwas Pfiffiges überlegen, bevor er den Kunden anruft. Wer als Berater im Erstkontakt zeigen will, dass er ein Premium-Anbieter ist, und möchte, dass aus diesem Erstkontakt eine dauerhafte Beziehung wird, benötigt einen auch fachlich versierten Akquisiteur. Es gibt bei einem Akquisegespräch häufig, wie ich es gerne nenne, einen »Moment der Wahrheit«, in dem der Akquisiteur Augenhöhe mit seinem Gegenüber beweisen muss. Versagt er in diesem entscheidenden Augenblick, bricht das Gespräch mit hoher Wahrscheinlichkeit ab – und der Kunde geht verloren.

Nun kann es sein, dass sich der Akquisiteur ein halbes Jahr abmüht, ohne dass ein Auftrag herauskommt ...
Ein halbes Jahr ist da keine Seltenheit. Um nicht zu sagen, das wäre sogar ziemlich optimistisch.

... und der Berater befürchtet nun, dass er einen Dienstleister bezahlt, ohne dass je etwas dabei herauskommt.

Diese Angst ist nicht einmal unbegründet. Es gibt keine Garantie, dass nach einem Akquiseanruf ein Termin zustande kommt. Natürlich gibt es statistische Mittelwerte, der Akquisiteur kann zum Beispiel sagen, dass im Durchschnitt jedes zwanzigste oder jedes fünfzigste Gespräch zu einem Termin führt.

Woran erkennt der Berater dann, dass sein Akquisiteur gut arbeitet?

In der Regel stellt sich schnell heraus, wie professionell der Akquisiteur an die Aufgabe herangeht. Der Auftraggeber führt mit ihm mindestens ein Vorgespräch, manchmal auch zwei oder drei. Da werde ich zum Beispiel oft gefragt: »Telefonieren Sie selber oder beauftragen Sie wiederum jemanden?« Das ist eine, wie ich finde, berechtigte Frage. Der Berater sollte denjenigen, der die Telefonate durchführt, persönlich kennen. Im weiteren Verlauf lässt sich die Qualität des Akquisiteurs auch an seiner Dokumentation beurteilen.

Was macht eine gute Dokumentation aus?

Der Berater muss die Kontakte nachvollziehen können. Ein guter Vertrieb dokumentiert jeden Kundenkontakt. Ich versuche immer auch, in einigen Sätzen die Gesprächsatmosphäre einzufangen und den Kunden als Menschen einzuschätzen: Wie tickt er? Ist er auf Zahlen, Daten, Fakten aus? Ist er eher ein schneller oder eher ein gemächlicher Typ? Zählt er eher zu den Bedenkenträgern? Dann protokolliere ich die Ergebnisse, möglichst nahe am O-Ton des Kunden: Was hat er gesagt? Wie ist die aktuelle Situation im Unternehmen? Dokumentiert sind also alle wichtigen Informationen, aus denen der Berater erkennen kann, ob er mit seinen Leistungen zum Zuge kommen kann – und wenn ja, wann.

Außerdem halten Sie in der Dokumentation die nächsten Schritte fest?

Natürlich. Da steht dann auch, was vereinbart wurde. Soll der Berater schriftliche Unterlagen schicken? Wenn ja, welche? Was braucht der Kunde noch, um über das Beratungsangebot entscheiden zu können? In welcher Form möchte er die Unterlagen erhalten? Dürfen wir den Kunden weiter kontaktieren? Dürfen wir ihn zu Veranstaltungen einladen? Was ist konkret für die nächste Wiedervorlage vereinbart? Es gibt viele Punkte, die besprochen sein wollen!

Dahinter steht die Idee, dass der Berater sich ein zuverlässiges Bild von seinem potenziellen Kunden machen kann.

Ja, das ist entscheidender Punkt. Irgendwann, meistens vor dem persönlichen Termin, erfolgt ja wieder eine Stabübergabe vom Dienstleister zurück an den Berater. Dann muss der Berater in der Lage sein, sich ein Bild darüber zu verschaffen, was im Vorwege geschehen ist. Idealerweise gibt die Dokumentation dem Berater das Gefühl, als hätte er selbst mit diesem Kunden schon ein paar Mal gesprochen. Er sollte wirklich informiert ins persönliche Gespräch gehen können – und auch schnell den Einstieg finden, etwa in dem Tenor: »Ja, da hat Frau Eder mit Ihnen gesprochen, die hat aufgeschrieben, dass Sie vor einem Jahr mitten in der Umstrukturierung waren. Und wir sitzen heute zusammen, weil …«

Zusammenfassung

99 Prozent der Berater geben nach wenigen Telefonaten auf – und verzichten darauf, einen Vertrieb aufzubauen. Warum? Weil der Erfolg ausbleibt. Da hat man sich dazu durchgerungen, einige Akquiseanrufe zu tätigen, doch kein einziger Termin mit einem potenziellen Kunden kommt zustande! Und so wird das Instrument »Vertrieb« als nutzlos abgehakt.

Genau das eröffnet eine große Chance: Gerade weil 99 Prozent der Beratungsunternehmen auf einen systematisch und langfristig angelegten Vertrieb verzichten, birgt das Instrument ein hohes Potenzial. Es ist hervorragend dazu geeignet, sich von der Konkurrenz abzuheben. Sicher: Vertrieb taugt in der Beratungsbranche nicht für schnelle Erfolge. Umso mehr ist er aber dafür geeignet, die langfristige Entwicklung des Unternehmens abzusichern – sofern die gewonnenen Kontakte dann auch systematisch und dauerhaft gepflegt werden.

Ziel des Vertriebs ist es, Kontakte zu potenziellen Wunschkunden aufzubauen. Es geht darum, zusätzliche Eisen ins Feuer zu bekommen. Das erfordert eine kontinuierliche Akquise, auch in Zeiten guter Auftragslage. Denn nur so entsteht ein steter Zufluss an neuen Kontakten, die später zu Aufträgen führen können.

Zugegeben: Vielen Beratern fällt die Rolle des Verkäufers schwer. Sie befürchten, durch einen Akquiseanruf in eine Bittstellersituation zu geraten, die so gar nicht zu ihrem Image als souveräner Berater passt. Wenn Sie diese Befürchtung teilen, bieten sich grundsätzlich zwei Strategien an: Entweder Sie bereiten den Anruf so gründlich vor, dass Sie mit dem Gesprächspartner gleich in einen Dialog auf Augenhöhe kommen und die Bittstellersituation von vornherein vermeiden. Oder Sie überlassen den Anruf einem Akquisiteur, dem dann die Eisbrecherfunktion zukommt: Seine Aufgabe ist es, den Kunden neugierig zu machen und Interesse für das Angebot zu wecken – um anschließend wieder Ihnen das Feld zu überlassen.

Kapitel 7

Dialoginstrumente

Kontakte nutzen

Erkaltete Kontakte

Guter Dinge kehrt der Geschäftsführer einer Einkaufsberatung von einem Kongress zurück. Er hat dort einen Vortrag zum Thema »Der Gewinn liegt im Einkauf« gehalten und damit viel Anklang gefunden. Nun legt er seiner Assistentin einen kleinen Stapel Visitenkarten auf den Tisch, genau 21 Stück, und bittet sie, diesen Leuten die neue Studie über die versteckten Einsparpotenziale im Einkauf zu schicken. Am Ende seines Vortrags hatte er den Zuhörern angeboten, ihnen gegen Visitenkarte die Studie zuzusenden.

Noch am selben Tag erledigt die Assistentin den Job, die 21 Studien gehen zur Post. Wie sie nun aber mit den dazugehörigen neuen Adressen verfahren soll, weiß sie nicht so recht. Darüber hat man eigentlich noch nie gesprochen. Wie immer gibt sie die Adressen im Standardprogramm »Kontakte« ein, auf das auch die anderen Mitarbeiter über das firmeneigene Netzwerk Zugriff haben. Immerhin: Die Kontakte sind so zumindest in einer für alle zugänglichen Datenbank erfasst.

Unterdessen kommt ein Seniorberater von einem neu gestarteten Kundenprojekt zurück. Er setzt sich an seinen PC und ergänzt im Kontakte-Programm die noch fehlenden E-Mail-Adressen und Telefonnummern der Projektbeteiligten. Hierzu hat er unter dem Projektnamen eine neue Gruppe angelegt. Den Kontakten des gerade abgeschlossenen Vorgängerprojekts schenkt er hingegen keine Beachtung mehr; sie verbleiben einfach in der Kontakte-Datenbank. Einzig an den Projektleiter muss er kurz zurückdenken: Fast drei Monate hat er mit ihm zusammengearbeitet und sich wirklich gut verstanden. »Sollte das Unternehmen irgendwann wieder einen Beratungsbedarf haben, würde dieser Mann sich für uns einsetzen«, denkt der Seniorberater. »Eigentlich sollte ich zu ihm Kontakt halten.« Doch daraus wird nichts. Schon bald steckt der Seniorberater so tief im nächsten Projekt, dass die Erinnerung verblasst. So kommt es, dass der Name dieses Projektleiters zwar in der Datenbank gespeichert ist, dort aber in Vergessenheit gerät.

Ähnlich wie die Assistentin und der Seniorberater verfahren auch die anderen Mitarbeiter mit den Kontakten. Jeder gibt neue Kontakte ein, doch keiner hat den Überblick. Man ahnt, dass dieser Zustand nicht ideal ist. Weil aber die Geschäfte gut laufen, besteht kein Anlass, sich weiter darum zu kümmern. Nur an Weihnachten bricht dann kurzzeitig große Hektik aus. Vier Wochen vor dem Fest schustert man mehr oder weniger aus dem Stegreif eine Adressliste zusammen. Die Zeit reicht dann gerade noch, um eine Standard-Weihnachtskarte drucken zu lassen. Geschafft!

So geht es einige Jahre, bis unerwartet zwei große Kunden abspringen. Erstmals dämmert dem Geschäftsführer, wie gefährlich der nachlässige Umgang mit den Kontakten ist. Um die Umsatzziele zu erreichen, muss das Unternehmen relativ schnell neue Kunden gewinnen. Gemeinsam gehen die Berater die Namen in der Kontakte-Datenbank durch – und stellen ernüchtert fest: Die meisten Kontakte sind uninteressant, bei vielen ist nicht einmal mehr klar, warum sie überhaupt in die Datenbank aufgenommen wurden. Was aber wirklich schmerzt, ist die Erkenntnis, dass die wenigen wirklich interessanten Personen schon seit Ewigkeiten nicht mehr kontaktiert wurden. Der Geschäftsführer stellt eine Liste von zehn Wunschkunden zusammen und ruft persönlich an.

Schnell bestätigt sich die böse Vorahnung: Der einst heiße Draht zu den Kunden ist inzwischen erkaltet und damit weitgehend wertlos geworden. Das Beratungsunternehmen sieht sich daher gezwungen, mit der Akquise quasi wieder bei null anzufangen.

Es ist geradezu paradox: Beratungsunternehmen investieren Zeit und Geld in Werbung, PR und Vertrieb. Die Kontakte, die daraus entstehen, lassen sie dann aber oftmals erkalten. Gute Adressen, so sagt man, zählen zum wichtigsten Kapital eines Unternehmens. Das stimmt – aber eben nur, wenn man dieses Kapital nicht brachliegen lässt. Ansonsten verliert es permanent an Wert.

Bei der Kontaktpflege gilt das gleiche Prinzip wie bei Werbung und PR: Es geht darum, sich im Bewusstsein der Adressaten einen Platz zu sichern.

Ziel ist es, wie beim Thema Markenbildung (siehe Kapitel 3) ausgeführt, auf die mentale Shortlist der Interessenten zu kommen. Bezogen auf die Kontakte heißt das, sich bei jedem Adressaten auf eine effektive, jedoch unaufdringliche und sympathische Weise immer wieder in Erinnerung zu bringen.

»Pflege deine Kontakte und melde dich regelmäßig!« So lässt sich deshalb die Botschaft dieses Kapitels auf den Punkt bringen. Das klingt banal und wahrscheinlich haben Sie es schon tausend Mal gehört. Weniger banal ist der Grund, warum wir dennoch ausführlich darauf eingehen: Kaum ein Beratungsunternehmen kümmert sich systematisch um seine Kontakte. Wer jedoch über 500, 1000 oder 1500 Datensätze verfügt, diese dann aber nicht pflegt, versäumt seine unternehmerische Hausaufgabe. Er lässt ein Potenzial brachliegen, das oft in Jahren über Networking oder gute Projekte entstanden ist.

Kontakte pflegen – das ist keine Kür, sondern Pflichtprogramm. Darauf zu verzichten zählt zu den häufigsten und zugleich größten Fehlern von Beratungsunternehmen. Ganz bewusst befassen wir uns deshalb im Folgenden mit den einfachen Hausaufgaben, wie etwa einer Kategorisierung in A-, B- und C-Kontakte oder dem Versenden einer Weihnachtskarte. Das sind Dinge, die tatsächlich sehr einfach klingen. Nur: Sie werden nicht systematisch getan.

Für die Kontaktpflege stehen verschiedene Dialoginstrumente zur Verfügung. Der erste Schritt liegt darin, die Kontakte zu systematisieren (Abschnitt 7.1), um sie dann im zweiten Schritt mit den geeigneten Instrumenten zu pflegen (Abschnitt 7.2 bis 7.4).

7.1 Kontakte systematisieren

Um Kontakte zu systematisieren, hat sich eine einfache A-, B- und C-Kategorisierung bewährt – wobei A, B und C für »heiße«, »warme« und »noch kalte« Kontakte steht. Jeder Kontakt wird in eine dieser drei Kategorien eingeordnet. Tabelle 3 zeigt die Systematik beispielhaft im Überblick.

Für das Management der Kontakte empfiehlt sich die Installation einer Software für Customer-Relationship-Management (CRM), auf die alle Beteiligten Zugriff haben – auch von unterwegs. Allzu häufig arbeiten Beratungsunternehmen aber mit mehr oder weniger unübersichtlichen Excel-Tabellen oder ähnlichen, letztlich unzulänglichen Lösungen. Im Zweifelsfall ist es dann besser, mit einem einfachen CRM-System anzufangen, das ohne grö-

Tabelle 3

Kate-gorie	Kontakte	Instrumente	Verantwortlich
A	Potenzielle Topkunden Aktuelle Kunden (Entscheider) Ehemalige Kunden (Entscheider) Potenzielle Topmitarbeiter Topjournalisten Topmultiplikatoren ...	Persönliche Ansprache (Karten, Briefe, Anrufe etc.)	Geschäftsleitung (mithilfe Vertriebs-assistenz)
B	Potenzielle Kunden Aktuelle Kunden Ehemalige Kunden Potenzielle Mitarbeiter Journalisten Multiplikatoren ...	Persönliche Ansprache (Karten, Briefe, Anrufe etc.) Dialog-Mail	Jeweiliger Senior-Consultant Vertriebsassistenz ggf. Vertrieb
C	Kontakte, die vielleicht interessant werden könnten	Standardisierte Ansprache: Dialog-Mail Newsletter Beraterbrief	Vertriebsassistenz

ßeren Aufwand eingerichtet werden kann. Es erfüllt seinen Zweck und lässt sich später immer noch erweitern.

Bei einem Vorgehen nach Lehrbuch käme es nun darauf an, für die Einordnung der Kontakte klare Kriterien zu definieren – also zum Beispiel für Kunden ein bestimmtes Umsatzpotenzial vorzugeben, um sie danach in A, B oder C einzuordnen. In der Praxis hat sich dies jedoch selten bewährt. Häufig lässt sich nur schwer beurteilen, ob ein Interessent etwa ein Umsatzpotenzial von 250 000 oder nur 200 000 Euro hat und dementsprechend ein A- oder B-Kandidat ist – Ähnliches gilt für andere Kriterien. Die Empfehlung lautet daher, auf starre Kriterien zu verzichten und stattdessen eine eher intuitive Vorgehensweise zu wählen: Beschreiben Sie die drei Kategorien nur grob – und überlassen Sie es dann Ihrem Gefühl oder dem Gefühl des jeweiligen Entscheiders, ob ein neuer Kontakt in A, B oder C eingeordnet wird. Wie die Erfahrung zeigt, sind diese intuitiven Entscheidungen ziemlich treffsicher.

Dabei gilt die Regel: Im Zweifel eine Stufe höher. Angenommen Sie sind Organisationsberater, beraten überwiegend große Mittelständler und lernen auf einer Messe den Geschäftsführer eines interessanten Unternehmens kennen. Welcher Kategorie ordnen Sie ihn zu? Viele Berater neigen dazu, eine eher vorsichtige Einschätzung vorzunehmen, etwa in der Art: »Na ja, den habe ich gerade erst kennengelernt. Vielleicht könnte aus ihm einmal ein A-Kontakt werden. Aber jetzt behandle ich ihn erst einmal als B- oder C-Kontakt und warte ab, was daraus wird.« Übersehen wird hier, dass dieser Geschäftsführer womöglich bereits ein A-Kontakt ist – man weiß es nur noch nicht. Stattdessen läuft er nun unter B oder C, sodass sein Potenzial nicht erkannt und daher ungenutzt bleibt.

Sinnvoll ist deshalb der umgekehrte Weg: Nehmen Sie Kandidaten, die potenziell zum A-Kontakt taugen, grundsätzlich erst einmal in die A-Kategorie auf – und disqualifizieren Sie ihn gegebenenfalls später. Sicher, eine A-Einstufung ist eine fürstliche Behandlung für jemanden, den Sie gerade erst kennengelernt haben. Nehmen Sie den Kontakt deshalb sofort auf Wiedervorlage und ziehen Sie nach 12 oder 18 Monaten Bilanz: Wie hat er sich entwickelt? Welche Rückmeldungen gab es? Haben Sie mit dem Interessenten telefoniert, ihn womöglich persönlich getroffen? Nun lässt sich auf solider Grundlage entscheiden, ob Sie den Kandidaten in Kategorie A belassen oder zurückstufen.

Organisatorisch lässt sich die systematische Kontaktpflege mit vier einfachen Regeln absichern: Jeder Kontakt

- wird umgehend in das CRM-System eingegeben,
- wird in eine der drei Kategorien A, B oder C eingeordnet,
- erhält einen Verantwortlichen,
- wird drei bis vier Mal pro Jahr kontaktiert.

Bewährt hat es sich, einen Mitarbeiter als Vertriebsassistenten zu verpflichten, der darauf achtet, dass diese Regeln eingehalten werden. Zu seinen Aufgaben zählt es, den Geschäftsführer und die Senior-Consultants daran zu erinnern, wenn sie ihre Kontakte nicht wie geplant pflegen. Außerdem kann er Aktionen für die Kontaktansprache vorbereiten und die Pflege der C-Kontakte selbst übernehmen.

Entscheidend für den Erfolg ist die Disziplin, alle Kontakte wirklich drei bis vier Mal im Jahr zu bedienen. Wie die Erfahrung zeigt, ersetzt hier Regelmäßigkeit bis zu einem gewissen Punkt die Stärke der Kommunikation. Wenn etwa die Wahl besteht zwischen einer aufsehenerregenden Großaktion, die einmal im Jahr stattfindet, und einer regelmäßigen Ansprache mit bescheidenen Themen, ist der zweite Weg eindeutig die bessere Strategie. Wie gesagt: Berater haben ein mäßig interessantes Thema, das sie einem mäßig interessierten Publikum nahebringen wollen. Mit Beharrlichkeit, mit regelmäßigen kleinen, sympathischen Aktionen gelingt das weit eher als mit einem großen Knaller einmal im Jahr.

Wichtig ist, dass der Vertrieb nahtlos an das Kontaktsystem andockt – und zwar auch dann, wenn Sie einen externen Vertriebsmitarbeiter mit der Akquise beauftragen. Die Kontakte, die er generiert, gehen wie alle anderen Kontakte in das CRM-System ein. Doch ist es sinnvoll, dass der Akquisiteur dann für die von ihm generierten Kontakte so lange verantwortlich bleibt, bis die Stabübergabe zurück an das Unternehmen erfolgt ist. Macht er also zum Beispiel bei einem Akquiseanruf einen A-Kontakt, führt er diesen so lange weiter, bis ein erster Termin mit dem neuen Kunden zustande gekommen ist. Erst dann übernimmt der Geschäftsführer selbst die Pflege dieses Kontakts.

7.2 Management der A-Kontakte

A-Kontakte sind Geschäftsleitungskontakte, meist von Entscheider zu Entscheider. In der Regel sind es 50 bis 100 Kontakte, um die sich der Chef selbst kümmert. Organisatorisch kann ihm zwar der Vertriebsassistent zur Seite stehen, die Ansprache bleibt jedoch seine Aufgabe.

In die Kategorie der A-Kontakte fallen zunächst die Wunschkunden, die ein besonders hohes Potenzial haben und um die sich das Beratungsunternehmen deshalb besonders bemüht. Zu den A-Kontakten zählen darüber hinaus aktuelle und ehemalige Kunden, aber auch potenzielle Topmitarbeiter, die man gerne für das Unternehmen gewinnen würde. Chefsache sind außerdem Kontakte zu besonders einflussreichen Multiplikatoren. Gemeint sind damit Persönlichkeiten, die maßgeblich die öffentliche Meinung über das Unternehmen beeinflussen können. Hierzu gehören zum Beispiel Geschäftsführer von Verbänden, deren Wort in der Branche Gewicht hat. Auch die Chefredakteure der Leitmedien, führende Journalisten und prominente Kunden können A-Multiplikatoren sein.

Nun stellt sich die Frage, wie Sie als Geschäftsführer diese Kontakte pflegen. Welche Dialoginstrumente haben sich auf dem A-Level bewährt?

Persönliche Aufmerksamkeiten

An erster Stelle stehen persönliche Aufmerksamkeiten, angefangen bei der Karte zu Weihnachten. Persönlich bedeutet: keine gedruckte Karte, auf die Sie noch handschriftlich »Lieber Herr …« schreiben, sondern eine von Ihnen handgeschriebene Weihnachtskarte.

Alle Jahre wieder ist die Weihnachtskarte ein heißes Thema. Angesichts der zahllosen Karten, die von überall her eintreffen, wird häufig am Sinn der Aktion gezweifelt: »Müssen wir da wirklich selbst auch noch Weihnachtskarten machen?« Tatsächlich lässt sich jedoch beobachten, dass die Kundschaft zwar ebenfalls gerne lästert, ihr aber sehr wohl auffällt, wer keine Karte schickt. Eine Weihnachtskarte muss also sein – nicht nur mit Blick auf die A-Kontakte, sondern generell für die Kontaktpflege. Sie ist, wenn man so will, ein Hygienefaktor. Wer auf sie verzichtet, sammelt Minuspunkte.

Doch warum nicht aus der Not eine Tugend machen, sich also etwas Besonderes einfallen lassen, um sogar Pluspunkte zu erzielen? Viele Beratungsunternehmen machen zum Beispiel zu Weihnachten eine Spende – und nehmen die Karte zum Anlass, um darüber zu berichten. Diese Idee lässt sich weiterspinnen: Wie wäre es, einem benachbarten Kinderdorf oder dem örtlichen Kindergarten einen Betrag zu spenden, und die Kinder malen im Gegenzug ein Bild für die Weihnachtskarte? Auf diese Weise bekommen Sie eine ganz besondere Karte, mit der Sie sich von der Konkurrenz abheben. Oder Sie beauftragen jedes Jahr einen Künstler, der exklusiv für Sie eine Weihnachtskarte gestaltet. Mit einer überschaubaren Investition schaffen Sie

Abbildung 7.1 und 7.2:
Eigene Edition: Weihnachtskarten des Teams Giso Weyand

eine exklusive Edition, mit der Sie auffallen. Mit solchen einfachen Ideen lässt sich aus der lästigen Pflicht der Weihnachtskarte etwas Interessantes machen, das gerade auch mit Blick auf die A-Kontakte einen hohen Bindungseffekt verspricht. Das belegt auch die Resonanz auf die Weihnachtskarten des Teams Giso Weyand (siehe Abbildung 7.1 und 7.2).

Spannender noch als die Weihnachtkarte sind einige persönliche Zeilen zum Geburtstag oder sogar zum Hochzeitstag. Das machen nur wenige, sodass Sie damit Ihre Kunden wirklich überraschen können. Wer bekommt schon von seinem Berater eine Geburtstagskarte? Auch hier können Sie den Effekt noch steigern, indem Sie die Karte exklusiv für Ihr Unternehmen gestalten lassen (siehe Abbildung 7.3 und 7.4).

Abbildung 7.3 und 7.4:
Eigene Edition: Geburtstagskarten des Teams Giso Weyand

Auch bei spontanen Anlässen können Sie einem A-Kontakt eine E-Mail oder eine Karte schicken. Da lesen Sie zum Beispiel einen Zeitungsartikel, der einen Ihrer A-Kunden interessieren dürfte. Warum ihm nicht eine Kopie oder ein PDF mit ein paar persönlichen Worten zusenden? Oder Sie entdecken in einer Buchhandlung ein Buch, bei dem Sie an einen bestimmten Kunden denken. Warum es nicht zusammen mit einer Briefkarte an ihn schicken? Oder Sie erfahren, dass Ihr Kunde einen Ferrari erhalten hat, auf den er sich sein

Leben lang gefreut hat. Senden Sie ihm eine Gratulationskarte zum neuen Auto mit einer Flasche Champagner. Solche Aufmerksamkeiten haben eine enorme Wirkung.

Sorgen Sie dafür, dass Daten wie Geburtstage oder Hochzeitstage ebenso wie Ideen für persönliche Aufmerksamkeiten in die CRM-Datenbank eingegeben werden. Der Vertriebsassistent kann Sie erinnern, welche A-Kontakte in der folgenden Woche »fällig« sind. Er nennt Ihnen die Namen – und Sie entscheiden von Fall zu Fall, wie Sie die Person ansprechen wollen.

Gezielte Ideen

Manchmal schießt einem eine Idee durch den Kopf. So erging es einem Organisationsberater, der sich seit einigen Monaten fragte, warum bei verschiedenen Restrukturierungsprojekten der erhoffte Erfolg ausgeblieben war. Wie eine Analyse dann nahelegte, lag es wohl daran, dass den neu gebildeten Teams aktuelle Controllinginformationen fehlten. Das klassische Controlling mit seinen monatlichen Berichten konnte die zeitnahen, für das tägliche Geschäft notwendigen Informationen nicht liefern. »Wir brauchen ein Instrument, das diese Daten zeitnah aus dem ERP-System herauszieht und speziell für die Teams aufbereitet«, überlegte der Organisationsberater. Das brachte ihn auf den Gedanken, ein spezielles Teamcontrolling aufzubauen.

Er fand seine Idee sinnvoll. Wäre das nicht für einige seiner Kunden auch eine einfache Möglichkeit, die Teamergebnisse zu verbessern? Spontan fielen ihm drei A-Kunden ein, die ein solches Teamcontrolling spannend finden könnten. Der Berater zögerte nicht lange, rief an – einfach um die spontane Meinung der Kunden zu hören: »Ich habe da eine Idee …«

Ein solcher Anruf ist eine hervorragende Möglichkeit, die A-Kontakte zu pflegen. Rufen Sie einfach bei der einen oder anderen A-Person an und schildern Sie die Idee – nicht mit dem Ziel, einen Auftrag zu bekommen, sondern einfach nur, um deren Meinung einzuholen. In aller Regel reagiert der Angerufene positiv überrascht. Es gefällt ihm, bei einer interessanten Idee nach seiner Ansicht gefragt zu werden, während Sie ein erstes Feedback bekommen. Vor allem aber: Den Anruf vom Chef eines Beratungsunternehmens, der sich über eine Idee austauschen möchte, vergisst man nicht so schnell. Und genau darum geht es ja beim Thema Kontakte.

Feierabendanrufe

Der Tag ist erfolgreich gelaufen, Sie befinden sich auf der Heimfahrt. Gedanklich sind Sie schon im Feierabend angelangt, das Geschäftliche liegt hinter Ihnen. Nun ist der richtige Moment, um noch den einen oder anderen »Feierabendanruf« zu tätigen.

Worum geht es dabei? Sie rufen zwei oder drei A-Personen an, mit denen Sie sich persönlich recht gut verbunden fühlen. Sagen Sie einfach: »Ich bin auf dem Weg nach Hause und wollte einmal hören, wie es Ihnen geht und wie es so läuft …« Stellen Sie ruhig einen persönlichen Bezug her. Zum Beispiel können Sie erzählen, was Sie an dem Abend noch vorhaben – dass Sie ein Straßenfest mitorganisieren, mit den Kindern noch ins Freibad gehen oder mit Ihrem Sohn Kastanienmännchen basteln. Hinter dem Feierabendanruf steht die Idee, dass der Aufbau einer persönlichen Beziehung eine besonders effektive Möglichkeit ist, um im Kopf eines Interessenten oder Kunden in Erinnerung zu bleiben. Dieser Weg ist auch deshalb so wirkungsvoll, weil ihn kaum jemand nutzt. Die meisten Beratungsunternehmen sind der Meinung, man dürfe sich nur melden, wenn Inhaltliches zu besprechen ist.

Entscheidend ist, dass Sie den Tag vorher abgeschlossen haben und wirklich schon im Feierabend-Modus sind. Dann ist auch klar, dass Sie ohne Hintergedanken anrufen – ohne etwas verkaufen zu wollen. Es geht wirklich darum, zu hören, wie es dem anderen geht. Ist das ehrlich gemeint, kann der Feierabendanruf ein ausgezeichnetes Dialoginstrument sein, um eine Beziehung aufzubauen und zu pflegen. Sicher: Dieses Instrument verlangt Fingerspitzengefühl. Nicht jeder Kunde möchte privat angerufen werden. Infrage kommen hierfür vielleicht fünf bis zehn Prozent der A-Kontakte. Um festzustellen, welcher Kontakt für einen Feierabendanruf geeignet ist, hilft eine einfache Überlegung: Wie fänden Sie es, wenn dieser Kunde oder Interessent umgekehrt Sie selbst anrufen würde? Wäre das befremdlich oder würden Sie sich freuen? Ihr eigenes Gefühl ist hier ein guter Maßstab.

Ergebnisse aus PR, Werbung und Vertrieb

Nicht zuletzt schaffen die laufenden Aktivitäten in PR, Werbung und Vertrieb vielfältige Anlässe, die sich für die Kontaktpflege eignen. Ob ein Fachartikel, ein Buch, eine eigene Studie oder der Auftritt auf einer Messe: All das bietet ideale Möglichkeiten, um sich im Bewusstsein von A-Interessenten einen Platz zu erobern. Die Ergebnisse aus PR, Werbung und Vertrieb wirken aus zwei Gründen besonders gut: Zum einen haben sie einen inhaltlichen Bezug, helfen also, sich mit der inhaltlichen Positionierung auf der mentalen Shortlist des Interessenten zu verankern. Zum anderen sind sie statusorientiert. Wenn Sie einem Interessenten Ihr eigenes Buch oder ein Interview in der *Wirtschaftswoche* überreichen, spricht das einen auf Status bedachten Entscheider durchaus an.

Hier eine Auswahl der Möglichkeiten, um die Ergebnisse aus PR, Werbung und Vertrieb für den Dialog mit A-Kontakten zu nutzen:

- Wenn Sie einen Fachartikel veröffentlicht haben oder große Medien wie *Handelsblatt* oder *Wirtschaftswoche* Sie in einem Artikel zitieren, gehen Sie Ihre A-Liste durch und überlegen Sie, für wen die Veröffentlichung interessant sein könnte. Senden Sie diesen Kontakten, begleitet mit einigen persönlichen Worten, eine Kopie oder den Link zum Artikel.
- Wenn Sie ein Buch geschrieben habe, schicken Sie selbstverständlich allen A-Personen ein Exemplar zu – wiederum begleitet von ein paar persönlichen Zeilen.
- Ein Vortrag ist ein guter Anlass, um die in der Region ansässigen A-Personen einzuladen. Es kommt nicht so sehr darauf an, ob sie dann zum Vortrag kommen – die Einladung selbst ist schon der Kontakt. Vielleicht bietet das Thema des Vortrags auch die Möglichkeit, einen Ihrer Kunden beispielhaft zu erwähnen. Fragen Sie ihn, ob Sie das tun dürfen – etwa in dem Tenor: »Darf ich Ihren Fall in meinem Vortrag kurz schildern? Wenn Sie dann anwesend sind, wäre das doch eine spannende Sache!«
- Wenn Sie auf einer Messe auftreten, laden Sie hierzu persönlich die A-Kontakte ein. Ähnlich wie beim Vortrag zählt auch hier die Einladung an sich, weniger die Frage, ob die Angeschriebenen tatsächlich kommen.
- Eine aktuelle Studie Ihrer Unternehmensberatung schicken Sie ebenfalls an Ihre A-Kontakte, begleitet von einer persönlichen Notiz. Vielleicht lassen Sie speziell für die A-Kontakte auch eine schön gebundene Version der Studie fertigen.

Die Möglichkeiten gehen noch weiter: Nicht nur die Ergebnisse von PR und Werbung sind für die Kontaktpflege nutzbar, vielmehr lassen sich A-Kunden auch direkt in bestimmte PR- und Werbeaktivitäten einbeziehen. Wenn Sie zum Beispiel eine Expertenbefragung oder Studie machen: Ermuntern Sie doch eine Auswahl Ihrer A-Kunden, daran teilzunehmen. Wenn Sie ein neues Thema recherchieren: Rufen Sie dazu vier oder fünf der A-Kontake an, um sie nach ihrer Meinung zu fragen. Wenn Sie einen Artikel verfassen: Gewinnen Sie einen Ihrer A-Kontakte als Koautor oder zitieren Sie ihn in dem Artikel. Wenn Sie ein Buch schreiben: Bauen Sie Zitate oder sogar Interviews mit Experten aus Ihren A-Kontakten ein. Wenn Sie eine neue Webseite machen: Holen Sie sich zwei oder drei Meinungen aus dem Kreis Ihrer A-Kunden ein – nach dem Motto: »Ihre Meinung ist mir wichtig, wie finden Sie das denn?« Also: Versenden Sie nicht nur die Ergebnisse aus PR, Werbung und Vertrieb, sondern binden Sie Ihre A-Kunden aktiv mit ein.

Sie können noch einen Schritt weiter gehen und ausgewählte Kunden, die zueinander passen und nicht in Konkurrenz zueinander stehen, zu einem exklusiven Treffen einladen. Organisieren Sie hierzu zum Beispiel in einem netten Hotel ein Kamingespräch über ein aktuelles Thema. Da die meisten Entscheider wenig Gelegenheit zum Austausch mit Kollegen haben, wird ein solches Angebot gerne angenommen. Gleichzeitig verbuchen Sie als Initiator der Veranstaltung eine beachtliche Anzahl an Pluspunkten auf den mentalen Konten der geladenen Gäste.

Ziel ist es, wie gesagt, jede A-Person drei bis vier Mal im Jahr auf eine sympathische und persönliche Weise zu kontaktieren. Wie schon diese Beispiele zeigen, gibt es eine Fülle an Möglichkeiten, das jährliche »Dialogsoll« zu erfüllen.

7.3 Management der B-Kontakte

Um die Pflege der B-Kontakte kümmert sich in der Regel der jeweilige Seniorberater, bei dem der Kontakt angefallen ist. Zum Beispiel: Seniorberater Maier lernt bei einem Projekt den Controller und den Marketingleiter eines Unternehmens kennen. Beide sehen auf das Unternehmen weiteren Beratungsbedarf zukommen, doch noch ist unsicher, ob und wann daraus Projekte entstehen. Zurück vom Kunden, gibt Maier die beiden Kontakte in die CRM-Datenbank ein, ordnet ihnen Kategorie B zu und benennt sich selbst als Verantwortlichen. Wie Seniorberater Maier verfahren auch die anderen Berater des Unternehmens: Jeder ist für seine B-Kontakte verantwortlich. Ist ein B-Kontakt auf einem anderen Weg ins Haus gekommen, wird ein Mitarbeiter der Beratung als Verantwortlicher festgelegt.

Die B-Kontakte gehören weitgehend den gleichen Zielgruppen an wie die Kontakte der Kategorie A, nur dass sie eine Stufe weniger wichtig sind. Es handelt sich also um Kunden und mögliche Kunden, bei denen Sie das Gefühl haben, dass sie zwar interessant sind, aber eben doch nicht ganz so spannend wie die A-Kontakte. Zu den B-Kontakten zählen auch potenzielle Mitarbeiter, sofern sie nicht als mögliche Topkräfte angesehen werden und deshalb als A-Kontakt eingestuft sind. Das können zum Beispiel Absolventen sein, von denen man weiß, dass sie an einem Berufseinstieg in einer Beratung interessiert sind. In die Kategorie der B-Kontakte fallen auch Journalisten, die zwar wichtig sind, aber nicht für die Leitmedien der Branche oder die großen Medien tätig sind.

Besondere Rolle des Seniorberaters

Spezielle Aufmerksamkeit verdienen bei den B-Kontakten Mitarbeiter bei Kundenunternehmen, die sich bei Beratungsprojekten profiliert haben. Während der Geschäftsführer des Beratungsunternehmens den A-Kontakt auf Entscheiderebene pflegt, hält der Seniorberater Kontakt zu den Ebenen darunter – zum Beispiel zum ehemaligen Projektleiter, den er bei einem Beratungsprojekt kennen und schätzen gelernt hat. Dank dieser Kontakte erfährt er frühzeitig, wenn in einem Unternehmen neuer Beratungsbedarf entsteht. Auch wenn diese Mitarbeiter das Unternehmen wechseln, bleiben sie als B-Kontakt wertvoll, können sie doch das Beratungsunternehmen bei ihrem neuen Arbeitgeber ins Spiel bringen. Eine wichtige Aufgabe des Seniorberaters liegt deshalb darin, nach jedem Projekt genau zu überlegen, welche Teammitglieder er in die Liste der B-Kontakte aufnimmt.

Für die Pflege der B-Kontakte stehen die gleichen Instrumente wie für die A-Kontakte zur Verfügung: persönliche Aufmerksamkeiten wie die handgeschriebene Weihnachts- oder Geburtstagskarte, ein Anruf, um sich über eine Idee auszutauschen, der Feierabendanruf oder Maßnahmen, die sich aus Vertrieb, Werbung und PR ergeben. Der Unterschied zu den A-Kontakten ist allein der, dass nicht der Geschäftsführer, sondern ein Seniorberater oder ein anderer Mitarbeiter die Instrumente auswählt und die Maßnahmen ausführt. Wie er dabei vorgeht, entscheidet in der Regel allein er. Einzige Vorgabe auch hier: Jede Person muss drei bis vier Mal im Jahr kontaktiert werden.

Dialog-Mail für B-Kontakte

Anders als die exklusiven A-Kontakte können die B-Kontakte zusätzlich auch über Standardinstrumente wie etwa einen Newsletter oder Beratungsbrief gepflegt werden. Besonders geeignet ist hierfür die Dialog-Mail: Da sie die Kunden mit Namen anspricht und in einem sehr persönlichen Ton gehalten ist, lässt sie sich problemlos auf die Teilgruppe der B-Kontakte zuschneiden.

Die Dialog-Mail ist eine standardisierte E-Mail, die unter dem Namen der Geschäftsleitung abgeschickt wird. Charakteristisch sind drei Besonderheiten: Sie

- ist in einem persönlichen Ton verfasst,
- greift ein Thema auf, das Ihr Unternehmen gerade beschäftigt,

- stellt immer eine Frage, auf die der Empfänger, wenn er möchte, formlos antworten kann.

Auch wenn der Begriff »Dialog« einen Austausch erwarten lässt und die Dialog-Mail mit ihrer eingebauten Frage vordergründig den Dialog sucht: Entscheidend ist nicht der Rücklauf. Ziel der Dialog-Mail ist es einfach nur, sich beim Empfänger auf eine interessante Weise in Erinnerung zu rufen.

Die Dialog-Mail kann einstufig oder zweistufig angelegt sein. Bei dem folgenden Beispiel handelt es sich um die zweistufige Variante, verfasst vom Geschäftsführer einer Life-Science-Beratung. Die Mail wendet sich an Bereichsleiter und Vorstände in der Pharmabranche.

Von: »Dr. X«
Datum: 10. Januar 2013 17:33:26MEZ
An: <yy@yyyyyyyy.de>
Betreff: AMNOG und seine Folgen

Post von Dr. X: Pharma-Sozialismus und seine Folgen

Sehr geehrter Herr Y,
wo hat man das schon mal erlebt: Da schreibt der Gesetzgeber einer ganzen Branche Preise vor und legt obendrein fest, dass höhere Preise genehmigt werden müssen. Für mich klingt das nach Sozialismus vom Feinsten.
Mich interessiert Ihre Meinung: Welches sind die größten Herausforderungen für den Pharmavertrieb der nächsten 10 Jahre?
Wenn ich als Interim-Manager oder Berater in Pharmaunternehmen arbeite, werden drei Fragestellungen besonders häufig beschrieben:
- Wie steuere ich HEUTE meine Verkaufsmannschaft bezogen auf die nächsten 12 Monate zum Erfolg?
- Wie gehe ich HEUTE mit den Themenkreisen AMNOG, GKV/WSG und Key-Account-Management um?
- Wie organisiere ich im HEUTE meine Verkaufsmannschaft, auf dass ich im MORGEN – in 3 Jahren – noch handlungsfähig bin?
Sind das die Kernprobleme? Über einige Zeilen von Ihnen würde ich mich freuen – gerne auch völlig formlos per E-Mail: …
Grüße
Dr. X

Etwa fünf Monate später schob der Geschäftsführer des Beratungsunternehmens eine zweite Dialog-Mail an dieselben Adressaten nach:

Von: »Dr. X«
Datum: 7. Juni 2013 L4:04:31 MESZ
An: <yy@yyyyyyy.de>
Betreff: Ein Dankeschön von Dr. X: Ihre Kommentare zu Pharma-Sozialismus

Sehr geehrter Herr Y,
vor einiger Zeit hatte ich um Ihre Meinung gebeten zum Thema Pharma-Sozialismus. Viele meiner guten Kontakte haben geantwortet – ein herzliches Dankeschön dafür!
Nicht zuletzt aufgrund Ihrer Kommentare habe ich einige Artikel geschrieben, die sich mit folgenden Fragen beschäftigen:
• Wie begegnet die Pharmaindustrie den aktuellen Herausforderungen?
• Wie lässt sich ein produktiver Pharmaverkauf in Zukunft noch gewährleisten?
• Mit welcher Strategie wird man auf die zukünftigen Herausforderungen reagieren müssen?
Sie haben Interesse an einem der Artikel? Anmerkungen? Ideen? Ich freue mich über Ihre E-Mail – gerne auch formlos an ...
Grüße
Dr. X

7.4 Management der C-Kontakte

In die C-Kategorie fallen alle Kontakte, die irgendwann einmal interessant sein könnten. Das sind zum Beispiel weniger aussichtsreiche Vertriebskontakte oder Studenten, die einmal wegen eines Praktikums angefragt haben. Oder Journalisten, die einmal Interesse am Unternehmen bekundet hatten, dann aber nie etwas geschrieben haben. Es handelt sich also um Leute, von denen man nicht allzu viel erwartet, die aber vielleicht doch einmal interessant werden könnten.

Diese »kalten Kontakte« werden durch standardisierte Instrumente des Kontakthaltens bedient. Hierzu zählen gedruckte Weihnachtskarten ebenso wie vor allem Dialog-Mail, Newsletter und Beratungsbrief.

Wenn Sie gerade erst anfangen, eine Datenbank aufzubauen, bietet sich als Einstieg in das Management der C-Kontakte die Dialog-Mail an. Sie ist weniger aufwendig als ein Newsletter oder Beratungsbrief und erzielt gute Ergebnisse. Das mit Abstand aufwendigste Standardinstrument ist der Beratungsbrief. Dennoch macht auch er schon in einer frühen Phase Sinn, weil er nicht nur der Pflege bestehender Kontakte dient, sondern durch seine anspruchsvolle Inszenierung auch attraktiv genug ist, um neue Kontakte anzulocken.

Beachten Sie bei den Standardinstrumenten aber unbedingt die gesetzlichen Vorgaben! Werbe-E-Mails wie Newsletter oder Beratungsbriefe dürfen zwar auf der Basis bestehender Geschäftsbeziehungen versendet werden. Dennoch ist es ratsam, das Einverständnis vorher einzuholen. In jedem Fall muss der Empfänger darauf hingewiesen werden, dass er jederzeit dem E-Mail-Versand widersprechen kann. Zudem muss jede Ausgabe eine einfache Möglichkeit enthalten, den Newsletter abzubestellen – und diese Stornierung muss tatsächlich funktionieren. Wenn abbestellt wurde, darf keine Werbe-E-Mail mehr an den Adressaten versendet werden. Diese Vorgaben implizieren auch technische Anforderungen, die beachtet werden müssen: Bei einer Bestellmöglichkeit des Newsletters im Internet trägt sich der Interessent mit Name und E-Mail-Adresse ein und erhält dann eine Bestätigung, die er wiederum bestätigen muss.

Dialog-Mail für C-Kontakte

Die Dialog-Mail haben wir bereits bei den B-Kontakten kennengelernt. In einer etwas nüchterneren Form lässt sie sich ebenso für C-Kontakte nutzen. Wiederum gilt: Es kommt nicht auf die Zahl der Antworten an. Das strategische Ziel der Dialog-Mail liegt vielmehr darin, sich bei den Kontakten in Erinnerung zu rufen.

Eine Dialog-Mail greift ein aktuelles Thema auf und stellt hierzu eine Frage an den Empfänger. »Wie binden Unternehmen einen Controller ein?« Diese Frage bewegte Till & Faber, ein Unternehmen, das auf die Vermittlung von Interim-Managern in Finanzpositionen spezialisiert ist. Die beiden Inhaber haben daraus folgende Dialog-Mail formuliert:

Von: ...
Datum: ...
An: ...
Betreff: Warum Sie Ihren Controller lieben sollten ...

Sehr geehrter Herr ...,
er ist ein Pullunder tragender Einzelgänger, der unaufhörlich Zahlen in Tabellenkalkulationen eintippt. Ein penibler Pfennigfuchser, immer auf der Su-

che nach Einsparungspotenzial – das ist überspitzt formuliert das Bild des Controllers in deutschen Unternehmen.

So schlecht sein Ruf auch ist, geschickt eingesetzt ist der Controller als strategischer Berater und kritischer Counterpart bares Geld wert: Er liefert nicht nur wichtige Kennzahlen und Informationen, auf deren Grundlage die Geschäftsleitung zielorientiert planen und das Unternehmen erfolgreich steuern kann. Er sorgt – wenn man ihn denn lässt – auch für ein besseres Rating des Unternehmens bei der Hausbank und etabliert Frühwarnsysteme.

Doch wie binden Unternehmer den Controller am besten ein? Ein spannendes Thema, das uns aktuell beschäftigt: (Link zu Artikel).

Dazu interessiert uns auch Ihre Meinung: Wie gelingt es Unternehmern, das Potenzial des Controllers optimal zu nutzen? Schreiben Sie uns, gerne formlos an (E-Mail-Adresse).

Mit freundlichen Grüßen

...

Newsletter

Der elektronische Newsletter ist das klassische Dialoginstrument vieler Beratungsunternehmen. Er dient dazu, die bestehenden C-Kontakte zu pflegen, hat aber auch die Funktion, neue Kontakte zu gewinnen. Angenommen, ein Besucher gelangt auf Ihre Internetseite, findet das Beratungsangebot interessant, möchte sich aber bei Ihnen noch nicht melden. In diesem Fall ist der Newsletter für ihn eine gute Möglichkeit, erst einmal in Kontakt zu bleiben, bis sich dann irgendwann doch noch ein Anlass bietet, bei Ihnen anzufragen.

Ein Newsletter erscheint in einem festen Rhythmus, in der Regel mit drei bis vier Ausgaben im Jahr. Das ist oft genug, damit der Empfänger eine Regelmäßigkeit wahrnimmt – aber nicht so oft, dass die Häufigkeit anfängt, auf die Nerven zu gehen. Der Newsletter hat ein professionelles, von einem Grafiker gestaltetes Layout. Wie alle Elemente des Unternehmensauftritts richten sich Form und Inhalt an der inhaltlichen Positionierung und Markenbotschaft des Unternehmens aus (siehe Kapitel 4). Gegliedert wird er gerne in ein Editorial des Geschäftsführers, ein Titelthema sowie einige kleinere Nachrichten aus dem Beratungsunternehmen oder seinem Umfeld.

Die eigentliche Herausforderung, die viele Beratungsunternehmen unterschätzen, folgt erst nach dem Start: Nun gilt es, für jede Ausgabe mindestens ein wirklich spannendes Thema zu finden und aufzubereiten. Nur wenn der Leser damit rechnen kann, die eine oder andere Anregung zu bekommen, wird er den Newsletter regelmäßig öffnen und nicht schon im Posteingang löschen. Ohne inhaltliche Substanz hat ein Newsletter keine Chance; er geht in der Flut der täglichen Informationen unter.

Ähnlich wie für das Artikelschreiben hat es sich bewährt, eine Themensammlung anzulegen. Folgende Leitfragen können Ihnen helfen, für den Leser spannende Themen aufzuspüren:

- Welche Leidensdruckthemen plagen derzeit Ihre Kunden?
- Welches Problem Ihrer Kunden können Sie am besten lösen?
- Was bekommt Ihr Kunde nur bei Ihnen?
- Gibt es zu Ihren Beratungsthemen Erfolgsgeheimnisse (zum Beispiel »Die sieben wichtigsten Strategien für ...«)?
- Welches sind Ihre wichtigsten Kernkompetenzen?
- Was wird im Gebiet Ihrer Kernkompetenz immer wieder falsch gemacht?
- Welches sind aktuelle Themen und Trends Ihres Fachbereichs? Wie denken Sie darüber?
- Wie lauten die drei provokativsten Thesen, die Sie zu Ihrem Fachbereich formulieren können?
- Welche besonders erfolgreichen Projekte haben Sie in letzter Zeit mit Kunden umgesetzt?

Eine gute Möglichkeit, den Newsletter inhaltlich interessant zu gestalten, sind Gastbeiträge oder Interviews mit prominenten Branchenexperten, aber auch mit Kunden und A-Kontakten. Anstatt die Seiten des Newsletters immer nur mit eigenen Beiträgen zu füllen, kann es erfrischend wirken, auch externe Autoren zu Wort kommen zu lassen. Damit signalisieren Sie Offenheit gegenüber neuen, von außen kommenden Ideen und Entwicklungen.

Beratungsbrief

Gegen einen Newsletter gibt es starke Einwände, die immer wieder diskutiert werden. Da wird angeführt, dass nahezu jeder Dienstleister heute einen Newsletter versendet, ein weiterer deshalb schlicht untergeht. Auch wird bezweifelt, dass ein Entscheider die Informationen wirklich braucht: Interessiert er sich tatsächlich für Neuigkeiten aus der Welt eines kleinen Beratungsunternehmens? Diese Einwände sind nicht von der Hand zu weisen. Andererseits fällt es schwer, deswegen auf die Möglichkeit eines elektronisch versandten Dialoginstruments zu verzichten.

Also stellt sich die Frage: Gibt es eine Form von Newsletter, die in der Lage ist, diese Einwände zu entkräften? Eine Antwort hierauf versucht der Beratungsbrief zu geben. Die Erfahrung zeigt, dass es einem gut gemachten

Beratungsbrief tatsächlich gelingt, aus der Flut der übrigen Infobriefe herauszuragen.

Der Beratungsbrief kann als Königsklasse der standardisierten Kontaktinstrumente gelten, stellt dementsprechend auch hohe Ansprüche. Er erfordert eine originelle Idee, eine starke Inszenierung und ein festgelegtes Motto. Ausgangspunkt ist ein Leitthema, aus dem eine Reihe von Einzelepisoden entwickelt wird. Häufig ergibt sich – ähnlich wie bei einer Artikelserie – ein natürlicher Abschluss, sodass der Beratungsbrief nach zum Beispiel zehn Ausgaben ausläuft.

Seriös, fachlich-trocken, emotionslos – so präsentieren sich die allermeisten Newsletter. Dieser nüchternen, immer gleichen Aufmachung setzt der Beratungsbrief bewusst eine originelle, vom Üblichen abweichende Idee entgegen. Denn er spitzt zu, arbeitet mit Humor und setzt auf Illustrationen, die sofort ins Auge springen. Er ist deutlich lauter und greller inszeniert als ein Newsletter, ohne jedoch den Rahmen von Positionierung und Markenbotschaft zu verlassen.

Selbst eine noch so packende Inszenierung kann jedoch eines nicht leisten – nämlich dass der Entscheider auf den Beratungsbrief wartet. Wenn er kommt, erlebt er ihn als nett und interessant. Aber es bleibt dabei: Auch der Beratungsbrief ist nur ein i-Tüpfelchen im großen Mix an Maßnahmen. Nach wie vor müssen sich die allermeisten Berater damit abfinden, dass sie ein nur mäßig interessantes Thema für einen mäßig interessierten Leser kommunizieren.

Beispiel »Ein Fall für Rühl«

Ein gelungenes Beispiel ist der Beratungsbrief von RÜHLCONSULTING, einem auf Managementsysteme und Informationssicherheit spezialisierten Beratungsunternehmen. Der Beratungsbrief packt das nüchterne Thema »Sicherheit« in eine aufregende Agentengeschichte. Das überrascht wirklich: Der seriöse Berater Uwe Rühl – ein Agent?

Mancher Kunde dürfte erstaunt aufmerken, wenn er an seinem Rechner oder auf seinem Tablet diesen Beratungsbrief zum ersten Mal aufruft. »Ein Fall für Rühl« liest er, dann fällt sein Blick auf eine große Illustration. In Ausgabe 1 zum Beispiel auf eine lichterloh brennende Fabrik. Ein kurzer Text zieht ihn hinein in die Katastrophe seines Unternehmerkollegen William von Katting, dessen Produktionshallen gerade im Flammenmeer versinken. Im nächsten Abschnitt analysiert Agent Rühl das Geschehen und gibt dem Leser, der nun womöglich selbst um seine Fabrik bangt, einige Ratschläge an die Hand. Von der Katastrophe bis zur Lösung dauert es für den Leser nur wenige Augenblicke. Dieser begreift sofort: Da ist etwas Schreckliches passiert – doch dank Rühl gibt es eine Lösung.

Die Fabrik, die abbrennt. Oder der Mitarbeiter, der im ICE plaudert. Jede Folge des Beratungsbriefs erzählt eine Geschichte über Risiken, die den unternehmerischen Alltag begleiten. Fälle, die jederzeit passieren können und großen Schaden anrichten – Fälle für den Agenten Uwe Rühl.

Der ungewöhnliche, eigens illustrierte Beratungsbrief sticht aus dem Meer der immer gleichen Newsletter heraus. Für ein seriöses, noch dazu im Bereich Sicherheit agierendes Consulting-Unternehmen ist diese starke Inszenierung ein mutiger Schritt, der im Fall Rühl aber zur Kultur des Unternehmens passt. »Wir bewegen uns in einem Spannungsfeld«, erläutert Uwe Rühl. »Einerseits sind wir die seriösen Consultants, die im schwarzen Anzug und weißen Hemd auftreten. Andererseits krempeln wir für unsere Kunden auch die Ärmel hoch, wühlen in den Details und gehen den Dingen auf den Grund.« Man könnte auch sagen: Rühl leistet Detektivarbeit.

Wie entstand dieser Beratungsbrief? Als das Team beisammensaß und nach einer zündenden Idee suchte, fiel der Begriff »Detektivarbeit« – ähnelt doch die Tätigkeit der Rühl-Berater, die bei den Kun-

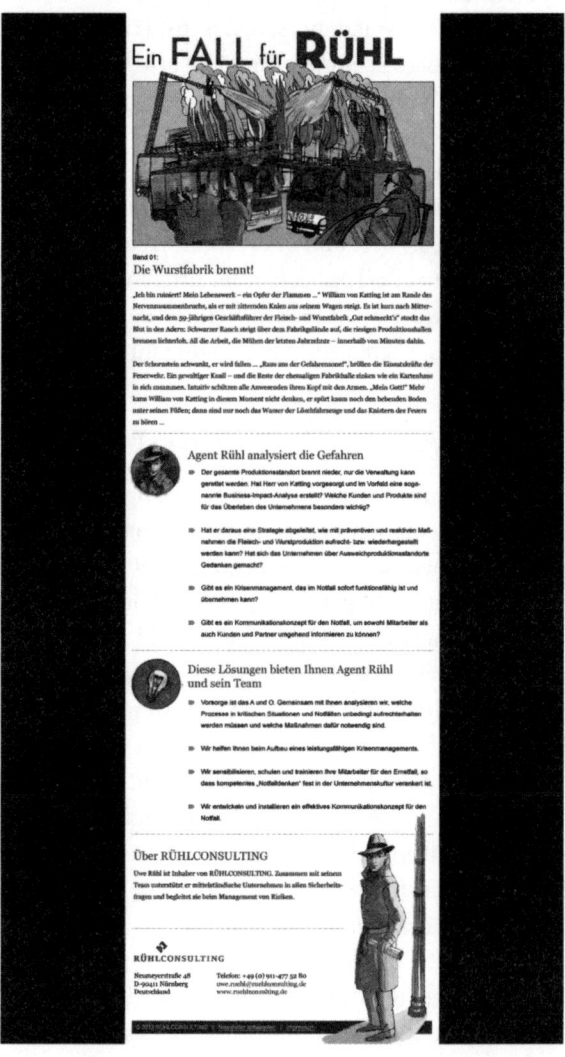

Abbildung 7.5:
Ein Berater wird zum Agenten:
Beratungsbrief von RÜHLCONSULTING
(siehe auch www.campus.de/weyand)

den Sicherheitslücken aufdecken, immer wieder der Arbeit von Detektiven. Dazu passte die Überlegung, dass Entscheider doch häufig Männer sind, die in ihrer Kindheit eine Vorliebe für Detektiv- und Agentengeschichten hatten, eine Agentenstory bei vielen von ihnen also einen besonderen Nerv treffen würde. Nun war es nur noch ein kleiner Schritt bis zum »Agenten Rühl«, der bei kniffligen Sicherheitsfällen hilft.

Eine Werbeagentur und eine Illustratorin übernahmen gemeinsam die Aufgabe, die Idee im Rahmen des bestehenden Corporate Designs grafisch umzusetzen. Einige Elemente, die bei jeder Ausgabe wiederkehren, machen den Beratungsbrief optisch unverwechselbar. Dazu gehört eine große Illustration, in der ersten Ausgabe die brennende Wurstfabrik, dann zwei Vignetten und unten auf der Seite Agent Rühl, wie er mit Hut und Trenchcoat vor der Laterne steht – sichtlich zufrieden, dass er den Fall gelöst hat. Auch inhaltlich ist jeder Beratungsbrief nach einem festen Schema aufgebaut: Er beginnt mit einem packenden Lesestück, dem sachliche Informationen zu Risiken und Lösungsmöglichkeiten folgen.

Beispiel »Till & Faber«

Illustration, unterhaltsamer Einstieg, sachliche Information – nach diesem Schema ist auch der Beratungsbrief von Till & Faber aufgebaut,

Abbildung 7.6:
Der Controller im Visier: Ausgabe 1 des
Beratungsbriefs von Till.&.Faber
(siehe auch www.campus.de/weyand)

ein Provider, der sich auf die Vermittlung von Interim-Managern in Finanz-positionen spezialisiert hat. Die Beratungsbriefe haben den Titel »Wie sind eigentlich … Finanzleute?« Die Inhaber, Thomas Till und Manfred Faber, spielen auf souveräne Weise mit den Klischees, Stärken und Schwächen die-ser Figuren – und vermitteln so neben Unterhaltung und Nutzwert indirekt auch ihre Kompetenz als Interim-Provider von Finanzleuten.

»Sie haben sich schon immer gefragt, wie Finanzleute wirklich sind? Hier erfahren Sie es« – so wirbt das Unternehmen auf seiner Internetseite für den Beratungsbrief – und beschreibt damit zugleich den Leitgedanken, nach dem der Brief konzipiert und inszeniert ist. Der nächste Satz konkretisiert und provoziert: »Ist der Controller nur ein penibler Pfennigfuchser, immer auf der Suche nach Einsparungspotenzial? Oder ist der CFO, salopp formuliert, einfach nur ein besserer Controller, der mehr Zeit mit seiner Sekretärin verbringt als mit strategischen Über-legungen? Wenn Sie die unge-schminkte Wahrheit wissen möchten oder die besten Tipps, wie Sie das Potenzial der Finanzler optimal nut-zen können, dann melden Sie sich hier an …« Wer nun neugierig ge-worden ist, kann sich in den Verteiler eintragen, indem er Name und E-Mail-Adresse angibt.

Der erste Beratungsbrief (siehe Abbildung 7.6) befasst sich mit dem Controller – und bedient zunächst alle denkbaren Klischees. Eine große Illustration zeigt den Controller, wie er Erbsen zählt. Der Text beginnt mit den Worten: »Er ist ein Einzelgänger. Er geht zum Lachen in den Keller. Er hat nur Zahlen im Kopf. Wie verstei-nert sitzt er in kariertem Pullunder und Cordhose am Computer und trägt endlose Zahlenreihen in sein Spreadsheet ein …«

Deutlich wird, dass hier mit viel Iro-nie Aufmerksamkeit geweckt wird. Dadurch bleibt der Leser hängen, liest

Abbildung 7.7:
Der CFO im Visier: Ausgabe 2 des Beratungsbriefs von Till.&.Faber (siehe auch www.campus.de/weyand)

sich fest und wird den nun folgenden seriösen Teil zumindest überfliegen. Dem Einstieg nehmen die Autoren Till und Faber die Schärfe, indem sie den folgenden Abschnitt augenzwinkernd mit den Worten einleiten: »Aber nun im Ernst …« Sachlich beschreiben sie jetzt die Stärken des Controllers und führen den Nachweis, dass er – richtig eingesetzt – für das Unternehmen bares Geld wert ist.

Mag sein, dass der Leser sich bei den provozierenden einleitenden Zeilen des Beratungsbriefs doch ein wenig an den Controller im eigenen Haus erinnert fühlt. Dann werden ihn die Tipps unter dem Zwischentitel: »Wie Sie das Potenzial Ihres Controllers optimal nutzen« wahrscheinlich wirklich interessieren. Auf jeden Fall dürfte der Beratungsbrief in Erinnerung bleiben.

Demselben Aufbau folgt die zweite Ausgabe, die sich auf ähnliche Weise mit dem Chief Financial Officer (CFO) widmet (siehe Abbildung 7.7). Illustration und Einstieg bedienen ironisch überzeichnet alle Klischees dieses »selbstverliebten Machers« und »Dandys der Zahlen«, gefolgt von einem seriösen Teil, der dem Leser Nutzwert bietet.

Zusammenfassung

Kontakte systematisch pflegen: Das ist eigentlich eine Selbstverständlichkeit. Und doch missachten sie die allermeisten Beratungsunternehmen. Sie lassen das Kapital brachliegen, das sie über Jahre durch teuren Vertrieb, mühsames Networking und gute Projekte angesammelt haben. Man kann es auch so formulieren: Der Schatz liegt im Sand vergraben, und kein Mensch findet die Zeit, ihn zu heben, zu waschen und sich darum zu kümmern.

Kontakte bedürfen einer permanenten Pflege, damit sie nicht erkalten und wertlos werden. Das zu erreichen ist kein Hexenwerk. Um die Kontakte systematisch zu pflegen, hat sich eine einfache A-, B- und C-Kategorisierung bewährt. Jeder Kontakt wird in eine der drei Kategorien eingeordnet, erhält einen Verantwortlichen und wird drei bis vier Mal pro Jahr kontaktiert. Die A-Kontakte pflegt der Geschäftsführer persönlich, für die B-Kontakte sind in der Regel die Seniorberater verantwortlich. Die C-Kontakte kann ein Vertriebsassistent betreuen, der auch für die Pflege der CRM-Datenbank zuständig ist.

Für die differenzierte Pflege der Kontakte stehen bewährte Dialoginstrumente zur Verfügung, die vom persönlichen Feierabendanruf über die Weihnachtskarte bis zum standardisierten Beratungsbrief reichen. Diese Instrumente ermöglichen es, das Beratungsunternehmen auf eine effektive, jedoch unaufdringliche und sympathische Weise immer wieder in Erinnerung zu bringen. Ziel ist es, sich im Bewusstsein der Adressaten zu verankern – und im Falle eines Beratungsbedarfs auf der mentalen Shortlist zu stehen.

Kapitel 8

Bankstrategie

Die Finanzierung sichern

Bittere Lektion

Der Inhaber einer jungen Organisationsberatung sieht sich vor dem Aufstieg in eine neue Liga. Gestartet war er vor zwei Jahren als Einzelgründer. Nach ersten erfolgreichen Projekten stellte er halbtags eine Sekretärin ein. Schneller als erwartet begann seine Positionierung zu greifen; schon nach einem Jahr kamen erste Anfragen. Auch die Vertriebsaktivitäten deuten inzwischen darauf hin, dass die Beratungsleistung gefragt ist. Erste Kunden konnten akquiriert werden und die Liste der heißen A-Kandidaten wächst. Der Berater ist sich sicher, dass jetzt der richtige Moment ist, die Kapazitäten zu erweitern.

Welch glückliche Fügung: Unerwartet schnell findet er zwei Interessenten, gestandene Manager, die an einer Anstellung als Berater interessiert sind. Gleichzeitig bietet sich die Möglichkeit, in guter Innenstadtlage repräsentative Büroräume anzumieten. Zwar würden es die bisherigen Räume noch eine Weile tun, doch für die Positionierung seines Unternehmens im Premium-Segment ist der neue Standort ideal. Zwei richtig gute Mitarbeiter, dazu ein Topbüro: Der Unternehmensberater kann sein Glück kaum fassen. Eine solche Konstellation würde sich so schnell nicht wieder ergeben.

Finanziell kommt für das kleine Unternehmen jetzt einiges zusammen. Um sich als Beratungsunternehmen der oberen Preisklasse zu positionieren, wurde bereits für eine adäquate Geschäftsausstattung, für Marketing und Vertrieb und vor allem eine hochwertige Internetseite viel Geld in die Hand genommen. Dem Inhaber ist klar, dass er die nun anstehenden Investitionen für die neuen Mitarbeiter und die Büroräume aus eigener Kraft nicht mehr stemmen kann. Erstmals wird ein Bankkredit erforderlich.

Doch mehr als die Kontobeziehung verbindet den Organisationsberater bislang nicht mit seiner Bank. Er ruft an, fragt nach dem für ihn zuständigen Ansprechpartner und vereinbart einen Termin. Sein Ziel ist es, eine Anfangsfinanzierung für die beiden Mitarbeiter und die neuen Büroräume zu bekommen. Eigentlich erwartet er keine Probleme. Es ist jetzt April, überlegt er, und bereits im Herbst dürften die Einnahmen durch neue Kunden deutlich ansteigen. Spätestens ab dem nächsten Jahr wären die neuen Mitarbeiter voll ausgelastet und das Unternehmen würde wieder Gewinne erwirtschaften.

Doch der Termin bei der Bank gerät zum Albtraum! Der Kreditsachbearbeiter hört zwar interessiert zu, bleibt aber skeptisch. Er sieht sich die Abschlüsse der vergangenen Jahre an, glaubt jedoch nicht an den prognostizierten Umsatzsprung: »Wo genau soll das Geld für Zins und Tilgung herkommen?« Er besteht auf einem detaillierten Businessplan. Und auf Sicherheiten. In einem Satz: Die Bank stellt sich stur.

Der Organisationsberater fängt an, sich erstmals ernsthaft mit dem Thema Bank zu befassen. Zusammen mit seinem Steuerberater erstellt er den gewünschten Businessplan. Nun beginnt ein zäher Prozess, der sich über Monate hinzieht. Es folgen weitere Termine bei der Bank. Immerhin entsteht langsam ein persönliches Verhältnis zum Banker, der sich zunehmend aufgeschlossen zeigt. Offensichtlich imponieren ihm das Engagement und die Beharrlichkeit des Organisationsberaters; auch dessen sachlich-nüchterne Herangehensweise gefällt ihm. Als dann tatsächlich erste große Aufträge von zwei renommierten Firmen eingehen, sich die Erwartungen des Organisationsberaters also zu bestätigen scheinen, kommt der Kredit endlich zustande.

Mittlerweile ist aber wertvolle Zeit verstrichen. Einer der beiden Mitarbeiter, die der Berater einstellen wollte, hat sich inzwischen für eine Position bei der Konkurrenz entschieden. Auch das Traumbüro ist längst vermietet, die Suche muss deshalb von vorn beginnen. Es lässt sich schwer abschätzen, welcher Schaden für das Unternehmen entstanden ist. Auf jeden Fall war es für den Organisationsberater eine bittere Lektion.

Frustrierende Erfahrungen wie diese kommen immer wieder vor. Ein Beratungsunternehmer braucht für die weitere Unternehmensentwicklung einen Kredit. Er selbst ist der festen Überzeugung, dass es seinem Unternehmen blendend geht – und fällt aus allen Wolken, wenn sich die Bank weigert, seine Wachstumspläne zu finanzieren. Noch schlimmer trifft es jene Berater, die ihr Unternehmen ohne Hilfe der Bank aufgebaut haben, nach einigen Jahren jedoch in eine Krise geraten, weil eine Rezession den Kundenmarkt erfasst. Die Aufträge bleiben aus und das Geld reicht nicht, um die Schwächephase zu überbrücken. Auch diese Berater sammeln jetzt ihre ersten Erfahrungen mit der Kreditabteilung ihrer Bank – und müssen oft feststellen, dass die Bank sie im Stich lässt.

An solchen Beispielen wird deutlich, wie wichtig eine gute Strategie gegenüber der Bank ist. Die meisten Beratungsunternehmen sehen die Bank jedoch nur als die Verwalterin ihres Kontos an, weitergehende Überlegungen stellen sie nicht an. Das mag in Ordnung sein für einen Einzelkämpfer oder einen Zwei-Mann-Betrieb, der stabile Umsätze erzielt und sich nicht vergrößern möchte. Sobald ein Beratungsunternehmen jedoch das Geschäft ausbauen möchte und eine langfristige Wachstumsstrategie verfolgt, empfiehlt sich eine wohlüberlegte Bankstrategie. Denn schneller als erwartet können Situationen eintreten, in denen ein Finanzierungspartner erforderlich ist.

Im Mittelpunkt einer solchen Bankstrategie stehen der systematische Aufbau einer intakten Bankbeziehung (Abschnitt 8.1) und parallel dazu die Kontaktaufnahme zu einer zweiten Bank (Abschnitt 8.2). Auf der Grundlage gepflegter Bankbeziehungen fällt es wesentlich leichter, die Bankgespräche für eine Wachstumsfinanzierung (Abschnitt 8.3) oder in einer Krisensituation (Abschnitt 8.4) erfolgreich zu führen.

8.1 Persönliche Beziehung: Der Bankberater als Partner

An der Bankfrage lässt sich ablesen, wie ernst es einem Berater mit seinen unternehmerischen Plänen ist. Viele Berater träumen zwar davon, zu wachsen und groß zu werden. Wenn aber der Punkt kommt, an dem es notwendig wird, beherztes Marketing zu betreiben und Mitarbeiter einzustellen, trauen sie sich nicht und stecken zurück. Letztlich sind sie nicht bereit, das Risiko einzugehen. Deshalb brauchen sie dann auch keine Bank, die mit ihnen zusammen die finanziellen Risiken stemmt und abfedert.

Anders bei Beratern, die größere Ziele wirklich erreichen möchten: Ihnen leuchtet ein, dass sie früher oder später wahrscheinlich einen Finanzierungspartner benötigen. Dem Ratschlag, frühzeitig eine gute Beziehung zur Bank aufzubauen, stehen sie deshalb aufgeschlossen gegenüber.

Das Erstgespräch bei der Bank

Mit einem Kredit ist es ähnlich wie mit einer Beratungsleistung: Beides sind sensible und erklärungsbedürftige Produkte, die nicht einfach von der Stange gekauft werden. Bis es zu einem Geschäftsabschluss kommt, braucht es da wie dort in der Regel einen längeren Vorlauf. Erst wenn die Partner einander kennengelernt und eine Vertrauensbasis aufgebaut haben, kommt das Geschäft zustande.

Damit liegt auf der Hand, was viele Berater versäumen: frühzeitig den Kontakt zur Bank suchen. Handeln Sie deshalb bereits, wenn absehbar ist, dass mittelfristig ein Finanzierungsbedarf entstehen könnte. Rufen Sie bei der Bank an, fragen Sie nach dem für Sie zuständigen Kundenberater und erklären Sie ihm, dass Sie sich und Ihr Unternehmen gerne einmal vorstellen würden. Nutzen Sie dieses Gespräch, um dem Banker die Positionierung und Strategie Ihres Unternehmens zu veranschaulichen. Wenn er erfährt, dass Sie Unternehmensberater sind, wird er sich vermutlich unwillkürlich die Frage stellen: »Würde ich zu diesem Berater gehen, wenn ich Beratungsbedarf hätte?« Im Idealfall gelingt es Ihnen, dass er diese Frage nach dem Treffen für sich mit einem klaren Ja beantwortet.

Auch wenn das persönliche Kennenlernen im Mittelpunkt steht, hat es sich bewährt, einige aussagefähige Unterlagen über das Unternehmen mitzubringen. Das sind vor allem der letzte Jahresabschluss, die Planungen für das laufende und kommende Jahr, gegebenenfalls eine Firmenbroschüre, vielleicht auch ein Organigramm Ihres Unternehmens. Achten Sie am Ende des Gesprächs darauf, den Kontaktfaden nicht abreißen zu lassen. Vereinbaren Sie deshalb mit dem Bankberater, dass Sie sich künftig einmal jährlich treffen werden.

Wenn das Erstgespräch gut verläuft, bildet es den Einstieg in eine langfristige Bankbeziehung. In den ersten Monaten steht normalerweise noch kein spezielles Darlehen an, doch kann es sein, dass Sie mit der Bank die Höhe eines möglichen Dispositionskredits vereinbaren. Solange Ihr Beratungsunternehmen dann im Rahmen der vereinbarten Kreditlinie agiert, besteht kaum Anlass zu weiteren Kontakten. Umso wichtiger ist das jährliche Treffen, das Sie beim Erstgespräch vereinbart haben.

Wenn dieses Jahrestreffen ansteht, können Sie dem Bankberater anbieten, zu Ihnen ins Unternehmen zu kommen. Normalerweise hat die Bank ihren Sitz am Ort, sodass der Anfahrtsweg kein Thema ist. Meist nimmt der Banker eine solche Einladung gerne an, weil er selbst daran interessiert ist, das Umfeld seiner Kunden kennenzulernen. Sicher: Als Unternehmensberater haben Sie im Vergleich zu einem Einzelhandelsgeschäft oder gar einem Produktionsbetrieb nicht allzu viel vorzuzeigen. Trotzdem erhält der Banker einen zusätzlichen Eindruck von Ihrem Unternehmen, wenn er Atmosphäre und Räumlichkeiten unmittelbar erlebt.

Das jährliche Treffen bietet die Gelegenheit, den Bankberater über die Geschäftsentwicklung Ihres Unternehmens zu informieren. Was lief im vergangenen Jahr gut, was weniger gut? Welche Schwierigkeiten gibt es derzeit, an welcher Stelle zeichnen sich Probleme ab? Wie wird man diese lösen? Erläutern Sie größere Planabweichungen, berichten Sie über neue Geschäftsfelder, neue Großkunden und alle anderen wesentlichen Änderungen. Eine offene Kommunikation, die den Bankberater an der Geschäftsentwicklung teilhaben lässt, bildet Vertrauen und festigt die Beziehung zur Bank.

Den Bankkontakt pflegen

Die Bank an der Geschäftsentwicklung teilhaben lassen – das gilt umso mehr, wenn sich die Dinge überraschend ändern. Steht ein finanzieller Engpass bevor, erwartet der Banker, dass Sie ihn frühzeitig informieren. Jetzt bewährt sich, dass Sie Ihren Ansprechpartner persönlich gut kennen. Es ist einfach eine Tatsache: Wer mit seinem Bankberater schon einmal entspannt eine Tasse Kaffee getrunken hat, dem fällt in einer schwierigen Situationen der Griff zum Telefonhörer wesentlich leichter. Er darf damit rechnen, dass der Banker ihn als Gesprächspartner auf Augenhöhe respektiert.

Schieben Sie diesen unangenehmen Anruf nicht hinaus. Ihr Standing bei der Bank verschlechtert sich drastisch, wenn die finanzielle Notsituation erst einmal eingetreten ist und Sie die Bank vor vollendete Tatsachen stellen müssen. Schlimmer noch: Die Bank kreidet Ihnen die späte Information an. In den Augen einer Bank ist ein Unternehmer, der relevante Entwicklungen verschweigt, wenig kreditwürdig.

Informieren Sie den Banker auch, wenn Sie Ihre Kreditlinie überziehen müssen. Hoffen Sie nicht darauf, dass die Bank ein Auge zudrücken wird. Das wäre zum einen riskant, weil keineswegs sicher ist, dass die Bank die Überziehung duldet. Vor allem aber besteht die Gefahr, dass diese Nachlässigkeit die Bankbeziehung dauerhaft schädigt: Sobald die Kreditlinie überschritten ist, stoppt nämlich das bankinterne IT-System automatisch jede weitere Abbuchung. Der Innendienst der Bank entscheidet, ob er eine Zahlung trotzdem zulässt oder nicht. Kommt ein solcher Vorfall mehrfach hintereinander vor, verärgert das nicht nur den Bankmitarbeiter, sondern wirft auch ein schlechtes Licht auf die Bonität des Kunden. Auf diese Weise verspielen Sie völlig unnötig »Kredit« bei Ihrer Bank, den Sie später vielleicht dringend benötigen.

Warten Sie also nicht, bis der Banker auf Sie zukommt. Gehen Sie stattdessen aktiv auf ihn zu, wenn etwa im Mai klar ist, dass sich zum 30. Juni ein finanzieller Engpass abzeichnet und die vereinbarte Kreditlinie nicht ausreichen wird. Beschreiben Sie die Situation dann präzise und nachvollziehbar. Führen Sie aus, dass Sie den gewährten Überziehungskredit Ende Juni voraussichtlich für zwei Wochen um 2 000 Euro überziehen, und fragen Sie den Bankberater, ob er damit einverstanden ist. Legen Sie dar, wie es zu dieser Lücke kommt – dass Ende des Monats die Miete fällig wird und der Kunde, der fest zugesagt hatte, Anfang Juni seine Rechnung zu begleichen, erst einen Monat später zahlen kann.

Die Regel lautet also: Halten Sie die Bank auf dem Laufenden – und informieren Sie frühzeitig, wenn sich Probleme abzeichnen. Wenn ein laufendes Kreditverhältnis besteht, verlangt die Bank ohnehin gemäß Kreditwirtschaftsgesetz (KWG) die Vorlage bestimmter Unterlagen. Der Unternehmer muss dann vierteljährlich die betriebswirtschaftliche Auswertung (BWA) sowie jährlich den Jahresabschluss und eine Kopie der Einkommensteuererklärung bei Einzelunternehmern beziehungsweise der Körperschaftsteuererklärung bei Kapitalgesellschaften vorlegen. Achten Sie darauf, diesen Pflichten pünktlich nachzukommen – warten Sie nicht, bis die Bank dazu auffordert. Der Jahresabschluss sollte spätestens bis zur Mitte des Folgejahres bei der Bank eingehen.

Auch wenn kein laufendes Kreditverhältnis besteht, fördert es die Bankbeziehung, wenn Sie den Bankberater regelmäßig informieren. Dies kann zum Beispiel durch einen halbjährlichen Bankbrief geschehen, in dem Sie die Entwicklung der zurückliegenden sechs Monate nachzeichnen und über den Stand der Geschäftsentwicklung informieren. Lassen Sie ihn am Geschehen teilhaben. Erwähnen Sie zum Beispiel auch Ihre Aktivitäten in PR, Werbung und Vertrieb und legen Sie, wenn es sich ergibt, auch einen aktuellen Artikel, eine neue Broschüre oder Ihr gerade erschienenes Buch bei. Für einen Banker, der durchaus auch auf Status achtet, macht es einen Unterschied, ob er einmal ein Buch von Ihnen in der Hand hält oder nicht.

Die Beziehung zur Bank ist Chefsache. Ohne eine geregelte Information besteht im betrieblichen Alltag jedoch die Gefahr, dass für den Unternehmer das Thema Bank in den Hintergrund rückt, die anfänglich guten Bankkontakte einschlafen und Informationspflichten vernachlässigt werden. Besonders wenn ein Kreditverhältnis besteht, können die Folgen unangenehm sein: Früher oder später erhält der Unternehmer auffordernde Briefe, muss unangenehme Telefongespräche führen oder Termine wahrnehmen, zu denen er mit einem flauen Gefühl im Magen antritt. Selbst wenn er dann wieder zu alter Konsequenz zurückfindet, lassen sich die Risse im Vertrauensverhältnis nicht mehr so einfach kitten. Die Bank ist vorsichtiger und zurückhaltender geworden. Möglicherweise fehlt nun genau das Quäntchen Vertrauen, das über die nächste Kreditvergabe entscheidet.

8.2 Die zweite Bank

Ist es strategisch sinnvoll, mit zwei Banken zusammenzuarbeiten?»Das wird von den Bankern zwar nicht gerne gesehen«, antwortet Willi Kreh, Steuerberater im hessischen Rosbach vor der Höhe,»aber für einen Unternehmer ist es immer gut, zwei Banken zu haben.« Der Grund ist ganz einfach: Wenn ein Unternehmer bei der einen Bank nicht zum Zuge kommt, besteht durchaus die Chance, dass die andere positiv über einen Kredit entscheidet.»Man erlebt das immer wieder – einfach weil da andere Menschen sitzen«, beobachtet Willi Kreh.

Immer wieder kommt es auch vor, dass ein Unternehmer mit seiner Hausbank nachlässig umgeht, etwa die Kreditlinie verletzt oder die Abschlüsse nicht rechtzeitig vorlegt. Durchaus möglich, dass sich die Bank dann beim nächsten Kredit stur stellt. In solchen Fällen stehen die Chancen gut, über die zweite Bank, zu der ein unbelastetes Verhältnis besteht, die Finanzierung dann doch noch zu erreichen. Bewährt hat sich eine zweite Bank auch bei Förderkrediten: Wenn sich die Hausbank weigert, ein für sie wenig lukratives Förderdarlehen zu vermitteln, kann es sein, dass die andere Bank hier großzügiger verfährt.

Die meisten Unternehmensberatungen haben jedoch nur eine Bankbeziehung und können in solchen Fällen nicht auf eine Zweitbank ausweichen. Diese Abhängigkeit von einer einzigen Bank ist leicht erklärt: Der Unternehmer beginnt sein Geschäft mit der Hausbank, entwickelt gute Kontakte zu ihr und sieht auch keinen Anlass, sich anderweitig umzusehen. Umgekehrt erwartet auch die Bank, dass der Unternehmer seinen laufenden Geldverkehr über sie abwickelt. Sich aus der Abhängigkeit von einer einzigen Bank zu lösen erfordert daher eine bewusste strategische Entscheidung.

Der erste Schritt zum Aufbau einer zweiten Bankbeziehung besteht ganz einfach darin, ein Konto bei einer anderen Bank einzurichten und einen Teil der Geschäfte wie zum Beispiel Versicherungen, Geldanlagen oder Investments in Immobilien darüber abzuwickeln. Bauen Sie den

Kontakt zur zweiten Bank dann sukzessive weiter aus, bis Sie über zwei gleichgewichtige Bankbeziehungen verfügen. »Gleichgewichtig« bedeutet dann auch, dass Sie zu beiden Banken ähnlich intensive Kontakte pflegen. Dann unterhalten Sie zu beiden Bankberatern persönlichen Kontakt, handeln mit ihnen Kreditlinien aus, informieren regelmäßig über alle wesentlichen Entwicklungen, reichen die geforderten Unterlagen pünktlich ein – sodass Sie für den Fall der Fälle bei beiden Banken schnell Geld verfügbar haben.

8.3 Wachstum finanzieren

Ein expandierendes Beratungsunternehmen kann leicht in eine Situation kommen, in der ein größerer Finanzierungsbedarf entsteht. Beispiel Mitarbeiter: Es wäre eine riskante Strategie, erst dann nach Mitarbeitern zu suchen, wenn die zu ihrer Finanzierung erforderlichen Projekte akquiriert sind. So schnell findet ein Beratungsunternehmen in aller Regel keine geeigneten Mitarbeiter. Also ist es unternehmerisch sinnvoll, schon vorher neue Mitarbeiter an Bord zu holen – was dann aber eine entsprechende Finanzierung erfordert.

Ähnliches gilt für Werbung, PR und Vertrieb. Ein sinnvolles Marketingbudget liegt bei fünf bis zehn Prozent des Zielumsatzes. Auch dieses Geld ist in einer Expansionsphase häufig noch nicht erwirtschaftet und muss deshalb vorfinanziert werden. Wenn ein Unternehmen von 800 000 Euro auf 2 Millionen Euro wachsen will, heißt das in aller Regel, dass es ein massives Startinvestment ins Marketing tätigen wird. Diese Mittel lassen sich nur selten aus eigener Kraft aufbringen. Tritt ein solcher Finanzierungsfall ein, bewährt sich eine intakte Bankbeziehung. Der Bankberater kennt das Unternehmen; er ist über Positionierung und Expansionspläne bereits informiert. Eine gute Basis für ein erfolgreiches Gespräch.

Persönlich und schriftlich überzeugen

Präsentieren Sie im Bankgespräch zu Ihren Wachstumsplänen Ihr Anliegen anschaulich, ansprechend und verständlich. Überlassen Sie die Gesprächsführung keinem Dritten wie etwa Ihrem Steuerberater oder einem Bankstrategieberater. Nur Sie selbst sind dafür prädestiniert, die Bank von den Stärken Ihres Unternehmens, Ihrer Strategie und Ihrer Personalpolitik zu überzeugen. Zudem möchte der Banker Sie in dieser Situation persönlich erleben, um Sie auch in Ihrer Person als Unternehmer einzuschätzen.

So entscheidend die persönliche Überzeugungskraft ist, achten Sie auch auf exzellente schriftliche Unterlagen. Neben einem ausformulierten Strategiekonzept oder Businessplan zählen hierzu folgende Unterlagen:

- Jahresabschluss und Körperschaftsteuererklärung beziehungsweise Einkommensteuererklärung der letzten drei Jahre
- Planungsrechnung für das laufende Jahr mit Soll-Ist-Abgleich
- Planungsrechnung für das kommende Jahr
- Aktuelles Organigramm mit Profilen der Führungskräfte
- Wichtige vertragliche Regelungen

Um die Bedeutung eines ausformulierten Strategiekonzepts und anderer schriftlicher Unterlagen zu verstehen, lohnt sich ein Blick auf die bankinternen Abläufe. Wenn eine Bank über einen Kredit entscheidet, gibt der Bankberater im Anschluss an das Gespräch die Unterlagen an den Innendienst der Bank, die Risk-Abteilung, weiter. Mit dieser Abteilung können Sie nicht in Kontakt treten – Sie erfahren nicht einmal, wer für Ihre Kreditanträge zuständig ist. Mit anderen Worten: Der zuständige Mitarbeiter der Risk-Abteilung beurteilt den Kreditantrag ausschließlich nach den eingereichten Unterlagen, ohne den Antragsteller zu kennen. Die Bank möchte sich an dieser Stelle weder durch Sympathie für den Unternehmer noch durch dessen Überzeugungskraft beeinflussen lassen. Anhand der Zahlen und Fakten überprüft der Innendienstmitarbeiter die Frage: Ist das Unternehmen in der Lage, künftig ausreichende Erträge zu erwirtschaften, um den Kredit zurückzuführen? Nur wenn die Antwort positiv ausfällt, wird der Kredit bewilligt.

Der Businessplan als Entscheidungsgrundlage

Es genügt also nicht, dass der Bankberater, mit dem Sie die Gespräche führen, den Kredit befürwortet. Die Herausforderung liegt darin, zusätzlich einen Dritten, mit dem Sie noch nie Kontakt hatten, von Ihrem Unternehmen und Ihrer geplanten Investition zu überzeugen. Umso mehr kommt es darauf an, die schriftlichen Unterlagen sorgfältig auszuarbeiten und darauf zu achten, dass sie klar und verständlich sind. Als Instrument der Wahl empfiehlt Steuerberater Willi Kreh, einen Businessplan auszuarbeiten, in dem der Unternehmer schlüssig darlegt, wie er sich mit seiner Dienstleistung im Markt positioniert und welche Chancen, aber auch Risiken mit der Investition verbunden sind. Ein solcher Businessplan kann wie folgt gegliedert sein:

- Zusammenfassung (Executive Summary)
- Unternehmen
- Produkte und Dienstleistungen
- Markt und Wettbewerb
- Marketing
- Management und Organisation
- Finanzplanung
- Chancen und Risiken

Die vorangestellte *Zusammenfassung* vermittelt dem Banker in aller Kürze das Wichtigste. Sinnvollerweise verfassen Sie die Zusammenfassung erst, wenn alle anderen Bestandteile des Businessplans erarbeitet sind. Der zweite Teil beschreibt das *Unternehmen* mit seiner rechtlichen, wirtschaftlichen und organisatorischen Struktur. Er lässt sich in folgende Abschnitte gliedern: Unternehmensstruktur, Unternehmenshistorie, Unternehmensstrategie, Einordnung des Leistungsangebots. Im Teil *Produkte und Dienstleistungen* erklären Sie die Beratungsleistung, die Sie anbieten. Welches Problem lösen Sie damit? Worin liegt die Besonderheit Ihres Angebots? Wodurch hebt es sich vom Wettbewerb ab? In welchem Preissegment bewegt sich das Angebot?

Der vierte Teil, *Markt und Wettbewerb,* gibt einen Überblick über den Gesamtmarkt, beschreibt die Zielgruppe und analysiert die Wettbewerbssituation:

- Zunächst stellen Sie den Markt vor, in dem Sie Ihre Leistung anbieten. Wie sieht das Marktpotenzial aus? Wie ist die Marktentwicklung? Welche Trends sind erkennbar?
- Im nächsten Schritt beleuchten Sie die Zielgruppe näher und legen dar, welches brennende Problem die Zielgruppe im Zusammenhang mit Ihrer Beratungsleistung hat.
- Die eigenen Marktchancen und die eigene Wettbewerbssituation lassen sich gut mithilfe einer SWOT-Analyse beschreiben.

Im Kapitel *Marketing* des Businessplans berichten Sie, auf welchen Wegen Sie Ihre Dienstleistung der Zielgruppe präsentieren und bekannt machen wollen. Nehmen Sie Ihre Positionierung und Markenbotschaft als Ausgangspunkt und beschreiben Sie hieraus abgeleitet Ihren Unternehmensauftritt, das Marketingkonzept und die wichtigsten PR-, Werbe- und

Vertriebsmaßnahmen. Beispielhafte Anzeigen, Broschüren oder den Ausdruck einer Newsletter-Ausgabe können Sie dem Businessplan als Anlage beifügen.

Der sechste Teil des Businessplans geht auf *Management und Organisation* des Unternehmens ein. Hier kommt es darauf an, die Bank von Ihrem Team und der Schlagkraft Ihrer Organisation zu überzeugen. Die Aufbauorganisation des Unternehmens lässt sich anschaulich anhand eines Organigramms illustrieren und beschreiben. Stellen Sie die wichtigsten Mitarbeiter mit ihren Stärken vor – einschließlich Ausbildung, Berufserfahrung und Zusatzqualifikationen. Erwähnen Sie auch Kooperationspartner, mit denen Ihr Unternehmen zusammenarbeitet. Und besonders wichtig: Gehen Sie auf den künftigen Personalbedarf und die damit verbundenen Personalkosten ein.

Das siebte Kapitel des Businessplans enthält die *Finanzplanung*. Sie besteht aus Liquiditätsplanung, Ergebnisplanung und Investitionsplanung. Anhand der Plan-Gewinn- und Verlustrechnung rechnen Sie der Bank vor, dass Ihre Geschäftsidee rentabel ist; mit der Liquiditätsplanung zeigen Sie auf, welcher Kapitalbedarf im Zeitverlauf besteht. Da Sie mit der Finanzplanung in die Zukunft blicken, kann es für den Leser des Businessplans hilfreich sein, verschiedene Szenarien kennenzulernen. Spielen Sie deshalb die Planung unter verschiedenen Annahmen – Best Case, Real Case und Worst Case – durch.

Der Businessplan schließt mit einer Darstellung der *Chancen und Risiken* ab. Die Bank erkennt daran, ob Sie als Unternehmer Ihre Lage realistisch einschätzen können. Als Ausgangspunkt hat sich auch hier eine SWOT-Analyse bewährt, anhand deren Sie die Stärken, Schwächen, Chancen und Risiken Ihres Geschäfts zunächst beschreiben. Im nächsten Schritt bewerten Sie die einzelnen Chancen und Risiken hinsichtlich ihrer Eintrittswahrscheinlichkeit und finanziellen Auswirkungen. Hierzu können Sie auf die Ergebnisse der drei Szenarien bei der Finanzplanung (Best Case, Real Case, Worst Case) zurückgreifen.

Fast alle wesentlichen Aussagen im Businessplan beziehen sich auf die Zukunft. Achten Sie darauf, dass die Umsatzprognosen glaubwürdig, die Abschätzungen über die Kosten realistisch und die gesetzten Ziele erreichbar sind. Wenn möglich, ergänzen und belegen Sie die Kernaussagen des Businessplans durch Dokumente wie zum Beispiel Verträge, Lebensläufe, Qualifikationsnachweise, Firmenbroschüre, Leistungsbeschreibungen oder Zertifikate.

8.4 Kredit in der Krise

Auch in der Krise kann eine intakte Bankbeziehung wertvoll sein und den Ausschlag dafür geben, den rettenden Kredit zu bekommen. Vereinbaren Sie mit Ihrem Banker möglichst umgehend einen Termin, wenn sich ein finanzieller Engpass abzeichnet – und gehen Sie dann mit präzisen Vorstellungen ins Gespräch. Es genügt nicht, der Bank die Lage zu schildern und dann darauf zu hoffen, dass der Kundenberater ein Darlehen oder eine neue Kreditlinie vorschlägt.

Rechnen Sie dem Banker stattdessen vor, was genau Sie von der Bank haben möchten. Wenn zum Beispiel Forderungen ausstehen, aber auch große Aufträge erwartet werden, können Sie dem Bankmitarbeiter anhand der laufenden Verbindlichkeiten und voraussichtlichen Geldeingänge präzise aufzeigen, in welcher Höhe und für wie lange ein finanzieller Engpass entsteht. Daraus errechnet sich dann ein zusätzlicher Kreditbedarf, der einschließlich eines gewissen Puffers einen eindeutigen Betrag ausmacht. Fragen Sie den Banker nach seiner Meinung, ob Sie für diesen Betrag einen Überziehungskredit in Anspruch nehmen sollten, wobei die Bank dann die Kreditlinie erweitern müsste, oder ob ein Darlehen sinnvoller wäre. »Diese Alternative kann dann die Frage an den Banker sein«, erklärt Willi Kreh. »Aber dazu muss sich der Unternehmer im Vorfeld klarmachen, ob er 20 000 oder 80 000 Euro haben will, und darf nicht, wie das häufig geschieht, den Banker raten lassen, was er eventuell brauchen könnte.«

Mehr denn je kommt es in der Krisensituation auf aussagefähige Unterlagen an. In jedem Fall erwartet der Banker zu diesem Gespräch die Abschlüsse der letzten drei Jahre, die Einkommen- beziehungsweise die Körperschaftsteuererklärung sowie die aktuelle betriebswirtschaftliche Auswertung. Um sich ein Bild der näheren Zukunft zu machen, benötigt er vor allem aber eine aktuelle Auflistung sowohl der Forderungen als auch der erwarteten Aufträge.

Hier stellt sich meistens das Problem, dass absehbare Aufträge noch längst nicht alle in trockenen Tüchern sind. Wie geht man da vor? Steuerberater Willi Kreh rät zu einer sorgfältigen Schätzung: »Listen Sie die Aufträge auf, jeweils mit Namen des Kunden und Auftragsvolumen – und vermerken Sie dazu, wann das Geld für den Auftrag voraussichtlich eingeht.« Entscheiden Sie also, dass Auftrag A über 10 000 Euro im Juni kommt, Auftrag B über 15 000 Euro voraussichtlich im September – und bei Auftrag C über 12 000 Euro, der noch sehr unsicher ist, vermerken Sie »unter Umständen zum Ende des Jahres«. Diese Schätzung sollten Sie so ehrlich und realistisch wie möglich machen. Sie können davon ausgehen, dass die Bank im Nachhinein die Abweichungen feststellen wird und daran ablesen kann, wie planungssicher Sie die Lage beurteilt haben. Wenn Sie im April eine Planung für das zweite Halbjahr vorlegen und einen Umsatz von 80 000 Euro vorhersehen, tatsächlich gehen aber nur 20 000 Euro ein, dann hinterlässt das bei der Bank sicherlich keinen guten Eindruck. Eine solche Fehleinschätzung kratzt an Ihrer Glaubwürdigkeit als Unternehmer – und damit auch an Ihrer Kreditwürdigkeit.

Doch gute Bankbeziehung hin oder her: Wenn in einer Wirtschaftskrise Kunden reihenweise als sicher geltende Aufträge stornieren und es deshalb finanziell wirklich eng wird, ist es für viele Beratungsunternehmen äußerst schwierig, einen Kredit zu bekommen. Das haben vergangene Krisenjahre zur Genüge gezeigt. Die Herausforderung liegt darin, auch dann noch die Augenhöhe im Bankgespräch zu wahren. Das gelingt nur, wenn der Unternehmer mit klaren Vorstellungen ins Gespräch geht und notfalls auch bereit ist, konsequent an der Kostenschraube zu drehen. Wer Einsparpotenziale aufzeigt und darlegt, wie er seine fixen und variablen Kosten senken wird, belegt nicht nur wirtschaftliches Verständnis für sein Unternehmen, sondern zeigt auch den Willen, die Krise zu meistern. Für die Bank kann das den Ausschlag geben, einen Kredit zu bewilligen.

»Die Bank wünscht Sicherheiten und Liquidität«

Interview mit Willi Kreh, Steuerberater im hessischen
Rosbach vor der Höhe

Bei Existenzgründern ist bekannt, dass sie der Bank einen Businessplan vorlegen müssen, wenn sie einen Kredit wollen. Wie ist das aber, wenn ein bereits bestehendes Beratungsunternehmen eine Wachstumsfinanzierung benötigt?
Nicht viel anders. Der Businessplan wird heute nicht nur bei Existenzgründungen gefordert, sondern auch von Unternehmern, die eine Wachstumsfinanzierung brauchen. Angenommen, das Beratungsunternehmen möchte Mitarbeiter einstellen und benötigt einen Kredit, um drei neue Arbeitsplätze zu finanzieren: Der Unternehmer muss dann darlegen, wofür genau er die neuen Mitarbeiter benötigt und dass sich die Investition rechnet – zum Beispiel indem er erläutert, dass zwei große neue Kunden hinzugekommen sind, die zusätzliche Beratungskapazitäten erfordern, aber auch zusätzliche Ein-

nahmen bringen. Der Businessplan bietet die Gelegenheit, diese Zusammen-hänge nachvollziehbar darzustellen.

Worauf kommt es beim Businessplan im Falle einer Wachstumsfinanzierung an?

Der Businessplan beinhaltet immer einen Prosateil und einen Zahlenteil. Im Textteil stellt der Unternehmer sein Unternehmen und seine Dienstleistun-gen dar, informiert über seinen Markt und seine Positionierung gegenüber dem Wettbewerb, erklärt sein Marketing und beschreibt Organisation und Management seines Unternehmens. Vor allem aber zeigt er auf, welche Chancen und Risiken mit der geplanten Investition verbunden sind. Hier erwartet die Bank eine realistischen Einschätzung. Wer seine Pläne nicht schönfärbt, sondern auch die eine oder andere Schwäche einräumt, gewinnt an Glaubwürdigkeit.

Und der Zahlenteil des Businessplans? Welche Informationen muss er auf jeden Fall enthalten?

Wichtig sind drei Aufstellungen: Ergebnisplanung, Finanzierungs- oder In-vestitionsplanung und Liquiditätsplanung. Für den Banker, aber natürlich auch für den Unternehmer selbst gibt es einen wichtigen Grundsatz: Liquidi-tät geht vor Ertrag. Der tollste Gewinn nützt nichts, wenn das Unternehmen nicht zahlungsfähig ist.

Wer einen Mitarbeiter einstellt, muss darlegen, dass er dauerhaft einen höheren Umsatz erzielt ...

Ja, und eben deshalb kommt es darauf an, Chancen und Risiken sorgfältig abzuwägen. Die Bank erwartet hier, dass der Unternehmer die Risiken nicht nur bewertet, sondern auch sagen kann, wie er notfalls gegensteuert, wenn die Erwartungen nicht eintreffen.

Ein solches Risikomanagement ist ja nicht nur für die Bank sinnvoll.

Richtig. Der Unternehmer verfügt damit auch selbst über ein wichtiges be-triebliches Steuerungsinstrument. Die Existenz solcher Controllingwerk-zeuge beeinflusst wiederum die Entscheidung des Bankers positiv. Denn wenn die Bank Geld geben soll, möchte sie ja auch wissen, wie es um die Gegenwart und Zukunft des Kreditnehmers bestellt ist und wie er seinen wirtschaftlichen Erfolg sichern will.

Kann der Unternehmer den Businessplan auch von einem Dienstleister, etwa einem Bankstrategieberater, schreiben lassen?

Das halte ich für einen Fehler! Sich einen Berater zur Seite zu stellen ist in Ordnung. Doch einen Berater den Businessplan schreiben zu lassen halte ich für falsch. Aus zwei Gründen. Erstens ist dieses Vorgehen riskant. Der Banker kann anhand von einigen gezielten Fragen schnell herausfinden, ob der Unternehmer den Businessplan selbst geschrieben hat. Es ist einfach ein Unterschied, ob sich ein Unternehmer tage- und wochenlang selbst mit seinem strategischen Konzept und seinem Businessplan auseinandersetzt oder einem Dienstleister 2000 Euro bezahlt, damit er einen Businessplan zur Vorlage bei der Bank erstellt.

Und der zweite Grund?
Als Unternehmer sollte er sich ohnehin mit den Fragen beschäftigen, um die es im Businessplan geht. Letztlich verfasst er ihn nicht für die Bank, sondern für sich selbst. Um sein Unternehmen erfolgreich zu führen, muss er ja wissen, wie sich sein Geschäft in Zukunft entwickelt, wie er seine Ziele erreicht – wie er zum Beispiel den Umsatz erreicht, den er benötigt, um die drei zusätzlichen Mitarbeiter finanzieren zu können. Unter dem Strich muss so viel Geld übrig bleiben, dass er nach Abzug aller Ausgaben, auch der Finanzierungskosten für den Bankkredit, davon leben kann. Das liegt in seinem Interesse, aber ebenso im Interesse der Bank.

Was ist Ihre Rolle als Bankstrategieberater? Wie unterstützen Sie einen Unternehmer, der einen Kredit benötigt?
Ich unterstütze den Unternehmer bei der Vorbereitung auf das Bankgespräch, zum Beispiel durch Rollenspiele, damit er auf kritische Fragen souverän reagieren kann. Er entscheidet dann, ob er alleine ins Gespräch geht oder ich ihn begleite. Das Gespräch mit dem Banker führt er aber in jedem Fall selbst. Wenn ich ihn begleite, gebe ich ihm Rückendeckung während des Gesprächs – etwa dann, wenn er ins Stocken gerät oder die Antwort auf eine steuer- oder bankfachliche Frage nicht weiß.

Im Idealfall treffen sich Unternehmer und Banker auf Augenhöhe. Doch was ist in einer Krisensituation, wenn der Unternehmensberater dringend einen Kredit benötigt. Ist er da nicht zwangsläufig in einer Bittstellersituation?
Mehr denn je ist hier eine gute Vorbereitung des Gesprächs entscheidend. Der Unternehmer sollte sich überlegen, worauf es der Bank ankommt – und was er der Bank anbieten kann. Wenn er sich unter diesem Blickwinkel auf das Gespräch vorbereitet, besteht eine gute Chance, dem Banker auch in einer schwierigen Situation auf Augenhöhe zu begegnen.

Was heißt das konkret?

Das Interesse der Bank ist es ja, geliehenes Geld mit Zinsen wieder zurückzubekommen. Der Banker möchte deshalb wissen, ob der Unternehmer in der Lage ist, ein Darlehen zurückzuzahlen. Entscheidend sind für die Bank zwei Aspekte: Sicherheiten und Liquidität. Früher schielten die Banken vor allem auf Sicherheiten, heute blicken sie mindestens genauso sehr auf den Schuldendienst. Mit beiden Aspekten sollte sich der Unternehmer befassen, bevor er ins Gespräch mit der Bank geht: Welche Sicherheiten kann er der Bank anbieten, etwa in Form von Grundschulden oder der Abtretung einer Lebensversicherung? Prüfen sollte er auch, ob er möglicherweise einen Kredit über eine Bürgschaftsbank absichern kann. Mit Blick auf die Liquidität muss er darlegen, wie er für den Schuldendienst aufkommt. Das Prinzip, nach dem der Banker entscheidet, ist im Kern ganz einfach: Das Unternehmen muss jeden Monat genügend Geld erwirtschaften, um nach Abzug aller Ausgaben Zinsen und Tilgung zahlen zu können. Das schlüssig aufzuzeigen – darin liegt die Aufgabe des Unternehmers im Bankgespräch.

Zusammenfassung

Kein Geld von der Bank – das ist bitter, manchmal sogar existenzgefährdend. Bitter, wenn Sie eigentlich alles richtig gemacht haben: Die Positionierung beginnt zu greifen, PR, Werbung und Vertrieb zeigen erste Früchte, die Aufträge kommen – Zeit also, um durchzustarten. Die Bank jedoch hält Sie nicht für kreditwürdig und verweigert den Kredit für die Vorfinanzierung der Expansionspläne. Existenzgefährdend, wenn Sie Ihr Unternehmen ohne Hilfe der Bank aufgebaut haben, jetzt aber wegen einer Wirtschaftskrise die Aufträge ausbleiben: Das Geld reicht nicht aus, doch die Bank kennt Ihr Unternehmen nicht, misstraut Ihrem Geschäftsmodell – und lehnt einen Kredit ab.

Es kann immer passieren, dass die Bank einen Kredit ablehnt. Doch lässt sich dieses Risiko mit einer guten Bankstrategie erheblich reduzieren. Dabei kommt es vor allem auf drei Aspekte an:

- Bauen Sie frühzeitig eine Beziehung zur Bank auf und nicht erst, wenn Sie einen Kredit brauchen. Die Wahrscheinlichkeit einer Zusage ist größer, wenn bereits eine Vertrauensbasis besteht.
- Pflegen Sie die Bankkontakte kontinuierlich. Reichen Sie geforderte Unterlagen pünktlich ein, informieren Sie regelmäßig über die Entwicklung Ihres Unternehmens. Vor allem: Stellen Sie die Bank nicht vor vollendete

Tatsachen, sondern informieren Sie frühzeitig über absehbare finanzielle Engpässe.

- Bauen Sie eine gleichwertige Beziehung zu einer zweiten Bank auf. Sie verschaffen sich dadurch zusätzlichen Handlungsspielraum. Wenn die eine Bank einen Kredit ablehnt, besteht durchaus die Chance, bei der anderen noch zum Zuge zu kommen.

Kapitel 9

Personal

Gute Mitarbeiter gewinnen

Klein, aber attraktiv

Es muss nicht McKinsey sein. »Für mich war klar, nach meinem Studium in eine Beratung zu gehen«, erzählt eine junge Betriebswirtin, die seit einem Jahr als Juniorberaterin in einer Restrukturierungsberatung arbeitet. Zufällig hatte sie während des Studiums einen früheren Mitarbeiter kennengelernt, der das Beratungsunternehmen bereits kannte und viel Positives zu berichten wusste. »Nachdem ich mir den Internetauftritt und einige Presseartikel angesehen hatte, war ich überzeugt, dass es das richtige Unternehmen für meinen Einstieg ins Berufsleben sein würde.«

Offensichtlich gelingt dieser Restrukturierungsberatung mit ihren derzeit 27 Mitarbeitern, womit sich die meisten kleineren Beratungsunternehmen schwertun: als Arbeitgeber attraktiv sein. Mehrere Nachwuchskräfte kamen bereits aus einer studentischen Unternehmensberatung, mit der die Restrukturierungsberatung seit einigen Jahren zusammenarbeitet, wenn es um die Erstellung von Studien und Umfragen geht. »Das sind tolle Leute, motiviert und voller Tatendrang«, schwärmt der Geschäftsführer. »Sie passen perfekt zu unserer jungen und dynamischen Beratung.«

Dem Geschäftsführer ist klar, dass er die Berufseinsteiger nur für begrenzte Zeit im Unternehmen halten kann. Es schmerzt zwar, wenn ein Berater nach ein paar Jahren das Unternehmen verlässt, doch insgesamt sieht der Geschäftsführer den Verlust eher gelassen. Fast könnte man sagen, dass er inzwischen aus der Not eine Tugend macht: Schon zwei Mal hat er einem

Mitarbeiter dabei geholfen, in ein Kundenunternehmen zu wechseln. »Wenn die Leute uns schon verlassen wollen, dann sollen wenigstens unsere Kunden etwas davon haben«, bemerkt er trocken. Außerdem könne es nicht schaden, bei Kunden in Schlüsselpositionen »eigene Leute« sitzen zu haben. Mittlerweile hat es sich an der Universität, zumindest in jener studentischen Unternehmensberatung, herumgesprochen, dass man nicht unbedingt zu McKinsey oder Boston Consulting muss, wenn man ein Beratungsunternehmen als erste Stufe auf der Karriereleiter nutzen will.

Das Personalkonzept der Restrukturierungsberatung setzt auf Kontinuität. »Wir sind immer auf der Suche nach neuen Mitarbeitern«, signalisiert das Unternehmen auf seiner Homepage unter einem eigenen Menüpunkt »Karriere«. Auf der einen Seite investiert es ständig in die Mitarbeitergewinnung, positioniert sich als attraktiver Arbeitgeber und stellt kontinuierlich neue Mitarbeiter ein – auf der anderen Seite lässt es gute Leute dann auch wieder ziehen.

Um Wachstumspläne realisieren zu können, benötigt ein Beratungsunternehmen gute Mitarbeiter. Wie elegant dieses Personalproblem gelöst werden kann, zeigt das Beispiel dieser Restrukturierungsberatung. Meistens ist die Realität jedoch eine andere: Da ergeben sich ziemlich überraschend neue Projekte, nun wird ein Mitarbeiter benötigt. Es muss schnell gehen, also gibt man in verschiedenen Medien eine Anzeige auf, doch ein brauchbarer Bewerber findet sich nicht. Dabei hätte schon vorher klar sein können: Gute Nachwuchskräfte sind rar, auch in der Beratungsbranche.

In dieser ohnehin schwierigen Arbeitsmarktlage haben kleine und mittlere Beratungsunternehmen zusätzlich das Nachsehen. Allzu sehr erliegen junge Talente den Verlockungen der Großen. McKinsey, Boston Consulting, Roland Berger – das verspricht große weite Welt, Karriere, Kontakte, Ruhm und Aufstieg. Ein kleines mittelständisches Beratungshaus kann da vermeintlich nicht mithalten. Nicht nur bei Nachwuchskräften, auch auf Consultant- oder Senior-Consultant-Level gestaltet sich die Personalsuche schwierig. Zwar lässt sich ein gestandener Berater nicht so sehr von Lifestyle und großen Namen locken, dafür kennt er aber seinen eigenen Wert. Das Problem ist hier: Richtig gute Leute wissen, dass sie alleine sehr viel mehr verdienen können. Viele von ihnen entscheiden sich deshalb nicht für das Angestelltendasein, sondern für die Selbstständigkeit.

Kleinere Beratungsunternehmen haben es somit an beiden Enden, bei den jungen Mitarbeitern ebenso wie bei den Senior-Consultants, besonders schwer, gute Mitarbeiter zu bekommen. Was lässt sich dem entgegensetzen? Wie gelangen Sie als kleines oder mittelständisches Beratungshaus an die Mitarbeiter, die Sie für Ihre geplante Unternehmensentwicklung benötigen?

Notwendig sind eine wohlüberlegte Strategie (Abschnitt 9.1) und ein Vorgehen, das auf die besonderen Stärken eines kleineren Beratungsunternehmens setzt (Abschnitte 9.2 bis 9.4).

9.1 Strategie: Hidden Champion versus McKinsey & Co.

Auch wenn Sie als kleineres Beratungsunternehmen mit den klangvollen Namen der Großen nicht mithalten können: Ein attraktiver Arbeitgeber können Sie dennoch sein. Das setzt allerdings voraus, dass Ihr Unternehmen klar positioniert ist, am Aufbau der Marke arbeitet und konsequent Marketing und Vertrieb betreibt. Wenn alles gut geht, sind Sie mit einer spezialisierten Beratungsleistung auf dem Weg zu einem »Hidden Champion« der Beraterbranche. Eine solche Entwicklung zum »stillen Star« strahlt auch auf den Arbeitsmarkt ab.

Eine erfolgreiche Strategie, um als kleineres Beratungshaus neue Mitarbeiter zu gewinnen, setzt sich aus drei wesentlichen Bausteinen zusammen:

- *Stärken.* Stellen Sie gegenüber potenziellen Mitarbeitern die besonderen Vorzüge des Unternehmens heraus.
- *Zielgruppen.* Rekrutieren Sie Mitarbeiter auch auf unkonventionellen Feldern.
- *Kontinuität.* Suchen Sie konstant nach Mitarbeitern

Strategiebaustein 1: Die eigenen Stärken

Bei Aspekten wie Gehalt, Kontaktnetzwerk oder Globalität dürfte es Ihr Unternehmen mit den Großen der Branche kaum aufnehmen können. Also versuchen Sie es besser gar nicht erst. Zeigen Sie stattdessen die Vorzüge, durch die Sie sich unterscheiden. Was können Sie speziell als kleineres Beratungsunternehmen einem Junior-Consultant anbieten? Ein kurzes Brainstorming zeigt, dass es eine ganze Reihe an Vorteilen gibt:

- *Direkte und schnelle Verantwortung.* Ein Juniorberater ist im kleinen Beratungsunternehmen schnell und direkt gefordert.
- *Umsetzungsnähe.* Kleine Beratungsunternehmen sind oft sehr umsetzungsstark – was einem jungen Consultant besondere Lernchancen eröffnet.

- *Kleines Team.* Es besteht nicht nur ein enger Austausch unter Kollegen, auch der Geschäftsführer ist ansprechbar. Der Juniorberater ist nahe am »richtigen Chef«, der ihn als Sparringspartner unterstützt und fördert.
- *Kundennähe.* In einem kleinen Beratungsunternehmen bekommt auch der Juniorberater schnell Kontakt zu Kunden und arbeitet viel mit Kunden zusammen.
- *Spezialexpertise.* Kleine Beratungsunternehmen verfügen je nach Positionierung über besonderes Wissen – zum Beispiel über Zukunftsmärkte, Branchen, Business-Intelligence oder Forschung und Entwicklung. Hiervon kann ein inhaltlich orientierter Juniorberater profitieren.
- *Work-Life-Balance.* Auch im kleinen Beratungsunternehmen ist die Arbeitsbelastung hoch, aber ganz so stark wie in den großen Häusern ist der Druck im Allgemeinen nicht.

Analog dazu verfahren Sie mit Blick auf Seniorberater. Welche Vorzüge kommen bei diesen besonders gut an? Für manchen angestellten Manager, der mit einer Tätigkeit als Berater liebäugelt, kann der inhaltliche Austausch im Team wichtig sein – möglicherweise so wichtig, dass er eine Anstellung in einem Beratungsunternehmen dem Einzelkämpferdasein vorzieht. Vielleicht gilt seine Leidenschaft auch einem Spezialgebiet, in das er inhaltlich noch tiefer einsteigen möchte. Weil ihm die aktuelle Position hierzu keine Möglichkeit bietet, könnte der Wechsel in eine hoch spezialisierte Beratung für ihn eine interessante Alternative sein.

Die strategische Kernüberlegung lautet also: Spielen Sie die Stärken aus, mit denen speziell Ihr Unternehmen bei potenziellen Mitarbeitern punkten kann.

Strategiebaustein 2: Unkonventionelle Zielgruppen

Wenn Berater einen Mitarbeiter suchen, denken sie meistens an Universitätsabsolventen oder an Kollegen, die in einem anderen Beratungsunternehmen angestellt sind. Dabei übersehen sie, dass es noch weitere, auch eher unkonventionelle Zielgruppen gibt, die ein lohnendes Rekrutierungsfeld darstellen können.

Angestellte Führungskräfte, die Berater werden wollen

Angestellte können sich häufig eine Tätigkeit als Berater vorstellen, scheuen aber den Schritt in die Selbstständigkeit. Der Sprung in eine Großberatung gelingt, sofern sie ihn überhaupt wollen, nur selten. Ein kleines Beratungsunternehmen kann für sie deshalb eine interessante Alternative sein – zumal dann, wenn es auf ihr Fachgebiet spezialisiert ist. Für einen Marketingleiter liegt es nahe, sich bei einer Marketingberatung zu bewerben, für einen Einkäufer bei einer Einkaufsberatung, für einen Controller zum Beispiel bei einem Turnaround-Spezialisten.

Warum also nicht auch einmal in Unternehmen der Kundenbranche Ausschau halten? Gerade im mittleren Management finden sich dort immer wieder Führungskräfte, die gerne in eine Beratung wechseln würden. Oft lohnt es sich deshalb, im betreffenden Branchenleitmedium eine Anzeige zu schalten – also zum Beispiel in der *Automobilwoche*, wenn Ihr Unternehmen auf die Automotive-Branche spezialisiert ist.

Beachten Sie, dass angestellte Führungskräfte in der Regel keine unternehmerisch veranlagten Persönlichkeiten sind. Wer sich aus einem Unternehmen heraus für einen Wechsel in eine andere Anstellung entscheidet, möchte unternehmerische Aufgaben eher vermeiden. Er verspürt deshalb in der Regel auch keine Lust auf Akquise – was viele Beratungsunternehmen aber von ihren Mitberatern erwarten. Wäre er ein guter Akquisiteur, würde er sich aber vermutlich selbstständig machen, anstatt sich bei Ihnen zu bewerben und als Angestellter in einem kleinen Beratungsunternehmen zu arbeiten.

Selbstständige Berater

Auf den ersten Blick mag es abwegig erscheinen – doch auch selbstständige Berater können an einer Anstellung interessiert sein. Mancher Selbstständige merkt nach einigen Jahren, dass er an seine Grenzen stößt. Eine solche Grenze kann die Akquise sein, also der ständige Druck, neue Kunden gewinnen zu müssen. Auch das Dasein als Einzelkämpfer kann unzufrieden machen und den Wunsch wecken, doch lieber in einem Team zu arbeiten. Oder der selbstständige Berater stößt inhaltlich an Grenzen und kommt zu dem Schluss, dass er von der Expertise eines spezialisierten Beratungsunternehmens profitieren könnte.

In Kapitel 1 hatten wir den Typ des Neugierigen kennengelernt, der sich aus Freude am Inhaltlichen selbstständig macht – eine Motivation, die dem Unternehmerischen häufig entgegensteht. Der Neugierige neigt dazu, den unternehmerischen Part seiner Selbstständigkeit zu vernachlässigen, weil er sich zu sehr um die inhaltlichen Aspekte seiner Beratungsleistungen kümmert. Es ist durchaus möglich, dass ein inhaltlich motivierter Berater nach einigen Jahren zu dem Schluss kommt, die Rolle des Unternehmers wieder aufzugeben und stattdessen in ein spezialisiertes Beratungsunternehmen zu gehen, in dem er sich vorwiegend den inhaltlichen Themen widmen kann.

Es gibt also mehrere gute Gründe, die einen selbstständigen Berater dazu veranlassen können, doch lieber in einer festen Struktur zu arbeiten. Überlegen Sie, wie Sie diese Zielgruppe ansprechen – etwa über ein Netzwerk wie XING oder bei Veranstaltungen, die von selbstständigen Beratern besucht werden.

Studentische Unternehmensberatungen

Nahezu an jeder Hochschule haben sich studentische Unternehmensberatungen gegründet. Sie können ein lohnendes Rekrutierungsfeld sein, wenn Sie einen Juniorberater gewinnen wollen. Halten Sie dorthin Kontakt, indem Sie gelegentlich einen Vortrag halten oder kleinere Aufträge vergeben. Zum Beispiel können Sie, wie die Restrukturierungsberatung im Eingangsbeispiel dieses Kapitels, gemeinsam mit einer studentischen Unternehmensberatung Umfragen durchführen oder Studien erstellen. Wenn die dort tätigen Studenten später einen Job suchen, kennen sie Ihr Unternehmen – und es kann durchaus sein, dass der eine oder andere Interesse bekundet.

Strategiebaustein 3: Konstant suchen

Ein neuer Mitarbeiter stellt eine hohe Investition dar, die gut überlegt sein will. Als Faustregel gilt, dass ein Berater das Zwei- bis Dreifache von dem einspielen muss, was er kostet. Es ist deshalb nachvollziehbar, dass viele Berater auf Nummer sicher gehen wollen und mit der Mitarbeitersuche warten, bis ein Projekt den Mitarbeiter finanziert. Das hat häufig unangenehme Folgen: Ist das Projekt endlich in trockenen Tüchern, findet man auf die Schnelle keinen Mitarbeiter und beklagt sich über den leer gefegten Arbeitsmarkt. Gelingt es dann vielleicht doch noch, einen Mitarbeiter an Bord zu holen, geht das Projekt irgendwann zu Ende. Man hat dann einen Mitarbeiter eingestellt, der nicht mehr ausgelastet ist – und beklagt sich darüber, dass er nicht mehr entlassen werden kann.

Deutlich wird: Die Dinge passen hier nicht mehr zusammen. Wer bei der Mitarbeitersuche kurzfristig nach Bedarf agiert, wird kaum erfolgreich ein Unternehmen aufbauen. Wie in Kapitel 2 ausgeführt, sind die Mitarbeiter eine der Lebensadern des Unternehmens und damit essenzieller Teil der Unternehmensstrategie. Dementsprechend ist an dieser Stelle ein strategischer Ansatz erforderlich – und das bedeutet vor allem eines: Kontinuität. Wenn es eine Strategieplanung gibt und klar ist, dass das Unternehmen wächst und mittelfristig zusätzliche Mitarbeiter braucht, empfiehlt sich eine konstante Suche. Gute Leute stehen nun einmal nicht auf der Straße und warten darauf, dass eine kleine Beratung nach ihnen ruft.

Suchen Sie also permanent nach guten Leuten. Wenn Sie dann einen passenden Mitarbeiter finden, stellen Sie ihn ein – und suchen anschließend gegebenenfalls nach einem Projekt für ihn. Begegnet Ihnen ein guter Kandidat, den Sie aus irgendeinem Grund nicht einstellen können, empfiehlt es sich, mit ihm weiter Kontakt zu halten. Schicken Sie ihm hin und wieder einen Artikel oder rufen Sie ihn gelegentlich an. Bei der Mitarbeitersuche gilt das gleiche Prinzip wie im Vertrieb: Möglichst viele heiße Eisen im Feuer behalten!

Wenn Sie konstant neue Mitarbeiter einstellen, dauert es eine gewisse Zeit, bis sich diese Mitarbeiter selbst refinanzieren. Möglicherweise benötigen Sie hierfür einen Kredit und eine entsprechende Vereinbarung mit der Bank (siehe Kapitel 8). Auf jeden Fall setzt das Konzept eine gewisse Standfestigkeit des Unternehmens voraus. Konkret heißt das: Die Positionierung greift, es bestehen klare Vorstellungen über die Weiterentwicklung des Unternehmens und die Finanzierung des geplanten Wachstums ist gesichert.

Wenn diese Voraussetzungen erfüllt sind, spricht viel für die Strategie der permanenten Mitarbeitersuche. Vor allem lässt sich dann die Situation vermeiden, ad hoc einen Kandidaten finden zu müssen. Unter Zeitdruck hat man schnell 5000 Euro für Stellenanzeigen ausgegeben, womöglich ohne Erfolg. Zudem ist die Gefahr groß, in der Not einen Mitarbeiter einzustellen, der nicht wirklich passt. Ist die Mitarbeitersuche dagegen langfristig angelegt, sind Kompromisse überflüssig. Dann besteht genügend Zeit, rundum geeignete Kandidaten zu finden.

9.2 Präsenz zeigen als attraktiver Arbeitgeber

Konstant Mitarbeiter suchen: Diese auf Kontinuität ausgerichtete Personalstrategie hat auch mit Blick auf die Rekrutierung ihren besonderen Charme. Wer konstant Mitarbeiter sucht, kann auch langfristig wirkende Instrumente einsetzen – mit dem Ziel, als attraktiver Arbeitgeber Präsenz zu zeigen und potenzielle Kandidaten auf sich aufmerksam zu machen. Vor allem drei Wege bieten sich hier an: eine Karriereseite im Internet, eine auf Mitarbeitergewinnung ausgerichtete PR und eigene Recruiting-Veranstaltungen.

Instrument 1: Karrierebereich auf der Webseite

Bei Großunternehmen ist es gang und gäbe, dass es auf der Homepage einen eigenen Bereich gibt, der sich an mögliche Bewerber richtet. Was spricht dagegen, diesem Beispiel zu folgen? Ab einer bestimmten Unternehmensgröße, etwa fünf bis sieben Mitarbeiter, kann ein Karriereteil auf der eigenen Webseite ein sehr interessantes Instrument sein. Bislang machen das nur wenige kleine oder mittelgroße Beratungshäuser – doch gerade das verspricht einen Wettbewerbsvorteil.

Positionierung als Arbeitgeber

Wie die Internetseite insgesamt hat auch der Karriereteil nicht das Ziel, sofortiges Feedback zu generieren. Nur weil die Mitarbeiterseite existiert, können Sie nicht erwarten, dass sich auf eine hier ausgeschriebene Stelle postwendend Kandidaten melden. Die Funktion der Karriereseite liegt vielmehr darin, Ihr Unternehmen als attraktiven Arbeitgeber vorzustellen. So wie Sie das Unternehmen mit dem Hauptteil der Internetseite auf dem Kundenmarkt bekannt machen, so zeigen Sie auf den Karriereseiten gegenüber potenziellen Mitarbeitern Flagge.

Es genügt nicht, unter dem Menüpunkt »Karriere« nur die offenen Stellen anzuzeigen – wie es so häufig der Fall ist. Wer die Seite aufruft, ist an einer Position und damit auch an weitergehenden Informationen interessiert. Er ist neugierig darauf, was das Unternehmen ihm anbietet und wie er hier Karriere machen kann. Für ein kleineres Beratungsunternehmen kommt es deshalb darauf an, ein Stück von sich selbst preiszugeben, zugeschnitten auf das Informationsbedürfnis möglicher Bewerber. Der Karrierebereich kann durchaus umfangreich sein und mehrere Unterseiten umfassen.

Aufwendige, inhaltlich spannende Karriereseiten haben darüber hinaus eine Signalwirkung: Deutlich wird, dass das Unternehmen nicht nur nebenbei nach Mitarbeitern sucht, sondern das Thema wirklich ernst nimmt. So gelingt es, mit der Zeit als Arbeitgeber bekannt zu werden und – analog zur Markenbildung auf der Kundenseite – eine Marke als Arbeitgeber aufzubauen.

Hinzu kommt ein bemerkenswerter Nebeneffekt: Wie sich anhand hoher Zugriffszahlen belegen lässt, wird der Karriereteil häufig auch von Kunden gelesen. Findet ein möglicher Kunde unter dem Menüpunkt »Karriere« nur zwei oder drei Stellenanzeigen, verbunden mit ein paar Allgemeinplätzen wie »Wir wachsen« oder »Wir sind erfolgreich«, wird das bei ihm wenig bewirken. Erkennt er jedoch, dass das Unternehmen in das Thema »Mitarbeiter«

wirklich investiert und offenbar dauerhaft nach Mitarbeitern sucht, suggeriert das eine gewisse Potenz. Es deutet auf eine erfolgreiche Unternehmensentwicklung hin – und das ist auch für potenzielle Kunden eine wichtige Botschaft. Mit einem gut gemachten Karrierebereich signalisieren Sie dem Kunden: »Wir sind ein wachsendes und sehr erfolgreiches Unternehmen.«

Inhalte des Karrierebereichs

Im Karrierebereich stellen Sie die Besonderheiten Ihres Unternehmens heraus – eben jene Vorzüge, die Ihr kleineres Unternehmen von den Großen der Branche unterscheidet. Zeigen Sie zum Beispiel auf, wie ein Mitarbeiter in Ihrem Unternehmen besondere Expertise erwirbt, wie er schnell operativ gefordert ist oder wie er nach kurzer Zeit Verantwortung für Ergebnisse übernimmt. Im Einzelnen kann der Karrierebereich aus folgenden Inhalten bestehen:

- *Knackige Statements zum Arbeitgeber.* Benennen Sie, was Ihr Unternehmen zu etwas Besonderem macht – zum Beispiel unter der Überschrift: »Sieben Dinge, die Sie über uns als Arbeitgeber wissen sollten.«
- *Kleiner Chemiecheck.* Anhand von sieben bis zehn Aussagen, die Sie zu Ihrem Unternehmen treffen, kann der Interessent feststellen, ob er zu Ihnen passt.
- *Statements von Mitarbeitern.* Mit Fotos und Statements präsentieren sich die Berater und stellen aus ihrer Sicht die Highlights des Unternehmens vor.
- *Interviews mit Mitarbeitern.* Verschiedene Mitarbeiter beantworten Fragen zum Unternehmen – wie zum Beispiel: »Warum haben Sie sich bei XY-Consulting beworben?« – »Wie sieht Ihr Alltag aus?« – »Was macht XY-Consulting besonders?« – »Welche Tipps würden Sie Bewerbern geben?« – »Was sind Ihrer Meinung nach die Voraussetzungen, um bei XY-Consulting erfolgreich zu sein?« – »Wie ist der Umgang unter Kollegen?« – »Was würden Sie einem neuen Mitarbeiter mit auf den Weg geben?«
- *Bericht eines Junior-Consultants.* Ein junger Mitarbeiter berichtet über sein erstes Jahr als Juniorberater im Unternehmen.
- *Online-Bewerbung.* Der Karrierebereich ermöglicht einem Interessenten, sich sofort online zu bewerben. In die Bewerbung lassen sich auch gleich einige Testfragen einbinden.
- *Stellenanzeigen.* Selbstverständlich enthält der Karrierebereich Stellenanzeigen, wenn das Unternehmen gerade Positionen zu besetzen hat.

- *FAQ – häufig gestellte Fragen.* Auf einer FAQ-Seite können Sie Fragen aus Sicht der Bewerber auflisten und beantworten – und durchaus auch kritische Einwände entkräften, wie zum Beispiel: »Lohnt es sich denn, bei einem kleinen Unternehmen einzusteigen?«

Ausgehend von der Positionierung und Markenbotschaft verfolgen die Karriereseiten zunächst das Ziel, mögliche Bewerber auf die Vorzüge des Unternehmens hinzuweisen. Formulieren Sie im zweiten Schritt dann auch Ihre Erwartungen – klar, konkret und eindeutig, ohne dass Sie sich in den üblichen Floskeln wie Flexibilität, Teamfähigkeit oder Kundenorientierung verlieren.

Die folgenden zwei Beispiele zeigen, wie die Texte auf den Karriereseiten des Internetauftritts aussehen können.

Beispiel 1: Statements zum Arbeitgeber

Die O'Donovan Consulting AG in Bad Homburg, ein mittelgroßes Beratungsunternehmen mit rund 20 Mitarbeitern, beschreibt unter dem Menüpunkt »Karriere« wie folgt ihre Stärken als Arbeitgeber:

Sieben Dinge, die Sie über O'Donovan als Arbeitgeber wissen sollten

- Wir schaffen Service-Exzellenz. Unsere Projekte sind sehr vielfältig: von eng umrissenen Aufgaben bis hin zu komplexen Projekten wie der internationalen Prozessharmonisierung.
- Unsere Kunden sind ebenso vielfältig wie unsere Projekte: Wir beraten sowohl Konzerne wie die Thomas Cook AG, die Bahn und T-Mobile als auch Mittelständler aus unterschiedlichen Branchen.
- Aufgrund der unterschiedlichen Projekte und Kunden brauchen wir Mitarbeiter, die mit anpacken, ohne den Blick für das Ganze zu verlieren. Ob Junior, Consultant oder Senior: Sie übernehmen schnell Verantwortung und tragen so maßgeblich zum Projekterfolg bei.
- Voraussetzung für das schnelle Übernehmen von Verantwortung ist unserer Erfahrung nach ein sehr persönliches Arbeitsklima: Die Vorstände der O'Donovan Consulting AG sind Ihre direkten Ansprechpartner – fachlich und menschlich.
- Unsere Motivation ist die Freude an der Arbeit. Deshalb ist Lachen bei uns nicht grundsätzlich verboten.
- Wer seinen Marktwert nicht steigert, verliert an Wert. Das ist unsere Überzeugung. Und daher fordern wir viel von Ihnen: von der Teilnahme

an zertifizierten Weiterbildungen bis hin zur Arbeit an Ihrer persönlichen Profilierung mit unserem Marketingcoach ... So steigern Sie regelmäßig Ihren Marktwert. Das nutzt uns, vor allem aber Ihnen.

- Wir sind keine Freunde von zu großen und zu vielen Worten, weshalb nur noch zu sagen bleibt: Wir freuen uns auf Ihre Bewerbung.

Beispiel 2: FAQ – häufig gestellte Fragen

Die Rede ist im Folgenden von einer Einkaufsberatung, die sich als Elitetruppe für die Optimierung des Einkaufs versteht. »Komplexe Projekte, ausgesprochene Spezialthemen und schwierige Beziehungsgeflechte brauchen mehr als Einkaufsberatung nach Lehrbuch«, beschreibt der Geschäftsführer das Selbstverständnis seines Unternehmens. »Benötigt werden begeisterte Kämpfer für die Sache, die wissen, was sie tun, und dabei das Gespür für gute Kommunikation und effektives Miteinander beibehalten.«

Der Internetauftritt inszeniert das Beraterteam dementsprechend als eine eingespielte Elitetruppe, in der man sich duzt – und es gewohnt ist, Spezialthemen anzupacken und zu meistern. Dieser Inszenierung folgt auch der Karrierebereich. Ruft der Leser den Menüpunkt »Karriere« auf, gelangt er als Erstes auf eine Seite mit drei Stellenbeschreibungen:

Mitmachen

Unser Anspruch lautet: Elitetruppe. Wer einen solchen Anspruch halten will, braucht die richtigen »Kämpfer für die Sache«. Genau die suchen und stellen wir ein:

Business-Analyst

Eine exzellente Elitetruppe kennt ihr Terrain wie die eigene Westentasche. Dafür sorgst Du durch sorgfältige Recherchen, präzise Zuspitzung der vorhandenen Daten, passgenaue Ausschreibungen und zuverlässige Analysen des Beschaffungsmarktes.

Associate

Als Associate übernimmst Du die Aufgaben eines Business-Analysten sowie die Leitung von Teilprojekten. Du bist ein ausgewiesener Experte in speziellen Einkaufsgebieten und überzeugst den Kunden durch Dein profundes Know-how.

Projektleiter

Du stehst an der Front: als Einsatzleiter bei unseren vielfältigen Spezialaufträgen. Du planst und koordinierst Dein Projekt selbstständig, steuerst nach, wenn nötig, und sorgst für vollkommene Zufriedenheit unseres und Deines Kunden.

Was macht die Arbeit bei einer Einkaufsberatung mit dem hohen Anspruch Elitetruppe aus? *Lesen Sie mehr …*

Zusätzliche Informationen finden Sie auch in unseren *» FAQ für Mitarbeiter«*

Zwei weitere Seiten ergänzen diesen Einstieg. Da ist zunächst die Frage, was die Arbeit bei einer Einkaufsberatung mit dem hohen Anspruch einer Elitetruppe ausmacht. Klickt der Leser hier auf den Link, erhält er folgende Antwort in fünf Punkten:

Fünf Dinge, die Dich als Teil unserer Elitetruppe erwarten:

1. **Mitmachen wollen!** Wie bei jeder Elitetruppe sind auch unsere Mitarbeiter dabei, weil sie genau das *wollen*. Einkaufsberatung ist für uns kein Job, den man »halt so macht«, sondern ein Beruf. Wer sich von unserem Thema und unserem Anspruch angezogen fühlt, wer gut in unsere Truppe passt, ist uns herzlich willkommen – auch Quereinsteiger, begeisterte Einsteiger, alte Hasen und ehemalige Mitarbeiter großer Beratungsgesellschaften.

2. **Hartes Training!** Eine Elitetruppe kann vieles – und das besonders gut. Unser Praxistraining ist daher ebenso vielseitig wie tief gehend. Bei unserer Unternehmensgröße bist Du dabei immer sichtbar, Du kannst Dich nicht verstecken und wirst täglich aufs Neue gefordert. Der Effekt: maximales Training in minimaler Zeit.

3. **Eine gute Zusammenarbeit!** Unsere Truppe lebt vom Zusammenhalt. »Hart in der Sache, aber herzlich im Umgang« ist daher nicht nur unbedingt erforderlich, sondern auch unser großer Wunsch. Wir pflegen unseren Humor als Basis für gute Leistung.

4. **Spezialaufträge!** Viele unserer Kunden melden sich mit Spezialaufträgen. Wir packen auch das glühende Eisen an, an das sich kein anderer mehr

traut … Damit übernehmen wir und Du eine große Verantwortung, denn wir verpflichten uns einem bestimmten Ergebnis. Spezialaufträge erfordern aber auch eine Spezialausrüstung in Form von ebenso modernen wie bewährten Methoden.

5. Wissen der »normalen Truppe« inklusive! Profundes Wissen im Einkauf ist uns wichtig – aber auch allgemeine Beratungsfertigkeiten. Daher trainieren wir regelmäßig Deine persönlichen Kompetenzen wie Präsentation, Moderation und Mitarbeiterführung.

Möchte der Leser darüber hinaus noch mehr über eine Mitarbeit bei der Einkaufsberatung erfahren, kann er die FAQ-Seite aufrufen. Hier findet er folgende Fragen und Antworten:

FAQ für Mitarbeiter

Elite klingt arrogant und selbstgefällig. Was meint Ihr mit Elite? Will ich überhaupt dazugehören?
Uns motiviert dieser Anspruch jeden Tag – wir wollen einfach mehr geben. Dazu gehört natürlich das Ergebnis, aber auch die Freude an der Arbeit. Denn: Nur eine motivierte Elitetruppe ist eine gute Elitetruppe. Bitte prüfe daher, ob Dir unsere Ideen gefallen und ob wir zueinander passen.

Welche Anforderungen muss ich erfüllen, um mitzumachen?
Du solltest studiert haben. Ob an der Uni, FH oder Berufsakademie, ist uns egal. Auch was Du studiert hast, ist prinzipiell egal. Die meisten von uns sind BWLer oder Ingenieure. Auch ein Prädikatsexamen ist kein Muss, weil Top-Noten noch lange keinen Top-Berater machen. Entscheidend ist Deine Begeisterung für Einkauf, Deine hohe Motivation, unser Know-how in harten Trainingsprogrammen zu erlernen und in der praktischen Arbeit beim Kunden zu perfektionieren, Durchhaltevermögen, Teamfähigkeit, psychische Belastbarkeit und hohe praktische Intelligenz. Selbstdarstellerische Schwätzer haben bei uns ebenso wenig eine Chance wie jene, die nur den Glamour der Beratungsbranche suchen.

Wie sicher ist meine Position in der Elitetruppe?
Seit unserer Gründung wachsen wir kontinuierlich – und haben vor, das auch weiterhin zu tun. Wer dabei und gut ist, bleibt auch dabei!

In welchem Rahmen kann ich selbst Entscheidungen treffen?

Je schneller du komplett eigenständig arbeiten kannst, desto stärker werden Deine Vorgesetzten von Kontrollarbeit entlastet. Eigenständiges Arbeiten ist bei uns ein Muss und kein anzustrebender Idealzustand.

Wie sieht die Bezahlung aus?

Dein Gehaltspaket kann sich sehen lassen. Neben dem Grundgehalt gibt es einen Bonus, der sich aus der Erreichung von Team- und Individualzielen zusammensetzt.

Wie hoch ist die Reisebelastung?

Das hängt einzig und allein von Deinem Einsatzort ab. Im Extremfall bist Du die ganze Woche unterwegs. In der Regel drei bis vier Tage pro Woche. Wenn der Klient einverstanden ist, arbeiten wir gerne auch vom Büro aus.

Wie hoch ist die Arbeitsbelastung?

Bei uns geht es nicht darum, möglichst lange zu arbeiten. Das Prinzip des »Wer zuerst abends geht, hat verloren und wird schlecht beurteilt« halten wir für unsinnig. Wir suchen Leute, die »in der Hälfte der Zeit das Doppelte erreichen«, die konzentriert ihre Arbeit durchziehen. Nur wer abends abschalten kann, z. B. beim Sport, kann am nächsten Tag wieder frisch und kreativ arbeiten.

Werde ich an unternehmerischen Entscheidungen beteiligt?

Ja. Einmal pro Monat haben wir eine Mitarbeiterbesprechung, in welcher wir offen über Dinge wie Umsatz- und Gewinnentwicklung, neue Akquise- und Produktideen sprechen.

Welche Aufstiegsmöglichkeiten bietet Ihr? Wie weit kann ich kommen?

So weit und so schnell, wie Du willst und kannst. Da wir ein junges, wachsendes Unternehmen sind, hast Du wesentlich bessere Aufstiegsmöglichkeiten als in größeren Beratungen.

Bietet Ihr auch Unterstützung bei MBA oder Promotion?

Ja, wir stehen dem MBA sehr aufgeschlossen gegenüber! Die Grundvoraussetzungen für Deine Unterstützung sind allerdings dauerhaft sehr gute Leistungen in unserer Truppe sowie eine längere Bindung im Anschluss an den MBA. Vor Antritt des Programms solltest Du außerdem mindestens zwei Jahre bei uns gewesen sein. Auch eine Promotion über ein Thema, das zu unserem Beratungsspektrum passt, unterstützen wir.

Mit wie vielen Leuten arbeite ich zusammen? Wer sind meine Kollegen? Kann ich die mal kennenlernen?

Das hängt vom Projekt ab. Meistens mit ein bis drei Kollegen. Deine zukünftigen Kollegen wirst Du beim Interview kennenlernen, da wir im Team entscheiden, ob Du zu uns passt.

Welche Arbeitsmarktchancen habe ich nach drei, vier oder fünf Jahren?

Die besten. Du bist hervorragend ausgebildet und in zahllosen Einsätzen erprobt, kannst Mitarbeiter führen und motivieren, bist belastbar. Aber ob Du wirklich weg willst?

Instrument 2: Arbeitgeber-PR

Die meisten Tageszeitungen und großen Magazine haben in bestimmten Abständen Berufs- und Karriereteile, betreiben Karriereportale im Internet oder geben ergänzende Publikationen wie »Zeit Campus« oder den »Hochschulanzeiger« der *FAZ* heraus. Ein immer wieder aufgegriffenes Thema ist hier auch die Karriere in Unternehmensberatungen. Nur wenige Beratungsunternehmen nutzen die Möglichkeit, den Redaktionen Artikel oder Interviews anzubieten oder sie auf Themen neugierig zu machen, bei denen sie dann zitiert werden.

Bieten Sie doch den Redaktionen von Karriereseiten hin und wieder ein Thema an. Die Vorgehensweise erfolgt nach dem gleichen Muster wie beim PR-Instrument »Artikel schreiben« (siehe Kapitel 5). Aus der Perspektive eines kleineren Beratungsunternehmens lassen sich durchaus Themen finden, die bei Redaktionen auf Interesse stoßen:

- Bieten Sie einen Artikel an, der die Unterschiede zwischen einer Karriere im kleinen und im großen Beratungshaus herausarbeitet. Lassen Sie darin auch Ihre Juniorberater zu Wort kommen. Der Redaktion können Sie das Thema mit dem Argument »verkaufen«, dass immer wieder über die Karriere in großen Beratungen geschrieben wird – und es doch auch einmal interessant wäre, die Perspektive eines kleinen Beratungshauses darzustellen.
- Bieten Sie den Bericht eines Juniorberaters an, der schildert, wie es ihm in einer kleinen Unternehmensberatung ergeht.
- Machen Sie eine Befragung: Was bewegt die Juniorberater in kleinen Unternehmensberatungen? Stellen Sie die Ergebnisse dann den Vor- und Nachteilen bei großen Beratungen gegenüber.

- Lassen Sie einen Seniorberater zum Thema »Karriere in einer spezialisierten Unternehmensberatung« schreiben – in Form eines persönlichen Erfahrungsberichts: Wie er aus dem mittleren Management ausgestiegen ist und was er im ersten Jahr in der Unternehmensberatung erlebt hat.

Die Chancen stehen gut, dass solche Artikel Aufmerksamkeit finden. So veröffentlichte der Geschäftsführer eines mittelgroßen Beratungsunternehmens in der Karrierebeilage einer Tageszeitung einen Artikel über Karrierewege in kleinen Beratungsunternehmen. Dass er über diesen Artikel dann tatsächlich einen Mitarbeiter bekam, hätte er nicht zu träumen gewagt. Der Interessent hatte den Artikel gelesen, gelangte über den Namen des Autors auf die Internetseite des Beratungsunternehmens. Dort sah er sich den Karrierebereich an, der ihn offensichtlich so überzeugte, dass er Kontakt aufnahm. Dieses Beispiel ist natürlich ein seltener Glücksfall. Normalerweise funktioniert PR langfristig. Ganz gleich, ob sie sich an potenzielle Mitarbeiter oder potenzielle Kunden richtet: PR dient dazu, das Unternehmen bei der jeweiligen Zielgruppe bekannt zu machen. Da wie dort kommt es deshalb auf Kontinuität an – nur *kontinuierliche PR* trägt dazu bei, eine konstante Nachfrage zu generieren.

Nebenbei bemerkt: Die Karriereartikel werden auch von Kunden gelesen und registriert – sind also wiederum PR für das Unternehmen und seine Positionierung im Markt. Umgekehrt trägt auch jede PR- und Werbemaßnahme, die sich an den Kundenmarkt richtet, zum Image als Arbeitgeber bei.

Instrument 3: Veranstaltungen

Recruiting-Veranstaltungen haben vor allem das Ziel, dass Berater und Bewerber einander kennenlernen. Große Beratungshäuser inszenieren hier großartige Events. Sie laden ein auf eine mittelalterliche Burg in England, in die österreichischen Alpen nach Kitzbühel oder in ein Luxushotel auf Mallorca.

Nun muss es ja nicht gleich ein mehrtägiges Großereignis am Meer sein. Im Mittelpunkt einer solchen Recruiting-Veranstaltung steht die Arbeit an einem realitätsnahen Business-Case: Die Teilnehmer tüfteln gemeinsam an einem Personalproblem, erarbeiten eine Vertriebsstrategie oder bringen ein Krisenunternehmen virtuell zurück auf Erfolgskurs. Das lässt sich ohne Abstriche an inhaltlicher Qualität auch in bescheidenerem Rahmen organisieren.

Stellen Sie also eine kleine, feine Veranstaltung auf die Beine, die vom Inhalt lebt. Der Rahmen hierfür kann ein Tagungshotel am Ort sein, ein Hör-

saal an der nahen Universität oder Räume etwa bei einem Führungskräfte-
verband. Der Aufwand hierfür hält sich in Grenzen, schafft aber eine
effiziente Möglichkeit, potenzielle Mitarbeiter kennenzulernen. Ein solches
regionales Angebot, das bewusst im Kontrast zu den Veranstaltungen der
Großen steht, wird nicht nur von Berufseinsteigern, sondern auch von etablierten Beratern gerne wahrgenommen, um einen neuen potenziellen Arbeitgeber kennenzulernen.

Wählen Sie für diese Veranstaltung einen typischen Fall aus Ihrer Beratungspraxis und lassen Sie die Teilnehmer dann im Team Lösungen erarbeiten. Die Veranstaltung kann durchaus Workshop-Charakter haben und spie-
gelt im Idealfall die Arbeitsweise Ihrer Unternehmensberatung wider. So
erhält der Interessent einen authentischen Einblick in die Beratungspraxis
speziell Ihres Unternehmens, während Sie umgekehrt mögliche Kandidaten
kennenlernen. Für das alles benötigen Sie weder eine Skipiste in Kitzbühel
noch den Sonnenuntergang am Strand von Mallorca.

9.3 Mitarbeitersuche:
Die richtigen Kandidaten finden

Was tun, wenn es konkret darum geht, einen Mitarbeiter zu finden? Überlegen Sie, welche Wege speziell für Ihr Unternehmen sinnvoll sind. Wenn zum
Beispiel Ihre Mitberater gut vernetzt sind, kann die interne Ausschreibung
ein effizienter Weg sein – vielleicht kombiniert mit einem kurzen Video, das
über Facebook aufrufbar ist. Probieren Sie neben der klassischen Stellenanzeige auch andere Wege aus. Es gibt hier mehr Möglichkeiten, als vielen Beratungsunternehmen bewusst ist.

Möglichkeit 1: Interne Ausschreibung

Schreiben Sie eine offene Stelle intern aus. Jeder Mitberater verfügt über
Netzwerke, die er auch für die Suche nach einem Mitarbeiter nutzen kann.
Beschreiben Sie präzise, welche Tätigkeit der neue Mitarbeiter übernehmen
soll und welche Eigenschaften von ihm erwartet werden. Immer wieder zeigt
sich, dass die eigenen Mitarbeiter interessante Kandidaten kennen. Das Problem ist nur: Selbst wenn man immer wieder darum bittet, mögliche Kandidaten zu nennen, suchen die Mitarbeiter meistens nicht systematisch. Das

ändert sich, wenn Sie eine Prämie aussetzen, also zum Beispiel sagen: »Es gibt 10000 Euro für denjenigen, der unseren neuen Consultant findet.« Ein solches Angebot verbessert die Motivation schlagartig. Die Mitarbeiter fangen an, ihren Bekannten- und Freundeskreis zu durchkämmen – und werden immer wieder fündig.

Neben den Mitarbeitern können Sie auch Ihr eigenes Kontaktnetz für die Suche aktivieren und Geschäftspartner nach möglichen Kandidaten fragen. Eine Prämie wäre hier wohl eher unangebracht. Den Gefallen, sich einmal umzuhören, macht ein guter Geschäftspartner im Allgemeinen umsonst; ihm Geld anzubieten wäre dann ein bisschen ehrenrührig.

Die interne Ausschreibung ist ein einfacher und effizienter Weg, um Mitarbeiter zu finden. Einzig einen Einwand hört man gelegentlich: Der eine oder andere Arbeitgeber stellt nur ungern Freunde von Mitarbeitern ein, weil er dann Grüppchenbildungen in seinem Unternehmen befürchtet.

Möglichkeit 2: Ansprache über Business-Netzwerke

Nutzen Sie Business-Netzwerke wie XING und LinkedIn, um gezielt Führungskräfte und Selbstständige anzusprechen. Anhand einer Stichwortsuche lassen sich auf einfache Weise die Profile herausfinden, die zur angebotenen Stelle und zum Thema Ihres Unternehmens passen. Wenn Ihnen ein möglicher Kandidat geeignet erscheint, nehmen Sie Kontakt auf und erklären ihm, dass Sie einen Mitarbeiter für die Position XY suchen. Signalisiert er Interesse, bieten Sie ihm ein vertrauliches Gespräch an, um einander kennenzulernen.

Die Suche über ein Business-Netzwerk bietet die Möglichkeit, sehr gezielt zu recherchieren und handverlesene Kontakte zu möglichen Mitarbeitern zu knüpfen. Dabei lässt sich auch in eher ungewöhnliche Richtungen suchen – zum Beispiel nach angestellten Führungskräften, die mit dem Gedanken spielen, in die Beraterbranche zu wechseln, oder nach selbstständigen Beratern, die gerne wieder unter dem Dach eines Unternehmens arbeiten würden.

Möglichkeit 3: Social Media

Nutzen Sie auch die sozialen Medien für die Mitarbeitersuche. Das setzt natürlich voraus, dass Sie und Ihre Mitberater in Netzwerken wie Facebook, XING oder Google+ präsent sind. Ist das der Fall, können Sie die Suche über diese Kanäle streuen und dabei auch Ihre Mitarbeiter einbeziehen.

Der Fantasie sind dabei kaum Grenzen gesetzt. Entscheidend ist, das Unternehmen und die angebotene Stelle ehrlich und so konkret wie möglich darzustellen. Eine gute Möglichkeit kann hier ein kurzes Video sein, in dem Sie die Position vorstellen und dann einen Juniorberater Ihres Hauses noch ein paar Sätze über den Berateralltag sprechen lassen. Ein solches Video lässt sich auf allen Internetkanälen »spielen«, natürlich auch im Karriereteil Ihrer eigenen Homepage.

Weit mehr als die eigene Internetseite bieten die sozialen Medien die Gelegenheit, eine sehr persönliche Ebene herzustellen. Im ersten Schritt sprechen Sie mögliche Interessenten über Text, Bilder oder ein Video direkt an und versuchen dann im zweiten Schritt, mit ihnen in einen Dialog zu kommen – wenn auch zunächst nur in der virtuellen Welt.

Bei McKinsey schnuppert ein Absolvent beim Recruiting-Event in Kitzbühel die Atmosphäre der großen Beratungswelt. Dem kleinen Beratungshaus bleibt dieser Weg versperrt. Das Bespielen der Social-Media-Kanäle kann jedoch eine gute Alternative sein, ebenfalls eine emotionale Botschaft an junge Interessenten zu vermitteln. Gerade Absolventen, die den Alltag eines kleinen Beratungsunternehmens nicht kennen, können auf diesen Wegen spannende und authentische Einblicke erhalten.

Möglichkeit 4: Stellenanzeigen

Der Klassiker der Personalsuche ist nach wie vor die Stellenanzeige – sei es online oder gedruckt. Wieder ist es eine Überlegung wert, ausgetretene Pfade zu verlassen. Es muss nicht immer die große überregionale Zeitung sein. Warum nicht einmal in einer Regionalzeitung eine Stellenanzeige aufgeben? Oder in einem Branchenmedium, das von Ihren Kunden gelesen wird?

Ausgetretene Pfade verlassen – das heißt auch, die Anzeige ein wenig anders als gewohnt zu formulieren. Wenn der Text ähnlich wie bei anderen Beratungshäusern klingt, wird Ihr Unternehmen nicht weiter auffallen, und vermutlich werden die Bewerber dann die bekannten Namen vorziehen. Die Chance eines kleinen Beratungshauses liegt darin, auch hier anders zu sein, zum Beispiel durch eine originelle Jobbeschreibung aufzufallen – ehrlich, direkt, mit ein bisschen Augenzwinkern.

Im folgenden Beispiel sucht ein Beratungsunternehmen einen Mitarbeiter für das Marketing. Der Text zeigt, wie schnell eine Anzeige anschaulich und spannend wird, wenn auf gängige Standards verzichtet wird, etwa auf Floskeln wie: »Wir suchen einen Mitarbeiter für unsere Marketingabteilung. Folgende Kompetenzen werden erwartet …«

Wir wachsen – und es wird Zeit für eine eigene Marketingabteilung! Wo heute noch ein leeres Büro mit weißen Wänden steht, sollen schnellstmöglich Kreativität und Pioniergeist Einzug finden! Sie haben Ideen, sind umsetzungspenetrant und wollen die Verantwortung übernehmen für das gesamte operative Marketing? Dann können Sie bald schon den Schlüssel für Ihr Büro in der Hand halten.

Wichtig ist uns, dass Sie uns und sich nach vorne bringen wollen! Dazu sollten Sie bereits Erfahrung im Beratermarketing und im Texten und Platzieren von Fachartikeln haben. Sie kennen den Weg eines Prospekts von der Stoffsammlung bis zur Druckfreigabe, haben eine natürliche Art, mit Redaktionen und Kooperationspartnern zu sprechen, und halten Zusagen und Abgabefristen zuverlässig und selbstverständlich ein. Sie sind Teamplayer, Einzelkämpfer und können auch bei Bedarf in die Rolle einer Projektleitung schlüpfen. Sie denken schnell, handeln überlegt und Ihr Herzblut schlägt für Marketing!

Je näher Sie unseren Wünschen kommen, desto schneller kann es losgehen.

Natürlich interessieren uns auch Ihre Wünsche und Vorstellungen. Wie stellen Sie sich den Aufbau unserer Marketingabteilung vor? Schreiben Sie uns doch ein einseitiges Kurzkonzept anhand der Informationen, die Sie über uns im Internet finden. Wie wollen Sie uns vorwärtsbringen und was brauchen Sie dafür? Legen Sie zudem bitte eine Schreibprobe bei (Artikel o. Ä.) und senden Sie alles zusammen mit einem Lebenslauf und Zeugnissen an …

Der Anzeigentext stellt darauf ab, dass der Mitarbeiter in seiner Position etwas bewegen kann – und hebt sich auch dadurch von anderen Anzeigen ab. Deutlich wird das vor allem im letzten Abschnitt, in dem der Kandidat darum gebeten wird, ein kleines Konzept zu erstellen, verbunden mit der herausfordernden Frage: »Wie wollen Sie uns vorwärtsbringen und was brauchen Sie dafür?« Dieser Kniff ist natürlich ebenso anwendbar, wenn das Beratungsunternehmen eine Beraterposition besetzen möchte.

Möglichkeit 5: Personalberater

Ein Personalberater erhält ein Honorar, das zwischen 10 und 50 Prozent des Jahresbruttogehalts der besetzten Position liegt. Aus Sicht eines kleinen Beratungshauses ist das schon ziemlich teuer, kann aber für ein gesundes, expandierendes Unternehmen dennoch eine Option sein. Ein Personalberater ist in viele Unternehmen hinein gut verdrahtet und kann vor allem dann helfen, wenn er änderungswillige Führungskräfte aus Ihrer Kundenbranche ansprechen soll. Erwägenswert ist ein Personalberater also vor allem dann, wenn Sie einen gestandenen Berater suchen, weniger dagegen für die Suche nach einem Juniorberater.

Gerade kleinere und mittlere Beratungsunternehmen sind häufig auf eine Branche oder ein Thema spezialisiert und suchen deshalb Mitarbeiter mit sehr spezifischen Kenntnissen. Genau hier kann ein Personalberater nützlich sein: Er verfügt nicht nur über gute Kontakte, sondern ist es auch gewohnt, ganz gezielt in einer Branche nach geeigneten Persönlichkeiten zu suchen. Der Beratungsunternehmer, der die Ansprache möglicher Kandidaten nicht gewohnt ist, tut sich da meistens wesentlich schwerer.

Einen Personalberater können Sie zum einen beauftragen, wenn es eilt und dringend die Stelle eines Senior-Consultants besetzen werden muss. Zum anderen gibt es die Möglichkeit, kontinuierlich mit einem Personalberater zusammenzuarbeiten und zum Beispiel mit ihm zu vereinbaren, drei bis fünf Positionen im Jahr zu besetzen (siehe Interview am Ende des Kapitels).

Möglichkeit 6: Outplacement-Berater

Auch das ist ein ungewöhnlicher Weg, den nur wenige Beratungsunternehmen nutzen: die Ansprache eines Outplacement-Beraters. Dieser hat die Aufgabe, einem Unternehmen bei der Trennung von Führungskräften zu helfen und sie dann in neue Positionen zu bringen. Oft spielen die arbeitslos gewordenen Manager dann mit dem Gedanken, ihr Glück als Berater zu versuchen. Da kann das Angebot eines Beratungsunternehmens dann genau richtig sein. Natürlich sollte man sich keinen ungeeigneten Mitarbeiter aufdrängen lassen. Insgesamt sind gute Kontakte zu Outplacement-Beratern aber ein interessanter Weg, um an Kandidaten mit viel Unternehmens- und Führungserfahrung heranzukommen.

9.4 Den Kandidaten auswählen

Geeignete Kandidaten haben sich beworben, nun folgen Auswahl und Einstellung. Doch wie wählen Sie den richtigen Bewerber aus? Bekanntlich kann eine falsche Entscheidung sehr teuer werden.

Grundlegend für die Gestaltung des Auswahlprozesses ist die Tatsache, dass von »Bewerbern« im eigentlichen Wortsinn heute kaum mehr die Rede sein kann. Aufgrund der demografischen Entwicklung wandelt sich der Arbeitsmarkt für Fach- und Führungskräfte vom Angebots- zum Nachfragemarkt, sodass inzwischen der Kandidat eher das Unternehmen aussuchen kann als umgekehrt. Dieser generelle Trend betrifft auch die Beraterbranche. Immer öfter findet sich das Beratungsunternehmen in der Rolle des Bewerbers wieder, der mit seinen Vorzügen punkten muss.

Achten Sie deshalb beim Vorstellungsgespräch darauf, das Bild zu bestätigen, das sich der Kandidat im Vorfeld von Ihrem Unternehmen gemacht hat. Wenn er sich bei Ihnen bewirbt, hat ihm die Präsentation Ihres Unternehmens offensichtlich so gut gefallen, dass er sich eine Anstellung vorstellen kann. Nun möchte er im Gespräch feststellen, ob dieser Eindruck stimmt. Im Gegenzug suchen Sie im Gespräch die Gewissheit, den richtigen Kandidaten einzustellen. So gesehen findet ein Austausch auf Augenhöhe statt, bei dem beide Seiten herausfinden wollen, ob sie zueinander passen.

Nach Erfahrung von Maike Dietz, Personalberaterin und Karrierecoach in Düsseldorf, kommt es für die erfolgreiche Auswahl eines Mitarbeiters vor allem auf vier Aspekte an: klare Vorstellungen, Offenheit, ein zweites Gespräch und Schnelligkeit im Prozess.

Klare Vorstellungen

Der Idealkandidat begegnet Ihnen wahrscheinlich nur in Ausnahmefällen. Zumal wenn die Zeit drängt und eine Stelle dringend besetzt werden muss, sind Kompromisse häufig unvermeidlich. Überlegen Sie deshalb vorher genau, bei welchen Eigenschaften oder Fähigkeiten Sie gegebenenfalls bereit sind, Abstriche zu machen – und welche Punkte dagegen nicht diskutabel sind. Listen Sie diese Muss-Kriterien auf, damit Sie sich später im Auswahlgespräch wirklich daran halten.

Sorgen Sie dann während des Gesprächs dafür, dass Ihre Erwartungen ebenso klar auf den Tisch kommen wie die des Kandidaten. Jeder Mensch hat bekanntlich seine eigene Wahrnehmung und konstruiert sich auf der Basis seiner bisherigen Erfahrungen ein eigenes Bild von der Wirklichkeit. Diese Bilder und damit auch die Erwartungen können völlig unterschiedlich sein. Dieser Tatsache sollten sich Arbeitgeber und Bewerber bewusst sein, wenn sie spätere Konflikte und Enttäuschungen vermeiden wollen. Konkret heißt das: Ziele und Erwartungen müssen im Einstellungsgespräch so lange detailliert dargelegt und offen diskutiert werden, bis beide Seiten sich sicher sind, ein einheitliches Verständnis erzielt zu haben.

Offenheit

Es ist richtig und notwendig, die Vorzüge und Besonderheiten Ihres Unternehmens hervorzuheben – schließlich möchten Sie den Kandidaten für Ihr Unternehmen gewinnen. Sprechen Sie aber auch offen die Schattenseiten der angebotenen Stelle an. Wenn sich etwa absehen lässt, dass die anstehenden Projekte bis auf Weiteres weder an Familie noch an Work-Life-Balance denken lassen, dann ist es besser, darüber schon bei der Einstellung offen zu sprechen.

Oder ein anderes Beispiel: Der neue Berater soll als Hauptaufgabe die Betreuung eines Großkunden übernehmen, bei dem sein kürzlich entlassener Vorgänger einen Scherbenhaufen angerichtet hat. Alle im Unternehmen wissen, dass dieses Projekt kaum mehr zu retten ist. Diese Situation spricht man ebenfalls am besten schon im Vorstellungsgespräch offen an, auch auf das Risiko hin, dass der Bewerber dann absagt.

»Wenn der neue Mitarbeiter seine Stelle antritt, bleiben ihm solche Probleme nicht lange verborgen«, konstatiert Personalberaterin Maike Dietz. »Es sind dann gar nicht so sehr die Probleme selbst, die ihn stören, sondern die Tatsache, dass man sie ihm bei der Einstellung verschwiegen hat.« Teilen Sie dem Kandidaten also besser mit, wenn die Position mit besonderen Schwierigkeiten verbunden ist. Dann wird er das Problem als Herausforderung annehmen, anstatt sich später getäuscht zu fühlen.

Zweites Gespräch

Für beide Seiten ist ein zweites Gespräch sinnvoll, um den Eindruck aus dem Erstgespräch abzusichern. So viel Zeit sollte sein, selbst wenn eine Stelle dringend besetzt werden muss. Das zweite Gespräch lässt sich ja schon wenige Tage später terminieren. Wenn sich der positive Eindruck dann bestätigt, können Sie sofort zusagen.

Das Zweitgespräch hat sich bewährt, weil es voreilige Entscheidungen vermeidet. Gerade kleinere Beratungsunternehmen neigen dazu, gleich nach dem Erstgespräch eine Zusage zu geben – sonst könnte ja, so ihre Befürchtung, der Bewerber sich anderweitig orientieren. Viel größer ist jedoch die Gefahr, in der Eile bestimmte Schwächen des Kandidaten zu übersehen oder bei den Anforderungen Zugeständnisse zu machen, die man später bereut. Gönnen Sie sich lieber das zweite Gespräch.

Bei aller notwendigen Sorgfalt – ein entscheidender Erfolgsfaktor im Einstellungsprozess ist Schnelligkeit. Eine Grundregel des erfolgreichen Personalmanagements lautet, den Auswahlprozess nicht zu verschleppen. Viele Unternehmen verstoßen gegen diese Regel, mit der Folge, dass der Kandidat die Motivation verliert. Ihn beschleicht das Gefühl, dass das Unternehmen sich nicht allzu sehr für ihn interessiert, woraus er wiederum den Schluss zieht: »So ein Unternehmen ist auch für mich nicht interessant.« Reagieren Sie also postwendend, wenn eine interessante Bewerbung eingeht. Rufen Sie den Bewerber an und laden Sie ihn zum Gespräch. Bleiben Sie am Ball, wenn der erste Austausch positiv verläuft, terminieren Sie dann gleich das zweite Gespräch – und entscheiden Sie zügig.

9.5 Mitarbeiterbindung: Zum Bleiben motivieren

Der Berufseinstieg in ein Beratungsunternehmen gilt gemeinhin als Karrieresprungbrett. Die Tätigkeit als Berater ermöglicht nicht nur vielfältige praktische Erfahrungen, die von künftigen Arbeitgebern geschätzt werden, sondern bringt auch viele Kontakte zu Unternehmen. So überrascht es nicht, dass die durchschnittliche Verweildauer in der Beraterbranche bei nur drei bis fünf Jahren liegt.

Diese Tatsache müssen letztlich auch kleine und mittlere Beratungsunternehmen akzeptieren. Es macht wenig Sinn, sich von der ständigen Angst plagen zu lassen, dass junge Mitarbeiter, kaum hat man sie erfolgreich eingearbeitet, das Haus wieder verlassen. Hier ist eine souveräne, die Fakten akzeptierende Haltung die bessere Alternative – denn Mitarbeiter krampfhaft festhalten zu wollen ist ohnehin nicht möglich. Etwas anders stellt sich die Situation bei Seniorberatern dar, die den Job im Beratungsunternehmen nicht als Karrieresprungbrett betrachten, sondern darin ihre berufliche Erfüllung sehen. Hier kommt es tatsächlich darauf an, sie dauerhaft zum Bleiben zu motivieren. Bei näherem Hinsehen verfügt auch ein kleines Beratungsunternehmen über effektive »Bindungsmittel«, mit denen es Mitarbeiter halten kann oder ihnen zumindest den Abgang erschwert.

Ob Mitarbeiter sich wohlfühlen und in einem Unternehmen gerne bleiben, ist zunächst eine Frage des Führungsstils – was natürlich für jedes Unternehmen gilt und daher an dieser Stelle nicht weiter vertieft werden soll. Hier sei nur auf zwei Aspekte hingewiesen:

- Achten Sie auf einen wertschätzenden Umgang, vor allem auf Anerkennung und Lob. Allein schon die Gepflogenheit, ein Projekt ordentlich abzuschließen, verbunden mit einer kleinen Feier und einem Lob an die Beteiligten, stärkt merklich das Zusammengehörigkeitsgefühl – und bindet die Mitarbeiter an das Unternehmen.
- Pflegen Sie einen engmaschigen Dialog mit Ihren Mitarbeitern. Führen Sie nicht nur einmal im Jahr das Jahresmitarbeitergespräch, sondern zusätzlich alle drei bis sechs Monate ein Zwischengespräch. Darin geben Sie dem Mitarbeiter Feedback, versuchen aber auch herauszufinden, wie zufrieden er ist: Wie geht es ihm? Ist ihm etwas aufgefallen, was man ändern könnte – sowohl bezogen auf die geschäftlichen Abläufe als auch mit Blick auf sich selbst?

Neben einer guten Führung verfügt ein kleines Beratungsunternehmen über einige spezifische Instrumente, um Mitarbeiter zu binden. Die Leitfrage lautet, wie schon bei der Mitarbeitergewinnung, auch hier: »Welche Vorteile bietet speziell unser Unternehmen?« Überlegen Sie dann, wie Sie diese Besonderheiten systematisch zur Mitarbeiterbindung einsetzen können.

Bindungsinstrument 1: Work-Life-Balance

Junge Berufseinsteiger sind heute selbstbewusst, sie kennen ihre starke Position auf dem Arbeitsmarkt ebenso wie ihren Marktwert. Im Allgemeinen wissen sie auch sehr genau, worauf sie sich einlassen, und sind bereit, viel Zeit und Kraft in ihre Aufgaben zu investieren. Doch dafür möchten sie einen Ausgleich: freie Tage, mehr Zeit für Familie und Freunde. Diesen Trend können Sie als kleines Beratungsunternehmen aufgreifen.

Während in großen Unternehmen für betriebliche Sozialleistungen feste Regeln bestehen, denen sich jeder Mitarbeiter fügen muss, können kleine und mittlere Beratungsunternehmen sehr viel individueller auf Mitarbeiterwünsche eingehen. »Diese Flexibilität kann, gerade vor dem Hintergrund des derzeitigen Wertewandels, ein großer Vorteil sein«, beobachtet Karrierecoach Maike Dietz.

Wenn also Work-Life-Balance ein Merkmal ist, das Sie herausstellen wollen, kommt es darauf an, tatsächlich Maßnahmen zu ergreifen, um individuell und flexibel auf die Wünsche der Mitarbeiter einzugehen. Hierzu können Vertrauensarbeitszeiten zählen, bei denen ein Mitarbeiter kommen und gehen kann, wann er will. Sicher: Es gibt in der Projektarbeit immer auch Phasen, die allen Projektmitgliedern Überdurchschnittliches abverlangen.

Aber vielleicht lässt sich nach Abschluss eines Projektes die Möglichkeit für eine längere Auszeit anbieten?

Firmensport oder Yogakurse signalisieren: »Wir lassen unsere Mitarbeiter nicht ausbrennen.« Wenn ein Mitarbeiter einen besonders gestressten Eindruck macht, können Sie eine Runde Massagen in der Mittagspause spendieren. Ist die Kinderbetreuung das Problem, lässt sich die Arbeitszeit anpassen oder vielleicht ein freier Kita-Platz organisieren. Oder Sie bieten an, dass der Mitarbeiter einmal im Monat einen Firmen-Babysitter zu sich nach Hause bestellen kann, um einen freien Abend zu haben. Im Unterschied zum Großunternehmen haben Sie die Chance, die individuellen Bedürfnisse jedes Mitarbeiters zu berücksichtigen. Genau darin liegt der große Vorteil, den Sie ausspielen können.

Bindungsinstrument 2: Hoch spezialisiertes Themenfeld

Es gibt Menschen, die von Neugier getrieben sind. Sie lieben es, tief in ein Themenfeld einzusteigen. Meistens mögen sie weder Aufträge akquirieren noch sonst auf irgendeine Weise unternehmerisch tätig sein, sondern wollen inhaltlich arbeiten. Ein spezialisiertes Beratungsunternehmen kann für sie der Ort sein, an dem sie sich wohlfühlen. Wenn sie hier die Gelegenheit bekommen, ihr Neugiermotiv in einem hoch spezialisierten Themenfeld zu befriedigen, besteht für sie kaum ein Anlass, das Glück anderswo zu suchen.

Auch hier gilt: Bringen Sie diese Stärke zur Geltung, indem Sie konkrete Maßnahmen ergreifen. Dazu gehört, den Mitarbeitern Gelegenheit zu geben, sich auf höchstem Niveau weiterzubilden, etwa auf Kongressen oder bei Veranstaltungen im eigenen Haus. Organisieren Sie zum Beispiel einen regelmäßigen Wissenstransfer mit hochkarätigen Experten. Vermutlich ist Ihr Unternehmen ohnehin in die Wissenschaft verdrahtet. Laden Sie führende Spezialisten zwei Mal im Jahr zu einem Vortrag oder Kolloquium in Ihr Unternehmen ein, um einen inhaltlichen Austausch auf Topebene zu ermöglichen. Das kann für die Mitarbeiter sehr attraktiv sein, aber auch dem Unternehmen wertvolle Erkenntnisse bringen.

Bindungsinstrument 3: Arbeit im Team

Für viele Menschen ist die Arbeit im Team ein hoher Wert. Ihnen ist es wichtig, sich mit anderen abzustimmen, jederzeit einen Sparringspartner zu haben oder neue Ideen durch Brainstorming in der Gruppe zu entwickeln. Als

Einzelkämpfer fühlen sie sich unwohl – deshalb haben sie sich für eine Anstellung entschieden.

Wenn Zusammenarbeit eine Stärke Ihres Unternehmens ist, können Sie den Austausch im Team bewusst fördern. Führen Sie zum Beispiel die Gepflogenheit ein, dass das Team sich einmal im Monat für zwei Stunden zu einem bestimmten Thema zusammenfindet. Ein Mitarbeiter bereitet sich inhaltlich vor und hält ein Impulsreferat, über das man sich austauscht. Anschließend gibt es ein gemütliches Beisammensein, das in den Feierabend hineinreicht.

Bindungsinstrument 4: Entlohnung

Selbstverständlich ist das Entgelt ein wichtiges Motiv, wenn ein Mitarbeiter das Unternehmen wechselt. Als kleineres Beratungsunternehmen kann es gut sein, dass Sie bei der Höhe des Entgelts nicht mithalten können oder wollen. Achten Sie dennoch darauf, die Entlohnung regelmäßig anzupassen.

In kleinen Beratungen besteht große Transparenz hinsichtlich der Einnahmen. Die Mitberater kennen die Projekte und wissen ziemlich genau, was das Unternehmen erwirtschaftet und welchen Anteil sie daran haben. Es empfiehlt sich deshalb, die Lohnanpassung am Umsatz zu orientieren, den der Mitarbeiter für das Unternehmen erbringt. Denkbar ist auch, noch einen Schritt weiter zu gehen und den Mitarbeiter am Umsatz oder sogar am Unternehmen zu beteiligen. Das kann ein starkes Instrument sein, um Mitarbeiter zu binden.

Bindungsinstrument 5: Ergebnisverantwortung

Auch eine echte Ergebnisverantwortung kann einen Mitarbeiter stark ans Unternehmen binden. Das leuchtet unmittelbar ein: Wer für seine Ergebnisse selbst verantwortlich ist und für ein erfolgreiches Projekt dann auch das Lob einstreichen kann, steht im Allgemeinen zu seinem Unternehmen und fühlt sich diesem verbunden.

Wieder kommt es darauf an, den zunächst abstrakten Vorteil in die Tat umzusetzen. Wenn zum Beispiel Senior-Consultant Maier das Projekt geleitet hat, dann präsentiert er auch selbst die Ergebnisse. Selbstverständlich steht er als Projektleiter mit Namen im Ergebnisbericht. Erscheint dann über das Projekt ein Artikel, ist Seniorberater Maier entweder selbst der Autor oder wird zumindest namentlich als Projektleiter genannt. Mit anderen

Worten: Wer für das Ergebnis Verantwortung trägt, dem gebührt im Erfolgsfall auch die Anerkennung.

Hier konsequent zu sein fällt manchem Geschäftsführer schwer. Anstatt das Lob an den Mitarbeiter weiterzugeben, neigt er dazu, es als Erfolg des Unternehmens und letztlich seinen eigenen Erfolg zu verbuchen. Dabei übersieht er, dass sich seine Rolle mittlerweile verschoben hat: Je mehr das Unternehmen expandiert, desto weiter entfernt er sich vom operativen Geschäft, entwickelt sich vom Berater zum Unternehmer. Zwangsläufig bekommt er dann immer weniger Anerkennung durch Kundenfeedback. Quelle der Anerkennung sind im Beratungsgeschäft nun einmal in erster Linie die operativen Erfolge – und die erbringen jetzt mehr und mehr seine Mitarbeiter.

Bindungsinstrument 6: Eigene Profilierung

Auf den ersten Blick scheint es genau das Falsche zu sein. Warum sollte man dazu beitragen, dass sich ein Mitberater persönlich profiliert? Je mehr ein angestellter Berater an Profil gewinnt, desto höher steigt sein Marktwert. Er wird im Arbeitgebermarkt interessanter, Headhunter werden auf ihn aufmerksam und natürlich wird auch seine Neigung größer, sich selbstständig zu machen.

Das stimmt – und dennoch spricht viel dafür, die eigene Profilierung der Berater nicht nur zuzulassen, sondern sogar zu fördern. Zum einen lässt es sich bei guten Leuten ohnehin nicht vermeiden: Wer als angestellter Berater eigenverantwortlich anspruchsvolle Kundenprojekte übernimmt, gewinnt mit der Zeit zwangsläufig an Profil. Zum anderen ist die Möglichkeit, sich persönlich zu profilieren, sehr motivierend – und eben deshalb auch ein Grund, im Unternehmen zu bleiben. Umgekehrt kann das Gefühl, sich persönlich nicht entfalten zu können, schnell dazu führen, dass der Berater das Unternehmen verlässt.

Ein dritter Aspekt kommt hinzu: Das persönliche Engagement des Beraters lässt sich hervorragend für das Marketing nutzen. Wenn in Ihrem Unternehmen mehrere Berater tätig sind, können Sie die Marketingkraft des Unternehmens vervielfachen, indem Sie Ihre Mitberater in das Marketingkonzept einbinden und dafür sorgen, dass jeder Berater aktiv für das Unternehmen PR macht – zum Beispiel indem er regelmäßig Artikel publiziert oder Vorträge hält. Das dient dann seiner persönlichen Profilierung, zugleich aber auch dem Markenaufbau des Unternehmens.

Tatsache bleibt aber: Wer die Profilierung seiner Mitarbeiter fördert, macht sie stark. Und je stärker sie sind, desto besser kommen sie auch ohne das Unternehmen aus. Andererseits zeugt es von einer souveränen Haltung, wenn Sie als Geschäftsführer die eigene Profilierung der Mitarbeiter zulassen und ihnen damit die Freiheit geben, eine neue Stelle anzunehmen – oder ganz bewusst im Unternehmen zu bleiben.

»Auch einmal anders denken«

Interview mit Maike Dietz, Personalberaterin und
Karrierecoach in Düsseldorf

Ein kleineres Beratungsunternehmen bietet kaum Aufstiegschancen. Kann es für einen Juniorberater überhaupt interessant sein, dort in den Beruf einzusteigen?
Dafür gibt es durchaus Gründe. Auch ein kleines Beratungsunternehmen arbeitet mit interessanten Kunden zusammen. Häufig erstellt es nicht nur Konzepte, sondern setzt sie dann auch um – bietet also die Möglichkeit, sehr praxisnahe Erfahrungen zu machen. Damit eröffnen sich einem Juniorberater gute Chancen, nach einigen Jahren eine weiterführende Position in einem Kundenunternehmen zu bekommen. Diese Perspektive ist für einen Berufseinsteiger durchaus attraktiv und kann von dem Beratungsunternehmen auch bewusst unterstützt werden.

Im Ernst? Das würde doch bedeuten, von vornherein damit zu rechnen, dass junge Mitarbeiter das Unternehmen wieder verlassen.
Sicher. Das bedeutet natürlich auch, dass das Beratungsunternehmen wieder neue Mitarbeiter suchen muss. Andererseits spricht es sich herum, wenn ein Unternehmen Karrierechancen auf diese Weise fördert. Die Interessenten bekommen dann das Gefühl: »Ich kann hier als Berater sehr viel kennenlernen, habe aber auch die Chance, später über diese Tätigkeit in eine interessante Position zu kommen.«

Ein spannender Gedanke!
Das finde ich auch. Bei den großen Beratungshäusern läuft die Personalentwicklung auf anderen Ebenen, aber mit dieser offenen Grundhaltung kann auch ein kleineres Beratungsunternehmen mithalten. Das größte Hindernis ist das eindimensionale Denken, das einfach nur sieht: »Wenn jemand geht, muss ich wieder von Neuem suchen.« Natürlich ist es nachvollziehbar, dass ein Unternehmer einen guten Mitarbeiter gerne halten würde. Aber vielleicht kann man an dieser Stelle auch einmal anders denken.

Was könnte einen Beratungsunternehmer denn motivieren, hier anders zu denken und die Karriere eines Juniorberaters bewusst zu fördern?

Da gibt es vor allem zwei Argumente: Wenn er hin und wieder einen guten Mitarbeiter bei einem Kunden platziert, ist auch der Kunde dankbar – es trägt also zur Kundenbindung bei. Der zweite Aspekt ist, wie gesagt, sein Image als attraktiver Arbeitgeber, der Karriereperspektiven bietet. Das spricht sich unter Bewerbern sehr schnell herum, die heute ja alle auch durch Facebook und andere soziale Medien miteinander verbunden sind. Ein Mitarbeiter, dem der Aufstieg gelungen ist und der mit seinem Weg zufrieden ist, erzählt das auch weiter.

Wenn ein Beratungsunternehmen einen gestandenen Senior-Consultant sucht, ist auch das Einschalten eines Personalberaters eine Option. Wie gehen Sie als Personalberaterin dann vor?

Zunächst suche ich das Gespräch mit dem Inhaber oder Geschäftsführer des Beratungsunternehmens, um dessen Vorstellungen zu erfahren. Welche Kenntnisse und Erfahrungen soll der Seniorberater haben? Welche Vorstellungen gibt es hinsichtlich seiner Persönlichkeit? Dann möchte ich einen Eindruck vom Unternehmen bekommen, in dem der Seniorberater tätig sein wird. In welchen Beratungsfeldern ist das Unternehmen tätig? Wie sieht die Mitarbeiterstruktur aus? Dann aber auch die Frage: Mit welchen Kunden arbeitet das Unternehmen zusammen? Der künftige Seniorberater muss ja nicht nur zur Beratung passen, sondern sich auch bei den Kunden bewegen können. Alle diese Informationen bilden die Grundlage, um dann im nächsten Schritt mögliche Kandidaten anzusprechen.

Wie erreichen Sie die infrage kommenden Kandidaten?

Meistens indem ich sie direkt in den Unternehmen anspreche. Flankierend dazu kann auch eine Anzeige sinnvoll sein. Damit erreicht man zusätzliche Interessenten, die zudem den Vorteil haben, dass sie veränderungswillig sind. Im Unterschied zur Direktansprache haben sie sich bereits entschieden, den Arbeitsplatz zu wechseln – und stehen daher meistens schneller zur Verfügung.

Angenommen, Sie haben einen geeigneten Kandidaten im Blick. Wie gewinnen Sie ihn für das Unternehmen?

Wenn er beim ersten Anruf grundsätzliches Interesse signalisiert, verabrede ich mich für ein weiteres, längeres Telefonat. Besteht dann auf beiden Seiten weiterhin Interesse, treffen wir uns persönlich. Nun nenne ich das Unternehmen, wir tauschen alle Details aus. Wenn am Ende des Gesprächs beide Seiten glauben, dass es passt, schlage ich den Kandidaten beim Unternehmen vor. Das Unternehmen entscheidet dann, ob es ihn zum Vorstellungsgespräch einlädt.

Um geeignete Kandidaten vorschlagen zu können, müssen Sie das Unternehmen genau kennen. Ist es angesichts dieses Vorlaufs für den Unternehmer nicht sinnvoll, eine längerfristige Zusammenarbeit mit einem Personalberater anzustreben?
Ja, sofern das Beratungsunternehmen kontinuierlich Leute einstellen möchte. Der Personalberater kennt dann das Unternehmen nicht nur, sondern hat die Personalsuche für dieses Unternehmen ständig auf der Agenda. Üblicherweise beginnt eine Zusammenarbeit fallweise. Wenn sie sich bewährt und ein konstanter Personalbedarf besteht, kann man einen Rahmen festlegen, also zum Beispiel die Suche von drei bis fünf Mitarbeitern im Jahr.

Worin liegt der Vorteil einer solchen Rahmenvereinbarung?
Die Wahrscheinlichkeit, richtig gute Leute zu bekommen, ist deutlich höher. Wenn eine Position unter Zeitdruck besetzt werden muss, ist es weniger wahrscheinlich, einen Kandidaten zu finden, der wirklich alle Anforderungen erfüllt. Wenn man aber im Laufe eines Jahres kontinuierlich fünf Berater sucht, hat man die Zeit, an den besonders interessanten Kandidaten dranzubleiben. Wer heute noch unentschieden ist, kann ein halbes Jahr später durchaus noch für einen Wechsel gewonnen werden.

Wie findet ein Beratungsunternehmen einen geeigneten Personalberater?
Da spielt das Bauchgefühl eine wichtige Rolle. Ein guter Personalberater ist so etwas wie ein verlängerter Arm des eigenen Unternehmens. Das erfordert zuallererst ein Vertrauensverhältnis. Zudem sollte der Personalberater eine Vorstellung davon haben, in welcher Welt sich eine Unternehmensberatung bewegt. Das alles lässt sich nicht allein anhand der Internetseite feststellen. Der Beratungsunternehmer sollte deshalb mit verschiedenen Personalberatern Gespräche führen, bevor er sich entscheidet.

Worauf kommt es an, damit der Personalberater sein Geld wirklich wert ist?
Ein guter Personalberater legt großen Wert auf die Persönlichkeit der gesuchten Person. Das setzt voraus, dass er nicht nur das Stellenprofil mit den Profilen der Kandidaten abgleicht, sondern sich auch intensiv mit dem Beratungsunternehmen, seinen Werten und mit den Kundensegmenten auseinandersetzt. Erst wenn er das Unternehmen wirklich gut kennt und auch die

Unternehmenskultur verstanden hat, kann er Mitarbeiter finden, die sowohl fachlich als auch von ihrer Persönlichkeit geeignet sind. Nur dann kann der Beratungsunternehmer einigermaßen sicher sein, dass der künftige Mitarbeiter in sein Beraterteam passt – und der Personalberater sein Geld wert war.

Zusammenfassung

Bei der Suche nach Mitarbeitern führen kleinere und mittelgroße Beratungsunternehmen einen Kampf an zwei Fronten. Auf der einen Seite stehen sie in Konkurrenz zu den Großen der Branche. Nachwuchskräfte lassen sich durch klangvolle Namen wie McKinsey, Boston Consulting oder Roland Berger locken; kleinere Beratungsunternehmen haben da schnell das Nachsehen. Auf der anderen Seite werben sie um gestandene Seniorberater. Doch auch die sind nur schwer zu bekommen, weil die wirklich guten Leute sich lieber selbstständig machen – wohl wissend, dass sie alleine sehr viel mehr verdienen können.

Die ohnehin schwierige Ausgangslage wird durch hausgemachte Fehler noch zusätzlich verschärft: Angesichts der Kosten eines neuen Mitarbeiters wartet das Beratungsunternehmen mit der Personalsuche, bis genügend Aufträge in trockenen Tüchern sind. Dann jedoch ist es oft zu spät; auf die Schnelle lässt sich kein geeigneter Mitarbeiter finden. Immer wieder zeigt sich: Wer bei der Mitarbeitersuche kurzfristig nach Bedarf agiert, kann kaum erfolgreich ein Unternehmen aufbauen.

Notwendig ist stattdessen eine kontinuierliche Mitarbeitersuche, kombiniert mit einer wohlüberlegten Personalstrategie, die auf die besonderen Stärken eines kleineren Beratungsunternehmens setzt. Aspekte wie Umsetzungsstärke, Kundennähe, Spezialexpertise oder Work-Life-Balance sind Vorteile, mit denen sich gegenüber den großen Beratungshäusern punkten lässt.

SCHLUSSWORT

Sie haben nun die Wahl: Möchten Sie die Entwicklung Ihres Unternehmens dem Zufall überlassen oder stattdessen Ihre Strategie- und Marketingprozesse systematisch auf- und ausbauen?

Die meisten Beratungen gehen den ersten Weg. Anfragen und Engpässe treiben die Entwicklung voran, immer neue Themen werden angepackt und ausprobiert. Diese Unternehmen befinden sich quasi in einer permanenten Experimentierphase. Das muss nicht schlecht sein, kann über viele Jahre gut gehen, birgt aber beträchtliche Risiken:

- Die zufällig eingeschlagene Richtung kann in einer Sackgasse enden. Empfehlungen und Aufträge bleiben aus. Das Unternehmen entwickelt sich nicht mehr weiter.
- Ein immer größerer Bauchladen bremst das Unternehmen aus. Es fehlen schlicht die Ressourcen, um auf allen Hochzeiten zu tanzen. Darunter leidet die Qualität. Das Unternehmen verliert an Wettbewerbsfähigkeit.
- Das Unternehmen entwickelt sich in eine Richtung, die Sie als Inhaber so eigentlich nie wollten. Das schafft früher oder später Verdruss, der sich am Ende auch auf Motivation und Geschäftserfolg niederschlägt.

Selbst wenn die genannten Risiken nicht eintreten, bleiben diese Beratungsunternehmen höchst wahrscheinlich hinter ihren Möglichkeiten zurück. Es existieren unzählige Beratungen, die einen solchen Bauchladen vor sich herschieben, sich von einem Auftrag zum nächsten hangeln und sich mit mittlerem Honorar begnügen. Am Ende sind sie mit ihrem Geschäft nur mittelmäßig zufrieden.

Dieses Buch hat Ihnen eine Alternative aufgezeigt. Sie lautet: unternehmerisch handeln, vorhandene Potenziale nutzen, das Unternehmen systematisch weiterentwickeln. Ein ehrgeiziger, aber machbarer Weg.

Viele Themen konnten nicht en Detail ausgeführt werden. Stattdessen haben Sie jedoch ein Gesamtkonzept kennengelernt, das sich nicht nur auf

Marketingfragen beschränkt, sondern alle wichtigen Aspekte für eine dauerhafte positive Unternehmensentwicklung einschließt. Dieses Konzept ist das Destillat der vergangenen 17 Jahre Beratungspraxis des Teams Giso Weyand. Es enthält die Erfahrungen von rund 850 begleiteten Beratern und 5000 Seminarteilnehmern.

Wenn Sie sich für den zweiten Weg entscheiden, ist dieses Buch ein nützlicher Begleiter.

Herzlich

Giso Weyand

November 2013

REGISTER

Fredmund Malik
Führen Leisten Leben
Wirksames Management
für eine neue Zeit

Sonderausgabe 2013. 400 Seiten

**Auch in englischer Sprache
und als E-Book erhältlich**

Das unentbehrliche Rüstzeug
für Wirtschaftskräfte

Wirksam und erfolgreich zu sein – dieses Ziel haben viele. Fredmund Malik
ist es. Und sein Wissen gibt der mehrfach ausgezeichnete Autor gern weiter.
Seit 15 Jahren ist sein Bestseller »Führen Leisten Leben« erfolgreich auf
dem Markt und vermittelt Führungskräften das entscheidende Wissen über
wirksames Management und den Führungsalltag im Unternehmen. Maliks
unentbehrliches Rüstzeug für Wirtschaftskräfte erscheint jetzt als limitierte
Sonderausgabe zum unschlagbaren Preis.

*»Wer sein Führungsverhalten und sein Führungssystem selbstkritisch
überdenken will, kann keine anregendere Lektüre finden.«* manager magazin

Frankfurt. New York

Sie wollen mehr wissen? Kommen Sie auf *campus.de*
Ab September 2013 mit neuem Konzept und mehr Inhalt!

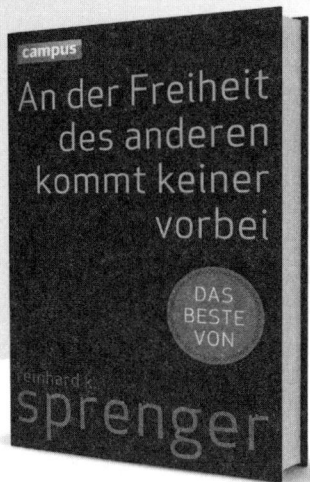